ENZYKLO
DEUTSC
GESCHICHTE
BAND 64

ENZYKLOPÄDIE
DEUTSCHER
GESCHICHTE
BAND 64

HERAUSGEGEBEN VON
LOTHAR GALL

IN VERBINDUNG MIT
PETER BLICKLE
ELISABETH FEHRENBACH
JOHANNES FRIED
KLAUS HILDEBRAND
KARL HEINRICH KAUFHOLD
HORST MÖLLER
OTTO GERHARD OEXLE
KLAUS TENFELDE

BILDUNG UND WISSENSCHAFT VOM 15. BIS ZUM 17. JAHRHUNDERT

VON

NOTKER HAMMERSTEIN

R. OLDENBOURG VERLAG
MÜNCHEN 2003

Bibliografische Information der Deutschen Bibliothek
Die Deutsche Bibliothek verzeichnet diese Publikation in der Deutschen
Nationalbibliografie; detaillierte bibliografische Daten sind im Internet
über <http://dnb.ddb.de> abrufbar.

© 2003 Oldenbourg Wissenschaftsverlag GmbH, München
Rosenheimer Straße 145, D-81671 München
Internet: http://www.oldenbourg.de

Umschlaggestaltung: Dieter Vollendorf
Gedruckt auf säurefreiem, alterungsbeständigem Papier (chlorfrei gebleicht)
Gesamtherstellung: R. Oldenbourg Graphische Betriebe Druckerei GmbH,
München

ISBN 3-486-55592-8 (brosch.)
ISBN 3-486-55593-6 (geb.)

Vorwort

Die „Enzyklopädie deutscher Geschichte" soll für die Benutzer – Fachhistoriker, Studenten, Geschichtslehrer, Vertreter benachbarter Disziplinen und interessierte Laien – ein Arbeitsinstrument sein, mit dessen Hilfe sie sich rasch und zuverlässig über den gegenwärtigen Stand unserer Kenntnisse und der Forschung in den verschiedenen Bereichen der deutschen Geschichte informieren können.

Geschichte wird dabei in einem umfassenden Sinne verstanden: Der Geschichte in der Gesellschaft, der Wirtschaft, des Staates in seinen inneren und äußeren Verhältnissen wird ebenso ein großes Gewicht beigemessen wie der Geschichte der Religion und der Kirche, der Kultur, der Lebenswelten und der Mentalitäten.

Dieses umfassende Verständnis von Geschichte muss immer wieder Prozesse und Tendenzen einbeziehen, die säkularer Natur sind, nationale und einzelstaatliche Grenzen übergreifen. Ihm entspricht eine eher pragmatische Bestimmung des Begriffs „deutsche Geschichte". Sie orientiert sich sehr bewusst an der jeweiligen zeitgenössischen Auffassung und Definition des Begriffs und sucht ihn von daher zugleich von programmatischen Rückprojektionen zu entlasten, die seine Verwendung in den letzten anderthalb Jahrhunderten immer wieder begleiteten. Was damit an Unschärfen und Problemen, vor allem hinsichtlich des diachronen Vergleichs, verbunden ist, steht in keinem Verhältnis zu den Schwierigkeiten, die sich bei dem Versuch einer zeitübergreifenden Festlegung ergäben, die stets nur mehr oder weniger willkürlicher Art sein könnte. Das heißt freilich nicht, dass der Begriff „deutsche Geschichte" unreflektiert gebraucht werden kann. Eine der Aufgaben der einzelnen Bände ist es vielmehr, den Bereich der Darstellung auch geographisch jeweils genau zu bestimmen.

Das Gesamtwerk wird am Ende rund hundert Bände umfassen. Sie folgen alle einem gleichen Gliederungsschema und sind mit Blick auf die Konzeption der Reihe und die Bedürfnisse des Benutzers in ihrem Umfang jeweils streng begrenzt. Das zwingt vor allem im darstellenden Teil, der den heutigen Stand unserer Kenntnisse auf knappstem Raum zusammenfasst – ihm schließen sich die Darlegung und Erörterung der Forschungssituation und eine entsprechend gegliederte Auswahlbibliografie an –, zu starker Konzentration und zur Beschränkung auf die zentralen Vorgänge und Entwicklungen. Besonderes Gewicht ist daneben, unter Betonung des systematischen Zusammenhangs, auf die Abstimmung der einzelnen Bände untereinander, in sachlicher Hinsicht, aber auch im Hinblick auf die übergreifenden Fragestellungen, gelegt worden. Aus dem Gesamtwerk lassen sich so auch immer einzelne, den jeweiligen Benutzer besonders interessierende Serien zusammenstellen. Ungeachtet dessen aber bildet jeder Band eine in sich abgeschlossene Einheit – unter der persönlichen Verantwortung des Autors und in völliger Eigenständigkeit gegenüber den benachbarten und verwandten Bänden, auch was den Zeitpunkt des Erscheinens angeht.

Lothar Gall

Inhalt

Vorwort des Verfassers XI

I. *Enzyklopädischer Überblick* 1

   1. Die spätmittelalterlichen Universitäten und Schulen . . 1
      1.1 Charakter und Bedeutung der Universitäten . . . 1
      1.2 Lehre und Zugang zur Universität 6
      1.3 Schulen 9

   2. Der Humanismus 12

   3. Die Reformation 17
      3.1 Auswirkungen und Veränderungen in
         Wissenschaft und Lehre 17
      3.2 Neue Universitäten im Zeichen der Reformation . 23
      3.3 Semiuniversitäten 27
      3.4 Das evangelische Schulwesen 30

   4. Die so genannte Zweite Reformation 33

   5. Das katholische Reich 35
      5.1 Bildungsanstrengungen im Zeichen von
         Reformation und Trienter Konzil 35
      5.2 Die Societas Jesu, der katholische Lehrorden . . 38

   6. Wissenschaftspositionen um 1600 43

   7. Adelsstudium und Pennalismus 46

   8. Lehre und Studien im konfessionellen Zeitalter 47

   9. Rückblick 52

II. *Grundprobleme und Tendenzen der Forschung* 55

   1. Zur Geschichte und Erforschung der Universitäten . . . 55

   2. Ältere klassische Darstellungen und Standardwerke . . 57

   3. Jüngere allgemeine Darstellungen 60

4. Institutionengeschichte   61

5. Arbeiten zur Sozialgeschichte.   63

6. DDR-Universitätsgeschichtsschreibung und ein
   österreichisches Bildungshandbuch.   65

7. Neue Handbücher zur Universitätsgeschichte   67

8. Wissenschaftsgeschichte, Geschichte von Disziplinen .   77

   8.1   Rechtsgeschichte   77

   8.2   Geschichte der Medizin   80

   8.3   Protestantische Theologische Fakultäten   82

   8.3.1 Probleme der Zweiten Reformation.   83

   8.3.2 Konfession und Literarizität   86

   8.3.3 Lutherische Theologie und die *artes*   87

   8.3.4 *Loci communes* und Konkordienformel.   88

   8.3.5 Die protestantische Schulmetaphysik.   89

   8.4   Katholische Theologische Fakultäten.   91

   8.5   *Ratio studiorum* und wissenschaftliche
   Modernität.   93

9. Die *artes*-Fakultäten.   96

   9.1   Nutzen eines Universitätsbesuchs.   96

   9.2   Kollegien und Bursen   99

   9.3   Schulen und Wissenschaften   99

   9.4   Rolle und Bedeutung des Humanismus.   103

   9.5   Historien   105

   9.6   Die Wirkung des Erasmus von Rotterdam   106

10. Der Späthumanismus   110

11. Schulen und Gymnasien   112

12. Einzelne Universitäten in jüngeren Darstellungen . . .   114

13. Epilog   128

III. *Quellen und Literatur*   131

  A. Quellen   131

  B. Literatur   132

  1. Handbücher – Bibliografien – Zeitschriften   132

  2. Wissenschaftsgeschichte   134

  3. Einzelne Gelehrte   137

4. Allgemeinere Kultur-, Mentalitäts- und Geistesgeschichte 139

5. Universitäten als Institutionen 143

6. Studenten/Studium 144

7. Zur Geschichte von Universitäten 146

8. Schulen 157

Register 159

Themen und Autoren 167

Vorwort des Verfassers

Dieser Band hätte eigentlich vor nunmehr sieben Jahren vorgelegt werden sollen. Andere Verpflichtungen – nicht vorhersehbar und, da ehrenvolle Auftragsarbeiten nicht abzulehnen – ließen das nicht zu. Herausgeber und Verlag akzeptierten diesen Sachverhalt zwar nicht hoch erfreut aber in ungemein entgegenkommender Weise. Dafür möchte ich mich an dieser Stelle sehr herzlich bedanken.

Die entstandene Verzögerung mag dem Band andererseits zugute gekommen sein. Gerade in den letzten Jahren sind einige grundlegende Untersuchungen und Tagungsbände erschienen, die für den hier zu behandelnden Themenbereich Neues und Weiterführendes formulierten. Sie konnten berücksichtigt werden und bieten dem interessierten Leser Informationen, die bei zeitgerechter Ablieferung noch nicht hätten mitgeteilt werden können. So zahlt sich das großzügige Entgegenkommen auch für Herausgeber und Verlag aus, wie ich zum Mindesten hoffe.

Notker Hammerstein

I. Enzyklopädischer Überblick

1. Die spätmittelalterlichen Universitäten und Schulen

1.1 Charakter und Bedeutung der Universitäten

Schulen und Universitäten, Wissenschaften und Forschung sind in unserer modernen Welt wichtige, selbstverständliche und oft wirkungsmächtige Gegebenheiten, ja Grundvoraussetzungen des täglichen Lebens. Sie vermitteln Bildung – der Sache nach ein jüngerer Begriff –, betreiben und garantieren eine Vermehrung unseres Wissens, eine Verfeinerung unserer Kenntnisse. Ihr Platz in der Gesellschaft, ihre soziale Rolle und selbst ihre Aufgaben und ihre Bedeutung werden zwar nach Ländern unterschiedlich bestimmt, aber es erscheint unstrittig, dass im Grunde überall diese Institutionen und die ihnen eigentümliche Tätigkeiten notwendig, segensreich, ja unabdingbar sind.

Das war nicht immer so. Es gab – und gibt – unterschiedliche Weisen, das den Menschen immer und allenthalben wichtige Wissen zu erlangen und zu tradieren. Im europäischen – und damit auch im deutschen – Kontext waren es ab einem bestimmten Zeitpunkt die noch uns vertrauten Institutionen gelehrter Anstrengung und einübender Bildung, also Universitäten und Schulen, die das leisteten. Darum werden sie im Folgenden im Mittelpunkt der Darstellung stehen. An Universitäten wurden – und werden – nämlich die Wissenschaften gepflegt und gelehrt, Bildung und Ausbildung erfahren. Ihnen arbeiteten Schulen zu – bzw. sie konnten es – und schufen während des Spätmittelalters und der Frühen Neuzeit ein Gebilde, einen Ausbildungsverbund, der stilbildend für unsere Moderne werden sollte. Diese Einrichtungen waren eine Errungenschaft des europäischen Mittelalters. Die Antike kannte ebensowenig wie andere Kulturkreise eine analoge Organisation des Wissens. *(marginal note:)* Universitäten, eine Einrichtung des europäischen Mittelalters

Kloster- und Domschulen waren den Universitäten vorausgegangen. Sie hatten u. a. die Überlieferung antiker Texte gesichert und das Wissen von der Möglichkeit von Wissen in ihren engeren Zirkeln wach erhalten. Nach dem Aufkommen der Universitäten verloren sie alsbald an Bedeutung, konnten nicht mehr als die führenden Orte christlicher Gelehrsamkeit gelten.

Im 13. Jahrhundert hatten politische, soziale und geistige Momente dazu geführt, die zunächst meist als *studium generale* bezeichneten Hochschulen einzurichten. In Paris und Bologna, in Oxford und Montpellier entstanden Anstalten, die zwar nicht identisch, ja nicht einmal ähnlich in Aufbau und Absicht waren, aber in ihren Zielen: Vermittlung bestimmter Kenntnisse und Techniken zur Ausbildung geistiger Eliten. Die hatten nicht irgendeinen gesellschaftlichen Nutzen zu garantieren. Die Universitäten verstanden sich in erster Linie als Orte zur Heranbildung akademischen Lehrpersonals. Der mittelalterlich-scholastische Begriff von Wissenschaft (*scientia*) verlangte nach einer lehrenden Bereitstellung des vorgegebenen Wissenskosmos, einer Sinnforschung anhand kanonischer Texte, die in der *lectio* erläutert und erklärt wurden. Der damaligen Gesellschaft galt dies als verdienstvolles und löbliches Motiv, als Beitrag zur Beförderung des Heils. Wenn also ein Zweck oder Nutzen der Universitäten unterstellt wurde, so wurde der vorab religiös und als wertvoll in sich gesehen. „Und ob kein ander Nutz davon käme, so wäre doch das Kleinod um der Sachen willen allen hoch und teuer zu halten", argumentierte man 1459 in Basel.

Der mittelalterliche scientia-Begriff

Der sichtbare Erfolg dieser Tätigkeiten und Fertigkeiten führte nicht nur zu außergewöhnlichem Ansehen dieser *studia*, all derer, die ihnen nachgingen – Lehrenden und Studierenden, der *universitas magistrorum et scholarium* (zuerst Paris 1221) –, sondern auch zum Erhalt genossenschaftlicher Autonomie, der *libertas scholastica*, die ursprünglich eine für die Studierenden war. In eigenem kaiserlichen Privileg, der *authentica habita* (1158), wurde sie geschützt. Alle späteren Universitäten beriefen sich auf die ihnen eigentümliche und ursprüngliche korporative Autonomie, ohne dass freilich, wie insbesondere auf dem Boden des Reichs, der Einfluss der Landesherren (des Staats) damit eingeengt gewesen wäre. Steuerliche und auch jurisdiktionelle Exemtion genossen sie zwar – was auch Universitätsverwandte wie Buchdrucker, Apotheker, Pedell etc. betraf –, aber der Landesherr blieb zugleich Patronatsherr, sorgte sich mittels Visitationen und verordneter Reformen um seine Hochschule. Die hatte als Korporation ihrerseits das Recht, sich Statuten zu geben, den Rektor und die Dekane zu wählen, eine Art Selbstverwaltung auszuüben, Berufungsvorschläge zu machen. Die letzte Entscheidungsinstanz blieb aber – insbesondere in Streitfällen – der Landesherr bzw. gelegentlich der städtische Magistrat.

Ansehen und rechtlicher Schutz

Autonomie der Korporation

Die Frühzeit der Universitäten war von komplexen inneren Strukturen gekennzeichnet. Sie ist hier nicht darzustellen, da unsere Unter-

Deutsche Universitäten erst im Spätmittelalter

suchung erst im 15. Jahrhundert mit den frühen deutschen Universitäten einsetzt. Damals hatte sich eine Art Mischmodell durchgesetzt – überwiegend handelte es sich um Elemente der Pariser Universität mit Hinzunahme Bologneser Inhalte – und dieser *modus Parisiensis* bestimmte weitgehend die relativ spät gegründeten deutschen Anstalten. Eine Universität bestand, wie sich im 13./14. Jahrhundert herausstellte, aus vier Fakultäten, die den gesamten Kosmos der Wissenschaften umschlossen. Die höchste Stufe kam der Theologie zu, danach folgte die Jurisprudenz, dem sozialen Ansehen nach die feinste, während die Medizin die höheren Fakultäten beschloss. Darunter – als *ancilla theologiae*, wie gern gesagt wurde – wirkte die artistische Fakultät, in der die sieben freien Künste vermittelt wurden. Sie legten die propädeutische Grundlage allen Wissens und zwar im *trivium*, dem dreiteiligen Weg zur Weisheit, mittels der sprachlichen Fächer Grammatik, Rhetorik und Logik sowie den vier mathematischen Fächern Arithmetik, Geometrie, Astronomie und Musik, dem *quadrivium*. Theoretisch – und zumeist auch praktisch – musste sie jeder *studiosus* durchlaufen. Sie enthielt dementsprechend die größte Zahl zumeist jugendlicher Besucher. Im Durchschnitt betrug das Alter der Studienanfänger 16 bis 17 Jahre, in den oberen Fakultäten lag es begreiflicherweise darüber. Bei den Artisten nahm es während des 15. Jahrhunderts noch weiter ab, sodass mitunter 12- bis 14-Jährige nicht ungewöhnlich waren. Dieser Umstand wie überhaupt der starke Zugzug zu den Universitäten – jährlich immatrikulierten sich im Reich etwa 3000 *studiosi* – verminderte den ursprünglich überwiegenden Anteil von Klerikerstudenten auf bis zu zehn Prozent.

Ein Studienabschluss war nicht die Regel, aber möglich – bei den Artisten der *magister*, in den oberen Fakultäten die Promotion bzw. das kostengünstigere Lizentiat. Ein Studium dort setzte theoretisch den *magister* voraus. Bei Juristen, aber auch in der Medizin, wurde diese Bestimmung gelegentlich unterlaufen. Freilich sollten die Betreffenden auf jeden Fall über die erwarteten Kenntnisse verfügen. Da es keine formalen Vorschriften hinsichtlich eines akademischen Titels für Tätigkeiten in Kirche und Gemeinwesen gab, hatten die Grade außer für die inneruniversitäre Karriere zunächst einen prestigiösen Wert. Am höchsten rangierte der Doktortitel, aber auch das Lizentiat und der Magister sicherten Ansehen und Würde und selbst das in einer Art Zwischenprüfung erworbene Baccalaureat bildete für die wenigen, die einen Grad erwarben, den häufigsten hoch im Kurs stehenden Abschluss.

Für die Zulassung zu einer Prüfung waren verschiedene Bedingungen zu erfüllen, dazu gehörten der Besuch bestimmter Vorlesungen und eine entsprechende Zahl von Disputationen, die *completio*, die in

Fakultäten

Die sieben freien Künste

Alter der Studenten

Studienabschlüsse

Examensvoraussetzungen

festgesetzter Zeit zu erfolgen hatten. Promotionen in den höheren Fakultäten waren selten, da teuer und aufwendig, sodass schon der Nachweis akademischer Vorbildung (*litterae testimoniates*) eine Karriere ermöglichte. In noch stärkerem Maße traf all dies auf die Artisten zu. Abschlüsse waren hier eher selten, einen *Bakkalar*-Titel, nach drei Jahren zu erwerben, galt zunehmend bereits als eine Auszeichnung. Nur für Weiterstudierende war ein artistischer Abschlussgrad unverzichtbar, den meisten genügten einige Semester, um außerhalb der Universität in gehobene Positionen zu gelangen. Die weiterstudierenden *magistri* hatten wenigstens für zwei Jahre in der artistischen Fakulät selbst zu lehren. Indem sie alle – theoretisch, weithin auch wohl tatsächlich – die gleichen Dinge betrieben hatten und über das genormte Wissen verfügten, waren sie als *magistri* in der Lage, eines der vorgeschriebenen kanonischen Fächer vorzutragen. Die Artisten stellten zugleich numerisch die größte Fakultät dar, weswegen es dort anfänglich am ehesten möglich war, die gesamtuniversitären Fragen zu verhandeln.

Privilegierung   Eine Universität musste vom Papst und/oder Kaiser privilegiert sein, damit ihre Grade allgemein in der Christenheit anerkannt wurden. Zugleich garantierte das Privileg (anfänglich) den Graduierten das *ius ubique docendi*, da schließlich der in sich abgeschlossen gedachte Wissenskosmos gleichermaßen an allen diesen Anstalten gelehrt wurde. Vorlesung und Diktat der autoritativen Texte – es handelte sich um ca. 30 Bücher –, Disputationen über und anhand der Autoritäten bestimmten den Unterricht, bis die Erfindung des Buchdrucks allmählich auch andere Unterrichtsformen ermöglichte. Indem Studierende nunmehr die teuren Texte erwerben konnten – jeweils drei, so war alsbald die Erwartung, sollten über den Text verfügen – ging man dazu über, das Diktieren zu verkürzen und dafür Wiederholungsübungen (*resumptiones*) abzuhalten.

Studienziel und Textkanon   Logische Beweisführung und Beherrschung der scholastischen Argumentationsweise waren Studienziel. Bis ins 18. Jahrhundert bestand Lehren und Lernen vorab darin, den Raum der Wissenschaften auszuschreiten und zu verlebendigen. Gelehrsamkeit wurde noch nicht wie im 19. Jahrhundert als Forschen, Auffinden von noch Unbekanntem begriffen. Für das 15. und 16. Jahrhundert galten die Bibel, Kirchenväter, der *Corpus Juris*, die Dekretalen, die Schriften Hippokrates' und Galens, die des Aristoteles' neben bestimmten, überall genutzten Lehrbüchern und Kommentaren als frühe und lange verbindliche Grundautoritäten. Die Sprache war europaweit Latein und sicherte ebenso wie die Autorität der Texte die – vermeintliche und erwünschte – Ubiquität der Wissenschaften und Graduierungen.

Eine Universität wurde von einem gewählten Rektor, den Deka- Universitätsämter
nen der vier Fakultäten – wie seit der Mitte des 13. Jahrhunderts vielfach üblich –, einem Senat bzw. vergleichbaren Einrichtungen wie einem *consilium*, einer *congregatio universalis* geleitet. Alle Wahlämter
bestanden auf Zeit, in der Regel waren alle Magister Vollmitglieder der
Korporation. Die Amtszeit betrug zumeist ein halbes Jahr, die meisten
der Lehrenden lebten von kirchlichen Pfründen. Das traf auch für die
Studierenden zu, die in Collegien und Bursen untergebracht waren.
Dort waren Aufsicht und ergänzende Lehre möglich. Die zumeist recht
jungen Artisten – mit den heutigen Oberschülern vergleichbar – sollten
ihre *libertas* nicht unziemlich nutzen können, was für die Studenten der
oberen Fakultäten weniger bedeutsam schien, waren sie doch Mit- und
Endzwanziger oder noch älter. Zustrom und Verjüngung Studierender
führten während des 15. Jahrhunderts häufig zu einem Bursenzwang.
Allein Adlige oder Söhne aus Familien von Stand durften frei wohnen
(*stare extraordinarie*). An der Universität Köln hielt sich dieser Bursenzwang über die Reformation hinaus, dort folgte man den westeuropäischen Verhältnissen.

Nach Pariser Vorbild gründete Karl IV. aus politischen, verwal-
tungstechnischen und prestigebedingten Gründen 1346 in Prag die Die frühen Universi-
erste deutsche Universität. Päpstliches Schisma, innere Zwiste im tätsgründungen
Reich, dynastische Ansprüche und anderes mehr ermöglichten diese relativ späte Übernahme vorausgegangener und bewährter europäischer
Einrichtungen, die aber als bewusste fürstliche Gründung stilbildend
für das Reich wurde. Die in der Folgezeit ins Leben gerufenen deutschen Universitäten gingen ebenfalls auf landesherrliche Gründungen
zurück. Bei den drei städtischen – Köln (1389), Erfurt (1392), Basel
(1460) – war der Rat, das städtische Patriziat die treibende Kraft. Neben Prag traten alsbald Wien (1365), Heidelberg (1386), Köln (1388),
Erfurt (1392), Würzburg (1402–1411), Leipzig (1409), Rostock
(1419), Löwen (1425), Trier (1454), Greifswald (1456), Freiburg
i. Brsg. (1457), Basel (1459), Ingolstadt (1459), Mainz (1476/77),
Tübingen (1476), Frankfurt/Oder (1498 bzw. 1506) und Wittenberg
(1502), sodass vor der Reformation 18 *studia* existierten. Nicht alle begannen jedoch mit dem Gründungsdatum einen regulären und erfolgreichen Unterricht.

Einer ersten Gründungsphase – sie währte bis Rostock – folgte
rasch eine zweite, in der neben den nordöstlichen Randgebieten vor
allem die südlichen Territorien des Reichs hervortraten. Es bedurfte Gründungs-
jeweils großer Anstrengungen – Universitäten waren teuer –, um ein voraussetzungen
solches Institut einzurichten, was zeigt, für wie wichtig sie die Territo-

rialfürsten des Reichs erachteten. Päpstliches wie kaiserliches Privileg kosteten Gebühren, die zumeist elf Professuren mussten bepfründet und Räume bereitgestellt werden. In der Frühzeit war es zudem nicht leicht, ausgewiesene Gelehrte zu finden und zu verpflichten. Die Gründer waren auf Kenntnis und persönliche Beziehungen ihrer Professoren angewiesen, die schon früh eine Art Klientelsystem errichteten, Vorbote der üblich werdenden Familienuniversität der Frühen Neuzeit. Andererseits garantierte es die obrigkeitliche Wertschätzung und Einrichtung der Hochschulen, allgemein als Teil herrschaftlicher (staatlicher) Tätigkeit gewürdigt zu werden, also weithin und dauerhaft akzeptiert zu sein. Das unterschied die deutschen Verhältnisse nicht unerheblich von der Entwicklung in den meisten anderen europäischen Staaten. Die Vielzahl existierender Universitäten erlaubte Studierenden und Lehrenden bis zu einem gewissen Grade, zwischen unterschiedlichen Orten zu wählen. Die Vermehrung der Universitäten führte freilich dazu, dass das Regionalprinzip vorherrschte. Die frühere Mobilität ging zurück.

Territorialstaatliches Interesse

1.2 Lehre und Zugang zur Universität

Unterrichtsweise

Der Unterricht verlief allenthalben in gleicher Weise. In der Vorlesung, der *lectio*, wurde ein Abschnitt des kanonisierten Buches vorgetragen und kommentiert bzw. durch die Kommentarliteratur ergänzt und mittels Quästionen präzisiert. Im Anschluss an den Text wurden weitere Fragen gestellt, zu denen Lösungsvorschläge gemacht (*arguitur*) oder Widerlegungen entwickelt werden sollten (*respronditur*). Solche Techniken bereiteten auf die Disputationen vor und wurden zumeist in Übungen vermittelt.

Die artes-Fakultät

Inhaltlich und auch organisatorisch unterschied sich dieses Grundmuster der Vermittlung von Wissen je nach Fakultät. Die größte und grundlegende zugleich, die artistische – *facultas artistarum* oder *facultas artium* – verfügte im Spätmittelalter im Unterschied zu den oberen nicht nur über mehr als drei Viertel aller Studenten, sondern auch über mehrere Dutzend lehrender, meist jugendlicher Artistenmagister. Sie kann nach heutigem Verständnis als ein inneruniversitäres Gymnasium charakterisiert werden. Bis zum Abschluss einer Magisterpromotion waren drei Jahre, zum Bakkalar drei Semester vorgeschrieben, in denen jeweils eine bestimmte Zahl festgelegter Lehrveranstaltungen besucht sein mussten. Sie gliederten sich gemäß der ca. 30 autoritativen Bücher unterschiedlich nach Dauer und Umfang. Für ein zureichendes und sinnvoll differenziertes Angebot hatte die Fakultät semesterweise zu sorgen, wobei der Stoff unter alle Lehrenden, die *magistri regentes,* zumeist nach Anciennität aufgeteilt, vielfach auch verlost wurde. Er wurde in ordentlichen Vorlesungen – *lectio formalis* – und obligatorischen Übungen – *exercitium formale* – vermittelt. Daneben hatte sich zunehmend die *resumptio* als vertiefende Wiederholung bewährt. Sie fand im kleinen Kreis statt, war nicht an den Hörsaal gebunden, verwies auf eine Art Krise der hochmittelalterlichen *lectio* infolge des Buchdrucks. Das ausgiebige Diktieren konnte hinter Interpretation und Auslegung zurücktreten, wenn auch noch bis weit in die Neuzeit hinein das Diktat zentraler Texte üblich blieb.

Täglich hatte jeder Student drei bis vier Vorlesungen zu hören – je nach Rang des Textes begannen sie frühmorgens ab 4 Uhr im Sommer und 6 Uhr im Winter – und an den vorgeschriebenen Übungen und *resumptiones* teilzunehmen. Erst der Nachweis des absolvierten Pflichtprogramms eröffnete den Zugang zu einer Graduierung. Eine Bakkalarpromotion fand ein- oder zweimal im Semester unter Vorsitz des Dekans und Teilnahme vier gewählter Examinatoren statt. In einer öffentlichen Disputation hatte der Prüfling eine *quaestio* nach kunstvoller Regel zu „determinieren", bevor er am niederen Lehrbetrieb selbst teilnehmen konnte. Ein Magister hatte sich eidlich zu verpflichten, zwei Jahre lang zu unterrichten (*regere*). Dafür bekam er Studiengebühren, die es ihm erlaubten, sein weiteres Studium in einer höheren Fakultät zu finanzieren. Allein für diejenigen, die keine Universitätskarriere beabsichtigten, war diese Pflichtregenz unangenehm. Sie hielt sich folglich nicht über das Spätmittelalter hinaus. Auch diese Vorschrift erklärt die geringe Anzahl der artistischen Graduierungen.

Bessergestellt und gleichsam abgesichert waren die sechs bis zwölf Magister, die in den bestifteten, universitätseigenen *collegia artistarum* ein Einkommen bezogen, um gebührenfreie Veranstaltungen durchzuführen. In der Regel studierten sie gleichzeitig in einer der oberen Fakultäten, dürfen also gleichermaßen als Lehrende und Studierende angesehen werden. Im Spätmittelalter bildeten sie den dauerhaften Kern der *artes*-Fakultät. Gelegentlich existierten solche Kollegs auch als Privatstiftungen wie in Erfurt das Amplonianum oder das Dionysianum in Heidelberg. Neben diesem Kernbestand wirkten die vielen weiteren *magistri regentes* – ohne Pfründe oder Gehalt, allein auf Studien- bzw. Prüfungsgebühren angewiesen –, die bis zu ihrer Graduierung in ihrer oberen Fakultät ebenfalls Studenten und Lehrende zugleich waren. Faktisch waren alle diejenigen, die den Magistertitel führten und weiterstudierten, Vollmitglieder der *universitas magistrorum*, rechtsfähige Teile der Korporation. Allein für die zahlreichen Jurastudenten, die sich ohne diesen Grad unmittelbar in ihrer Fakultät

Möglicher Studienverlauf

Collegium artistarum

Sonderrolle der Jus-Studenten

inskribierten, ergab sich eine solche Korporationszugehörigkeit nicht, was immer wieder einmal zu Abspaltungstendenzen führte oder wie in Prag von Beginn an zu getrennten Universitäten. Es weist darauf hin, dass im Spätmittelalter viele Studierende der Jurisprudenz und der Medizin ohne Durchgang durch die artistische sogleich in ihre obere Fakultät eintraten. Den Stoff selbst – insbesondere die logischen und sprachlichen Vorkenntnisse – hatten sie sich auf anderem Weg angeeignet, was sie mittels Examen belegten. Allein die Theologen blieben verpflichtet, einen förmlichen Magisterabschluss zu erwerben.

Die oberen
Fakultäten

Gemeinsam war den *facultates superiores*, dass sie fest dotierte bzw. bepfründete Lehrstühle hatten, z. T. sogar mit speziellem Lehrauftrag wie bei den Juristen. Ihre Inhaber, die *professores ordinarii*, waren im Allgemeinen unter Zustimmung und Mitwirkung des Landesherren

Die medizinische
Fakultät

berufen worden und bildeten die jeweilige Fakultät. Die kleinste war die medizinische mit ein bis zwei Lehrstühlen und meist unter zehn Studenten. Die Studiendauer betrug um 1500 für einen Mediziner fünf bis sechs Jahre, die Ausbildung war weitgehend theoretisch und stützte sich auf die aus dem Arabischen übersetzten klassischen Texte des Hippokrates und Galenus sowie auf Avicenna und den so genannten Almansor des Rhazes. Gelegentlich hatten die Studierenden ihren Professor, der zumeist als Arzt in herausgehobener Position am Hof oder der Stadt wirkte, ein Jahr bei Krankenvisitationen zu begleiten. Gemeinhin verblieb die praktische ärztliche Tätigkeit bei den *empirici*, den Handwerkern unter den Medizinern wie Badern, Barbieren, Wundärzten, Chirurgen, Hebammen, die zunftmässig organisiert waren. Mancherorts unterstanden sie den medizinischen Fakultäten oder dem Stadtarzt bzw. Stadtapotheker.

Die juristische
Fakultät

Die juristische Fakulät – nach den Artisten die größte und zugleich die feinste – verfügte in der Regel über vier bis sechs Professuren. Weltliches wie kirchliches Recht – Legistik und Kanonistik – bildeten ihre Materien, der Abschluss war in einer dieser Disziplinen möglich, zunehmend wurde er aber in beiden gewählt und damit ein *doctor iuris utriusque* erworben. Sieben Jahre währte ein Vollstudium und wie bei den Medizinern konnte nach der Hälfte der Zeit das Bakkalarexamen abgelegt werden. Die Professuren – zunehmend im *ius civile*, hinter das das *ius canonicum* im 15. Jahrhundert zurücktrat – waren entsprechend den Büchern der Justinianeischen Gesetzessammlung (aus dem 6. Jahrhundert) gestaffelt: der Codicist stand an erster Stelle vor dem Pandektisten und dem Vertreter der Institutionen. Die wurden aber gern als breiteste und beste Einführung in das römische

Recht von solchen Studierenden besucht, die keinen juristischen Abschluss anstrebten, wohl aber nützliche Kenntnisse dieser immer wichtiger werdenden Materien. Deutschrechtliche, herkömmliche oder lehensrechtliche Sachverhalte wurden, obwohl gerichtsrelevant, kaum gelehrt. Die so genannte Rezeption des römischen Rechts, die Verwissenschaftlichung und Formalisierung des Rechts, garantierte den Absolventen dieses Studiums hohes Prestige und den Nimbus vorzüglicher Eignung für den „Staatsdienst". Entsprechend nahmen die laikalen Räte innerhalb der Territorien und Städte kontinuierlich zu, wenn auch eine klare professionelle Vorgabe noch längere Zeit Ausnahme blieb.

An erster Stelle des wissenschaftlichen Kosmos stand die Theologie, die der Erkenntnis Gottes und der seiner Offenbarung verpflichtet war. Zwei bis drei Ordinarien widmeten sich an einer mittleren deutschen Universität dieser Aufgabe, für die der Studierende insgesamt neun Jahre einzuplanen hatte. Berühmte Kommentare zu Büchern der Bibel und diese selbst wurden *ordinarie* ausladend oder kursorisch durch Bakkalare rascher gelesen, so wie es die Fakultät jeweils festlegte. Das Examen für einen biblischen Bakkalar (*baccalarius, cursor, biblicus*) konnte nach fünf Jahren abgelegt werden, nach weiteren zwei Jahren das eines *sententiarius* (Sentenzenbakkalar). Sie hatten jeweils über bestimmte Texte Vorlesungen zu halten, wobei der *sententiarius* nochmals zum *sententiarius formatus* promovierte. Das Bakkalariat der Theologen war also dreistufig und diente zur Verbreiterung des Lehrangebots. Einschließlich des *artes*-Studiums besuchte der Volltheologe noch im 15. Jahrhundert zwölf Jahre die Universität bei allmählich abnehmender Tendenz. Nur wenige, schon gar nicht der einfache Geistliche, benötigte freilich eine solche Ausbildung. Sie war Universitätstheologen und bestimmten hohen geistlichen Positionen vorbehalten.

Die theologische Fakultät

1.3 Schulen

Für den Zugang zur Universität gab es keinerlei verbindliche Vorschriften. Im Allgemeinen wurden Kenntnisse des Latein und Grundkenntnisse der Fächer des Triviums vorausgesetzt, weswegen auch gern von Trivial- oder Partikularschulen im Unterschied zu den Hochschulen gesprochen wurde. Darunter wurden die zumeist in Städten vorhandenen Lateinschulen verstanden. Im Spätmittelalter wuchs selbst in kleinen Städten das Bedürfnis, die zuvor ausschließlich im kirchlichen Sinn genutzten und eingerichteten Schulen der Obhut und Aufsicht des Rats zu unterstellen. Dom- und Klosterschulen waren ohnedies durch die Universitäten aus der Mode gekommen, die Pfarrschulen mit ihrer

Zugang zur Universität

Schulaufsicht

hauptsächlich auf den Gottesdienst verpflichteten Ausrichtung sollten hinfort auch den wachsenden Bedürfnissen nach breiterer Fähigkeit zum Lesen, Schreiben, Rechnen und Latein dienstbar sein können. Deswegen drängten die städtischen Räte darauf, bei der Auswahl und Anstellung der Schulmeister Patron zu sein. Die Anstellung einer Lehrkraft wurde meist kurz befristet, dafür hatte die eine Art Monopol in allen Fragen ihrer Schule, auch bei der Verpflichtung weiterer Lehrpersonen. Der Rat beanspruchte ferner bei Fragen des Schulgeldes, der Stiftungen für Bedürftige (*pauperes*), der Zahl der Lehrpersonen, der Ausrichtung der Schulen – ob Lateinschule oder „gemischte Schule", mit deutschem und lateinischen Zweig wie oft in kleineren Städten, oder nur deutsche Schule – eigenverantwortlich mitzubestimmen. Letztere führten freilich nicht zum Universitätszugang, dienten vorab den Interessen des Handwerks, der Zünfte und entwickelteren Bevölkerung. Natürlich hatte die Stadt auch für das Schulhaus bzw. entsprechende Räume sowie die Wohnung des Schulmeisters zu sorgen.

Schulsituation im
Spätmittelalter Im 15. Jahrhundert kam es also allenthalben in den Städten – selbst den kleinen mit 400 bis 1000 Einwohnern – zur Einrichtung von Schulen. Die Lehrer, oft einer allein, bei größeren Schulen unterstützt von Hilfslehrern – mitunter älteren Schülern, den Lokaten, Jungmeistern oder Unterlehrern – hatten einige Semester an einer Universität verbracht, viele kamen auch aus den Reihen unversorgter Geistlicher oder hatten sich zunftmäßig bei einem Lehrer ausgebildet. In Rotten oder Haufen wurden die Schüler zusammengefasst, nicht in Jahrgangsklassen, und nach den auch bei den Artisten üblichen Grundbüchern für Latein und in den Anfangsgründen der Logik unterrichtet, zumindest dann, wenn es sich um eine bessere Schule handelte. Indem die artistischen Fakultäten die Vorbereitung auf das Bakkalariat verbesserten, entzogen sie den Lateinschulen zunehmend Schüler. Wer seine für den Universitätsbesuch notwendigen Vorkenntnisse nicht an einer solchen Schule erwerben wollte oder konnte – Adlige, Söhne des reichen Bürgertums, gelegentlich Akademikerkinder –, wurde privat darauf vorbereitet, um die bescheidene Aufnahmekontrolle bestehen zu können.

Berühmte Schulen Einige wenige Schulen erlebten zu Ausgang des Jahrhunderts überörtlichen Ruhm, so etwa Schlettstadt, auch Deventer und Zwolle, die zum Typus der weit entwickelten niederländischen Stadtschulen gehörten. Nicht dem Einfluss des Humanismus, noch auch der *devotio moderna* war das zu danken als vielmehr dem Wirken besonders befähigter und erfolgreicher Schulmänner. Dass dann in einer späteren Generation Schüler dieser Anstalten zum Humanismus stießen, lag an der besseren Ausbildung dort, die eben modernen Ansichten folgte. So gingen bei Alexander Hegius in Deventer (1483–1498) kurze Zeit Erasmus, später Mutian, Buschius und Murmellius zur Schule. Erasmus hatte die Schule merkwürdigerweise durchaus noch als „barbarisch" charakterisiert. Auch in Ulm, in Nürnberg, im sächsischen Zwickau bestanden um 1500 berühmte Schulen, die sich universitätsgleich dünkten. Dafür waren auch hier Größe, Qualität der Lehrer und Lehrgegenstände verantwortlich, wie aus den Beschreibungen hervorgeht. Im Allgemeinen sind freilich solche Stunden- oder Lehrpläne aus vorreformatorischer Zeit selten. Immerhin leisteten die zahlreichen kleinen und mittleren Schulen – die großen ohnedies – damals das, was von ihnen erwartet wurde: Sie befähigten immer mehr Schüler zum Universitätsbesuch, sodass die Zahl der Studierenden im 15. Jahrhundert enorm anstieg.

Zugleich verloren sich damals viele Universitäten im so genannten Wegestreit, der in diesem Jahrhundert vehement aufbrach. Das Übergewicht der Logik im artistischen Kurs musste folgerichtig diese vorab formallogische Differenz zu einem Streitpunkt hochstilisieren, der manche Fakultäten entzweite, ganze Universitäten einseitig Partei ergreifen und insgesamt die gelehrten Diskussionen sich in sprachlichen Abstraktionen verlieren ließ. Praxisferne und Sophistik – wie später die Humanisten monierten – kennzeichneten in dieser Zeit die Hochschulen, in denen Nominalisten (Ockhamisten), die Vertreter der *via moderna*, gegen die Realisten der *via antiqua* antraten. Die wiederum waren in Thomisten, Scotisten, Albertisten unterteilt. Sie alle bekannten sich zu je eigenen Lehrautoritäten, suchten die Gegenpartei von der eigenen Universität fernzuhalten, was etwa den *moderni* in Erfurt und Wien, den *antiqui* in Köln und Leipzig gelang. Die Erregtheit der Auseinandersetzungen, bei denen es immer auch um Pfründen und Ämter ging, stand häufig im Gegensatz zu Inhalt und Gewicht der logischen Positionen. Manchmal zwangen die Landesherren ihre Universitäten, beiden Wegen Hausrecht zu gewähren, was gelegentlich Fakultäten spaltete. Es konnte aber auch zur Abflachung der entgegengesetzten Positionen, zu einer weniger scholastischen Intransigenz führen. Die Humanisten sollten dann scharf diese sprachlich abstrusen Diskussionen kritisieren. Um 1500 gelang es ihnen, diese „scholastischen" Verirrungen aufzulösen, sie rasch in Vergessenheit geraten zu lassen.

Der spätmittelalterliche „Wegestreit"

2. Der Humanismus

Humanisten und Universitäten

Anfänglich freilich stießen die ersten Humanisten keineswegs auf universitäres Wohlgefallen oder gar auf Unterstützung. Diese im Italien der Renaissance entstandene geistige Bewegung gelangte zuerst und im Allgemeinen über Studenten ins Reich. Sie hatten deren Ideale und Vorstellungen südlich der Alpen kennen gelernt und wollten sie in ihrem heimatlichen Umfeld ein- und fortführen. Auf Grund der völlig unterschiedlichen Voraussetzungen war das keineswegs einfach. Und wie bei jeder Adaption fremder Vorbilder stimmte die Nachahmung nur teilweise mit dem Vorbild überein. Das Bedürfnis nach Erneuerung und Reform des scholastischen Lehrbetriebs war jedoch so groß – es gab auch innerhalb der Scholastik bereits reformerische Ansätze –, dass alsbald nach der ersten, noch sehr auf Widerstand stoßenden Generation humanistische Gelehrte ab dem Ende des 15. Jahrhunderts Einfluss und Ansehen gewannen. Universitäten, Lehrbetrieb, Methode und Lehrbücher wandelten sich – nicht unbedingt grundsätzlich – und eröffneten eine neue Stufe gelehrten Selbstverständnisses und universitären Verhaltens.

Humanistische Auffassungen

Die Humanisten vertraten kein eigenes oder gar völlig anderes Wissenschaftssystem. Sie hielten letztlich an dem überkommenen Wissenschaftskanon fest, wollten ihn allerdings in den ihnen wichtigen Punkten modifiziert wissen. Der auch für sie in sich abgeschlossene Wissenskosmos war in anderer, neuer Weise zu vermitteln, in reiner und besserer Form, als es zuletzt die geschmähte Scholastik getan hatte. Humanisten gingen davon aus, dass die Antike in jeder Hinsicht Vor- und Leitbild sei. Als untergegangene Epoche musste sie wiederbelebt werden, gab sie doch die Ideale der Form und der Normen an die Hand. Gewiss verfügte auch die vorausgegangene „dunkle" Zeit über Kenntnis der Antike. Aber die hatte sie als Teil der eigenen Vorgeschichte, die erst im und durch das Christentum zu Wert und Würde gelangt sei, verstanden. Sie lebte – mutiert und verchristlicht – in der Gegenwart fort, während die Humanisten sie in ihrer Fremdheit wiederzuerwecken suchten und dabei einen historischen Abstand zu überwinden hatten.

Verbesserung der sprachlichen Bildung

Die Bezeichnung *ars humanitatis* verweist darauf, dass ihre Vertreter vor allem eine Verbesserung der *artes* – wenn auch nur einiger – erstrebten, sich als Repräsentanten einer sprachlich-literarischen Bildung verstanden. Sie dachten keineswegs in allem einheitlich. Die frühen Wanderpoeten sahen nur grammatikalisch-poetische Aufgaben, die ambitionierten gelehrten Humanisten wollten die scholastische Wissenschaft in einer weniger logisch determinierten Weise modernisieren, die humanistischen Aristoteliker suchten diesen Kronzeugen nicht nur wieder in seiner Urform – jenseits der Kommentare – zugänglich zu machen, sondern auch alle weiteren antiken Autoren (u. a. Platon) im ursprünglichen Text wiederzubeleben. Um die Jahrhundertwende war eine annähernd einheitliche Tendenz vorhanden, die sich zunehmend an den Universitäten durchsetzte und sie im Sinne humanistischer Ideale wandelte.

Einfachheit und Klarheit des Ausdrucks, ein besseres Latein, eine andere Art des Lesens, Rückgang zu den (antiken) Quellen in allen Disziplinen sollten nicht nur größere Verständlichkeit, sondern auch eine bessere praktische Anwendbarkeit und kürzere Studienzeiten erlauben. Im richtigen Ausdruck erschließe sich zugleich der wahre Kern der Dinge, das sachlich Richtige und insoweit auch Sittliche. *Res* und *verba, litterarum peritia* und *rerum scientia* gehörten nicht nur zusammen, sondern offenbarten sich allein im angemessenen Sprachgebrauch. Der erst erlaube und ermögliche menschliche Gemeinschaft, menschliches Zusammenleben. *Sapientiam cum eloquentia coniungere*, bezeichnete der Erzhumanist Konrad Celtis diese Aufgabe. In neuen Zirkeln (*sodalitates*) wurde das gepflegt und versucht, eine breitere Öffentlichkeit herzustellen. Der *ordo Mutianus*, ein Freundeskreis um den Gothaer Domherrn, verfolgte nämliche Absichten, allenthalben sollten die *barbara studia* (die Scholastik) den neuen eleganten, humanistischen weichen. Das hatte eine unerhörte Anziehung für die meisten zeitgenössischen Intellektuellen und entlud sich in weithin wahrgenommenen literarischen Fehden wie dem Reuchlin-Streit (1514) oder ironischen Polemiken wie den Dunkelmännerbriefen.

Sprache als Urgrund allen Wissens

Innerhalb der *artes*-Fakultät wurden entsprechend dieser Vorlieben bestimmte Veränderungen herbeigeführt. Als die bevorzugten und wichtigsten Disziplinen galten Grammatik, Rhetorik, Poesie, Historien, *philosophia practica*. Das traditionsreiche Doctrinale Alexanders von Villa Dei wurde durch die gelegentlich bereits auch früher genutzten Grammatiklehrbücher des Donat und Priscian sowie neue humanistische Lehrbücher ersetzt. Neben die Forderung nach einem ciceronianischen Latein trat nach 1500 alsbald auch die nach Griechischkenntnissen. Reuchlin konnte sich rühmen, als einer der ersten diese Kunst in Deutschland vermittelt zu haben. Neben Tübingen und Heidelberg bemühte man sich auch in Leipzig und später in Wittenberg, diese Zweisprachigkeit fest zu verankern. Reuchlin war es übrigens, der seinem Großneffen Melanchthon dieses Wissen weitergab und zugleich ab den 1480er Jahren mittels jüdischer Unterstützung Hebräisch lernte

Die den Humanisten wichtigen Disziplinen

und lehrte. Erasmus' Vorbild, das mit seiner Hilfe eingerichtete *collegium trilingue* zu Löwen (1518), zwang zu dieser Dreisprachigkeit. Hebräischlekturen oder -professuren wurden dementsprechend auch andernorts installiert, sie waren oft mit einer theologischen Professur verbunden. Griechischkenntnisse, wenigstens in einem bescheidenen Maß, sollte jeder Gebildete haben, das Hebräische allemal der künftige Theologe. Freilich wurde das nicht lange durchgehalten. Noch im 16. Jahrhundert reduzierten sich die Sprachkenntnisse der meisten Studierenden auf Latein.

loci communes   In der Logik, dem Paradepferd der spätmittelalterlichen Artisten, wurden Petrus Hispanus' *Summulae logicales* abgelöst und zunächst ersetzt durch Lehrbücher Rudolf Agricolas und Johannes Caesarius' sowie dann – im evangelischen Reich – durch die Philipp Melanchthons. Eine neue, als Dialektik bezeichnete Methode, die der *loci communes*, orientierte sich an praktisch-rhetorischen und zugleich pädagogisch-propädeutischen Zwecken und verließ die kompliziert-abstrakte scholastische Logik. Es war der lange wirkungsmächtige Versuch, nach der Reformation nicht von der Theologie, sondern vom Humanismus her ein tragfähiges wissenschaftliches System zu erstellen. Gestützt auf eine rhetorisch-juristische Methode konnte damit das Wissen geordnet, abgeleitet und gesichert werden. Melanchthon beschrieb die *loci* als „Urbilder und Normen aller Dinge" (*formae sunt seu regulae omnium rerum*), mit deren Hilfe der in sich begrenzte Kosmos des Wissens ausgeschritten werden könne. Aristoteles' Texte behielten – in neuer Übersetzung – dabei weiterhin ihren Rang, sie wurden in ihrer von dem Pariser Gelehrten J. Lefèvre d'Etaples (Faber Stapulensis) humanisierten Form genutzt. Insgesamt nahm Aristoteles' Moralphilosophie den ersten Platz ein, weit vor der früher bevorzugten Naturphilosophie.

Humanismus und   Auch in den höheren Fakultäten galten die humanistischen Prinzi-
höhere Fakultäten   pien. Gereinigte Texte und eine klare, gute Sprache hatten die Grundlage jeder wissenschaftlichen Beschäftigung zu sein. Die Theologen verwies das auf die drei heiligen Sprachen, um die Bibel im Original lesen zu können. Erasmus' bahnbrechende Ausgabe des Neuen Testaments 1516 bei Froben in Basel hatte dies endgültig ins zeitgenössische Bewusstsein gehoben, nachdem zuvor bereits analoge Anstrengungen von Lorenzo Valla oder fast gleichzeitige in Alcalá unter Kardinal Ximenez gemacht worden waren, die *Complutense*. Neben einem biblischen Humanismus erasmianischer Prägung erhielt die Patristik neue Wertschätzung.

In der Medizin wurde eine neue Werkausgabe Galens Grundlage des Unterrichts, führte die Wiederentdeckung von Theophrasts *Histo-*

ria plantarium zu einer besseren medizinischen Kräuter- und Pflanzen-
kunde. Auch Hippokrates wurde in verbesserten Texten genutzt. In der
Anatomie sollte Andreas Vesalius eine stärkere Hinwendung zur Praxis
bewirken, ohne freilich damit die überwiegend literarische – also rein
theoretische – Ausbildung zurückzudrängen.

In der Jurisprudenz führten humanistische Einflüsse gleichermaßen zu besseren Textaussgaben wie auch zu einer verfeinerten Methode. Sprachliche Überzeugungskraft war schon immer ein Teil dieser
Materien gewesen, sie erhielt jetzt zusätzliches Gewicht. Eine huma-
nistisch-historische Argumentationsweise erlaubte insgesamt einen
präziseren Umgang mit den Texten, erzog zu sprachlicher Einfachheit
und größerer Klarheit. Zwar erkannten die mittelalterlichen Kommentatoren die Bedürfnisse der Praxis als unentbehrlich an, ergänzten sie
aber in freierer neuer Rechtsexegese. Insoweit wurden viele ältere
Kommentare und Glossen abgelöst – die frühere Praxis als *accursia-
num absynthium bibere* gegeißelt –, nicht aber ihre forensische Orientierung aufgegeben. Diese stärker praxisbezogene Jurisprudenz, der
mos Italicus, überwog denn auch an den deutschen Fakultäten. Die humanistische Jurisprudenz des *mos Gallicus* wurde in Form antiquari-
scher Untersuchungen und Editionen mancherorts wie vorübergehend
in Heidelberg, Altdorf, Rinteln gepflegt und als „frühhistorische" her-
meneutische Methode übernommen.

Mediziner – noch häufiger freilich Juristen – gehörten außerhalb
ihrer Fachsparten fast traditionell zu den eifrigsten Anhängern humanistischer Ideale und Lebensvorstellungen. Nicht zuletzt ihrem Einfluss
bei Hof war es zu danken, dass an den meisten Universitäten nach an-
fänglicher Ablehnung humanistische Vorstellungen Platz greifen konnten. Und an den Höfen selbst bewirkten solche humanistischen Postu-
late, nach denen nur der Gebildete ein vollwertiger Mensch sei, dass ein
insgesamt neues Kulturideal entstand, das auch den Adel einschließlich
der Prinzen erzogen wissen wollte. Erasmus' *Institutio principis christiani* wurde – neben Baldassare Castigliones *Cortegiano* und Stefano
Guazzos *De Mutua et civili conversatione* – rasch zum verbindlichen
Leitfaden und Vorbild. Insofern hatten die Humanisten einen weit über
den engeren Bildungssektor hinausgreifenden gesellschaftlichen Einfluss. Die Höfe waren neben Universitäten und Schulen hinfort ihrerseits Orte der Ausbildung, der Bildungs- und Wissensvermittlung.

Erscheinung, Wirkung und Auftreten des Erasmus von Rotterdam
hatte europaweit Folgen. Er verkörperte den Humanisten, den Gebildeten, den intellektuellen Wortführer schlechthin. Seine Vorstellung, in
einem christlichen Humanismus die Unbilden der Zeit überkommen,

Margin notes:
Humanismus und Höfe

Erasmus von Rotterdam

die erhofften und notwendigen Reformen in Kirche und Staat herbeiführen zu können, erwies sich als ungemein anregend, aber letztlich als unrealistisch. Sein Glaube an die Bildungsfähigkeit der Menschen und damit auch an die Notwendigkeit von Erziehung und Bildung wirkte hingegen entschieden stilbildend und weithin verbindlich. Seine vielfältigen Kontakte, seine Erfolge als Schriftsteller, als irenischer Ratgeber und Gelehrter führten dazu, die von ihm erhoffte und gewünschte *respublica litteraria* Wirklichkeit werden zu lassen, sie zum Mindesten vorübergehend zur Blüte und zur Wirksamkeit zu führen. Als Ideal sollte sie fortan immer wieder beschworen und umzusetzen gesucht werden, nachdem die Reformation den humanistischen Lebensvorstellungen und gelehrten Ideen den optimistischen Impetus entzogen hatte. Sie verfolgte weiterhin die ursprünglich humanistische Auffassung, dass es unabdingbar sei, vielen eine Ausbildung und den Studierenden eine Vorbildung zuteil werden zu lassen. Es galt nun nicht nur als Aufgabe der Kirche, sondern auch und gerade der sich ausbildenden frühmodernen Staatswesen, auf diesem Gebiet für angemessene Einrichtungen und Möglichkeiten zu sorgen. Gymnasien und Pädagogien, auch *collegia*, wie diese vorbereitenden Schulen heißen konnten, entstanden an Universitäten, in Städten und gelegentlich auf dem Land, etwa in Klöstern. Auf Dauer freilich betrachtete man solche Schulen als einer Universität nicht angemessen, da sie sozusagen als Kinderschule galten. Diese Aufgabe sollten die städtischen Lateinschulen und Pädagogien übernehmen, die nicht zur universitären Korporation zählten. Allein die Jesuiten beharrten später – wovon noch zu sprechen sein wird – auf dieser Kombination von Kollegium und Universität.

Die Nachahmung der Antike hatte im Italien der Renaissance etwas Einleuchtendes, Unmittelbares, Ungezwungenes. Die dortige kommunale Staatenwelt war zudem wenig feudal, der Boden antik, die Gesellschaft städtisch modern – es existierte dort eine Öffentlichkeit. Die eigene Vergangenheit war eben die der Antike. Im Heiligen Römischen Reich deutscher Nation war alles anders und so mussten die Humanisten, da sie doch dem gleichen Kulturideal verpflichtet waren und blieben, mühsam versuchen, es den deutschen Bedingungen anzupassen. Humanisten fanden anfänglich in Städten, vor allem aber an Universitäten und Höfen Anstellung und Resonanz. Nur dort gab es eine Art Öffentlichkeit, waren Gleichgesinnte zu finden, was Humanisten unabdingbar erschien. Der in Italien gelebte Humanismus nahm folgerichtig nördlich der Alpen vielfach eine Wendung ins Pädagogische, wurde zu einer intellektuellen, gelehrten Sache an Stelle einer vital erfahrenen.

Marginalien:

Das Ideal der *respublica litteraria*

Gymnasien und Pädagogien

Die Schwierigkeiten der deutschen Humanisten

Eine der wichtigsten und frühesten Universitätsgründungen aus humanistischem Geist war Wittenberg, das dann alsbald auch zum Urbild einer protestantischen Hochschule mutierte. Am 18. Oktober 1502 konnte sie ihren Betrieb beginnen, nachdem zunächst nur Kaiser Maximilian I. ein Privileg erteilt hatte. Das päpstliche wurde in mehreren Stufen schließlich 1507 erlangt. Die Interessen Kurfürst Friedrichs des Weisen wie auch die seiner führenden Räte und des ersten Rektors Martin Polich, genannt Mellerstädt, führten neben der Einrichtung der gewohnten Lekturen – der beiden *viae*, der Canonistik und Legistik etwa – auch zu solchen humanistischer Ausrichtung. Wo keine Pfründen bereitstanden, sprang der Kurfürst selbst mit Stiftungsmitteln ein, fest besoldete Professuren erlaubten, die neuen Materien zu unterrichten. Eine kluge und mittels kundiger Berater abgesicherte Berufungspolitik führte in den meisten Fällen zu einer rasch anerkannten, werbewirksamen Qualität der neuen Hochschule an unwirtlichem Ort. So kam 1518 auch der junge Philipp Melanchthon nach Wittenberg, das nicht zuletzt durch ihn weithin stilbildend, einflussreich, maßstabsetzend wurde. Seine berühmte Antrittsvorlesung ebenso wie seine Studienordnung von 1526 schrieben unbeschadet der Reformation wichtige humanistische Vorstellungen fest. In lebenslanger Lehr- und Publikationstätigkeit verankerte er sie neben seinem kaum weniger grundlegenden Wirken für die Ausbreitung der lutherischen Lehren. Das neue Studienziel war weniger die Ausbildung logisch-scholastischen Scharfsinnes als vielmehr die Fähigkeit, ein Thema sprachlich elegant und angemessen zu entfalten. In den *loci communes* legte Melanchthon diese wissenschaftliche Vorgehensweise methodisch und inhaltlich dar, die lange Zeit Geltung haben sollte.

Die Universität Wittenberg als Gründung aus humanistischem Geist

3. Die Reformation

3.1 Auswirkungen und Veränderungen in Wissenschaft und Lehre

Inzwischen war Luthers Reformation bereits weit gediehen. Für Universitäten, auch für Schulen, brachte sie zunächst einen merklichen Einbruch. Luthers Absage an den „Heiden Aristoteles", die Verdammung des kanonischen Rechts, seine scheinbare Missachtung von Bildung, diese die junge Generation erregende neue Lehre waren wenig geeignet, ruhiger Ausbildung und bemühtem Lernen das Wort zu reden. „Ubi regnat Lutheranismus, ibi litterarum est interitus" schrieb denn auch Erasmus. Im geistigen Kampf um Gnade, Gerechtigkeit und Glau-

Luther, Hochschulen und Schulen

ben konnten, so schien es vielen, Wissenschaften und ihre Institutionen vernachlässigt werden. Nicht erst die so genannte Wittenberger Bewegung der Jahre 1521/22 – bilderstürmerische, bildungsfeindliche und zugleich radikalreformatorische Motive griffen um sich – belehrten Luther, dass auf Schulen jeglicher Art nicht verzichtet werden konnte, die Bestrebungen Melanchthons nach neuer, besserer Ausbildung und Pflege der Wissenschaften nachdrückliche Unterstützung verdienten. Anders wäre auch die neue Theologie nicht abzusichern und argumentativ zu verbreiten gewesen. In den Statuten der ersten reformatorischen Universitätsneugründung, denen Marburgs von 1526, wurde das *expressis verbis* festgeschrieben. Die Reformation der Universität ging also auf Luther zurück, die Universität der Reformation jedoch auf Melanchthon. In einer bezeichnenden Mischung aus humanistischen und reformatorischen Ansätzen bekam sie als Ziel schließlich vorgeschrieben: *sapiens atque eloquens pietas.*

Wittenberg: die evangelische Musteruniversität

Beispielhaft wurde all dies neuerlich in Wittenberg. Beide, Luther wie Melanchthon, lehrten nicht von ungefähr nebeneinander, waren Professoren der *Leucorea.* Der tiefe numerische und intelektuelle Einbruch Anfang der 1520er Jahre, als die Anstalten fast zum Erliegen kamen, zwang zu einer ganzen Reihe folgenreicher Maßnahmen. Am wichtigsten war es zunächst, dass der Reformator in seinen weithin wirkenden Reformschriften 1524 dazu aufrief, Schulen und damit auch Universitäten einzurichten und zu unterhalten. Sie seien für den wahren Glauben wie auch die Angelegenheiten der Welt – er nannte Ärzte und Juristen – von nicht zu ersetzender Bedeutung. Das Wohl der Gemeinwesen hänge von ihnen ab, trotz ihres päpstlichen Ursprungs seien sie, wie es später hieß, *das fürnehmbste stück der Regierung.*

Natürlich hatte Luther vorab die Theologie im Sinn, aber um sie zu sichern und zu stärken bedürfe es eben der weiteren bekannten Wissenschaften. Sprachen und Kenntnis der Heiligen Schrift – nicht die der Kommentatoren und nicht in scholastischer Auslegung –, auch die klassischer Autoren, der Historien, der Physik und Mathematik usf. würden dafür benötigt. Es war das Verdienst Melanchthons, Luther von der Notwendigkeit eines soliden humanistischen Unterbaus der neuen Theologie zu überzeugen. Auch für die Philosophie, für den verteufelten Aristoteles konnte er ihn zurückgewinnen, fehle ansonsten doch der unersetzliche und unverzichtbare Grund, von dem aus erst die höheren Studien zu betreiben seien.

Melanchthons Studienreformen

In mehreren Wittenberger Statuten schuf Melanchthon ein andernorts immer wieder nachgeahmtes Muster. Die älteren curricularen Anweisungen waren ebenso verschwunden wie die Bursen, die Studenten lebten *sub privata disciplina,* Aufsichtspersonen und Kollegs gab es nicht mehr oder nur selten. Für den Universitätsbesuch waren ausreichende Lateinkenntnisse nachzuweisen bzw. rasch bei Privatpräzeptoren zu erlangen. Der Unterricht erfolgte ausschließlich in *lectiones publicae,* eine Reihenfolge des zu Hörenden und ein fester Prüfungskanon wurden nicht festgelegt. Für Theologen galten zusätzlich zu ihren normalen Materien Sprachen und Rhetorik als wichtig, für Juristen Rhetorik und Ethik, für Mediziner Mathematik und Physik.

Dementsprechend wurden die Wittenberger Professuren ein- und ausgerichtet. Die Theologie galt mit vier Professoren als optimal besetzt, wobei es nicht mehr nur wie früher einen *biblicus* geben sollte, sondern alle die Bibel zur Grundlage zu nehmen hätten. In der Jurisprudenz wurden vier bis fünf Lehrstühle als beste Ausstattung angesehen, wenngleich, wie auch in den anderen Fakultäten, diese Zahl nicht oft erreicht wurde. Inhaltlich war gegenüber früher und im Gegensatz zur Theologie nur wenig zu ändern. *Ius civile* stand im Vordergrund, das kanonische Recht – päpstliches Teufelszeug – behielt nur für bestimmte Materien wie Prozess- und Familienrecht weiterhin Bedeutung, konnte ansonsten aber vernachlässigt werden. Auch in der Medizin, in der zwei Professuren als völlig ausreichend galten, waren keinerlei inhaltliche Änderungen vorzunehmen. Bessere Texte der gleichen bisherigen Autoritäten – im Sinne der Humanisten – waren hier die neuen Forderungen.

Die einschneidensten Änderungen waren bei den Artisten vorgesehen. Zehn bis elf Professoren erschienen dem *praeceptor Germaniae* nötig, eine Anzahl, die freilich nur kurze Zeit erreicht und auch andernorts nur selten unterhalten wurde. Ihnen kam die Aufgabe der Grundlegung für die anderen Wissenschaften wie auch die Vermittlung des unabdingbaren allgemeinen Wissens zu. Da war über Grammatik, Rhetorik, Dialektik zu lesen. Latein, Griechisch, Hebräisch hatten als die drei „heiligen Sprachen" eine Art Eigenwert und galten als unverzichtbar. Allerdings setzte sich auf Dauer allein das Latein als unerläßlich durch. Da es keinerlei Lehrstuhlprinzip gab, wonach nur einer eine Materie vorzutragen das Recht hatte, sondern die ältere und noch lange fortgeltende Praxis darin bestand, dass alle Dozenten zum Mindesten über die artistischen Fertigkeiten verfügten, übernahm denn auch oft ein Theologe den hebräischen und selbst den Griechischunterricht. Unter den *artes* firmierten weiterhin Physik, Geografie, Mathematik, Astronomie – und Astrologie – Poetik, *philosophia practica.* Es handelte sich um den alten, klassischen, in humanistischem Geist fortgeführten Wissenschaftskosmos dieser Fakulät.

Wittenberger Professuren und ihre Lehrinhalte

Sicher, die humanistische Auffassung, diese Allgemeinbildung nutze dem Gebildeten zu kultivierter Eigenart und Persönlichkeitsentwicklung, wurde durch die neue, eher zweckgerichtete, auf das Wohl von Kirche und Staat bezogene Anschauung modifiziert und verändert. Da blieb wenig absichtslos-ästhetisch. Die Reformation hatte einen Funktionalisierungsschub innerhalb der Universitäten und Ausbildungsstätten zur Folge. Der gerade noch selbstgewiss-stolze Anspruch, die eigentlichen, wichtigen, humanen, gebildeten Techniken und Materien zu vermitteln, konnte unter diesen Bedingungen nicht weiter bzw. nur selten erfolgreich aufrecht erhalten werden. Neuerlich sank die *artes*-Fakulät zu einer eher dienenden Funktion ab, sie wurde wieder

ancilla theologiae. Für ihr Selbstverständnis und das ihrer Studenten war das freilich weniger einschneidend als einige andere Veränderungen. Die *artes*-Studenten fühlten sich nämlich im rechtlichen und sozialen Sinne mit den Studierenden der oberen Fakultäten gleichberechtigt, also nicht mehr unter der Rute stehend wie die Schüler. Vorlesung, *lectio publica*, und alsbald auch wieder die *disputatio*, nicht mehr aber die *resumptiones* und *exercitia* oder eine Unterrichtung in einer Art Klassenverband seien die angemessenen Unterweisungsmethoden.

Dem entsprach wiederum eine weitere Veränderung gegenüber dem Mittelalter. Der gewaltige Einbruch der Studentenzahlen in den 1520er Jahren führte zu einem gravierenden Mangel an Magistern. Das

ältere System der *magistri regentes*, die den Unterricht mitgetragen hatten, konnte auch deshalb nicht mehr funktionieren, weil keine zahlenden Studenten mehr da waren. Die an Ausbildung mindestens gleichermaßen wie die Reformatoren interessierten Landesherren und ihre Räte mussten dementsprechend suchen, neue Anreize für Studium und Lehre zu schaffen. Philipp der Großmütige exerzierte das bei der Gründung Marburgs beispielgebend vor. Die Auflösung der Klöster ermöglichte es, freigewordene Mittel gerade auch für Ausbildungszwecke einzusetzen. Der frühmoderne Staat verfügte über diese Mittel im eigenen Interesse und dem der Schulen und Universitäten. Auch wenn diese Mittel nicht immer zur Verfügung standen, konnten die artistischen Professoren nun fest besoldet werden, wie es bei den oberen Fakultäten üblich war, eine Besonderheit der deutschen Entwicklung, die von der in Westeuropa nachhaltig abwich. Im Reich gab es hinfort kein Regenzsystem mehr, eine artistische Fakultät von *professores publici* (Ordinarien) war entstanden. Aus den *artes* wurden zunehmend *disciplinae* bzw. *scientiae*. Bereits damals wurde die spätere Humboldtsche Einrichtung der Berliner Universität vorbereitet und in ihren Grundzügen verankert.

Neu war ferner, dass für die Studenten dieser Fakultät die 1508 zuerst eingeführte Gebührenbefreiung – so in Wittenberg, danach in Leipzig und Frankfurt/Oder – vorübergehend allgemein üblich wurde. Um Studierende wieder vermehrt in die Universitäten zurückzubringen, wurden zugleich – wie zuerst in Marburg – neuartige Stipendienanstalten eingerichtet. Der Mangel an Artisten und Theologen zwang gleichsam zu solchen Fördereinrichtungen, um den enormen Bedarf an Vorgebildeten für Kirche und Schulen zu beheben. Für die katholische Seite spätestens ab 1600, für die Protestanten bereits ab den 1570er Jahren galt die Regel, dass die Geistlichen wenigstens einige Semester Studium aufzuweisen hatten. Es genügte nicht mehr wie zuvor, an einer Lateinschule oder an einem Gymnasium für diesen Beruf vorgebildet worden zu sein. Ein Studium an einer *artes*-Fakultät sowie wenigstens ein theologisches Kurzstudium war für Geistliche aller Konfessionen hinfort unabdingbar. Es fand also insgesamt eine Akademisierung der Theologenausbildung statt. Bezeichnenderweise beherbergten die Stipendienanstalten denn auch vor allem Studierende dieser Fächer, Juristen und Mediziner waren unter Stipendienempfängern Ausnahmen. Um den geschilderten Mangel zu beheben, wurde ferner das Theologiestudium verkürzt. Eine volle – für den Normalgeistlichen freilich nicht nötige – Ausbildung konnte jetzt in fünf bis sechs Jahren abgeschlossen werden. Zugleich fielen damit allmählich in allen Fakultäten auch Titel und Zwischenprüfung für den *Bakkalar* weg.

Die Krise der 1520er Jahre hatte nicht zuletzt das überkommene Schulwesen zerstört. So wurden als weiterer Beitrag zur Stabilisierung der Ausbildung die mancherorts bereits erprobten Gymnasien als wichtige Vorstufe für ein Universitätsstudium gefördert. Sie blieben im protestantischen Reich abgekoppelt von den Hochschulen. Deren Artisten beanspruchten, einen eigenen, von Schulen unterschiedenen Stoff zu vermitteln und die Unterweisung anders zu gestalten. In Vorlesungen und Disputationen wurden die zumeist in den Statuten vorgeschriebenen (gedruckten) Bücher behandelt, was in den Klassenverbänden der Schulen nicht in gleicher Weise stattfand. Die Studierenden genossen *libertas scholastica*, die akademische Freiheit. Sie waren in ihrem Studienverhalten frei, unbeschadet statutarischer Vorschriften und Studienempfehlungen, sie waren auch frei in der Wohnungswahl und unterlagen keinem Bursenzwang. Allein Stipendienempfänger mussten genaueren Verhaltensvorschriften folgen, suchten sie freilich häufig zu umgehen. Das späte 16. und das 17. Jahrhundert waren dementsprechend oft von wildem studentischen Treiben gekennzeichnet, das als Pennalismus bzw. Depositionsunwesen unrühmlich bekannt ist. Diese

Stipendienwesen

Studienpflicht für Geistliche

Einrichtung von Gymnasien und Lateinschulen

Neue Freiheit der Studenten, Pennalismus

depositio cornuum, die Abstoßung der Hörner des Schülers mittels grob deftiger Quälereien zog sich oft über Wochen hin, dauerte bis zum abschließenden *convivium*, einem Freß- und Saufgelage, das die Aufnahme in die Studentenschaft besiegelte. An katholischen Universitäten sollte mit den Jesuiten alsbald eine schärfere Zucht und Aufsicht zurückkehren, ohne dass damit freilich diese zeitüblichen Auswüchse ganz hätten unterbunden werden können.

Evangelische Universitätsreformen

Nach dem Beispiel Wittenbergs und Marburgs, der ersten protestantischen Neugründung unter Mitwirkung Melanchthons, wurden weitere Universitäten reformiert, wodurch sich der neue Glauben verfestigte. 1532 übernahm Basel dieses Modell, danach allmählich Rostock und Greifswald, das zwischen 1527 und 1539 fast zum Erliegen gekommen war. 1535 folgte auf Geheiß des Landesherrn Tübingen. Leipzig und Frankfurt an der Oder schlossen sich 1539 der Reformation an, Heidelberg 1556. Fast überall war Melanchthon beteiligt gewesen, um Rat und Unterstützung gebeten worden. Gemäß seinen eher traditionalistischen Vorstellungen über die Aufgaben der Universität behielten daher all diese Hochschulen den älteren institutionellen Aufbau: Rektoratsverfassung, vier Fakultäten, Graduierungsrecht, die früheren Grade, die sich entgegen der humanistischen *damnatio* neuerlich großer Beliebtheit erfreuten. Mancherorts wurden Pädagogien und/oder Stipendienanstalten eingerichtet. Hier folgte man meist dem Marburger und Straßburger Modell und übernahm die Wittenberger Wissenschaftsauffassung und -bewertung.

Ausbau der Territorien und Universitäten

Der Ausbau der Territorien, der entscheidenden staatlichen Einheiten auf Reichsboden, stützte sich verständlicherweise auch auf die Universitäten. Die Kenntnisse und Techniken, die dort vermittelt wurden, erlaubten überhaupt erst Verschriftlichung, Verwissenschaftlichung und territoriale Verwaltung, also all die Errungenschaften, die der frühmoderne Staat mühsam entwickelte. Dass dabei anders als früher mundane Interessen eine große Rolle spielten, erklärt, dass die Universitäten mehr und mehr als laikale, nicht aber klerikale Veranstaltungen gesehen wurden. Der Status der Professoren und der Studenten änderte sich, sie konnten auch als Diener des Staates gelten, sie trugen nicht mehr durchwegs geistliches Gewand. Sie wurden noch intensiver der Zuständigkeit des Landesherrn unterstellt, was in Deutschland nicht eigentlich neu, nunmehr aber dauerhaft war. Gleichwohl erhielt sich die traditionelle akademische Freiheit, da zumindest die führenden Professoren einer Universität, Juristen und Theologen allemal, leitende Beraterfunktionen im Territorium wahrnahmen. Gewiss, gegen den expliziten Willen des Fürsten war nichts durchzusetzen. Das war aber

bereits früher so gewesen. Zusammengehen und Absprache über-
wogen. Dass andererseits die Konfessionalisierung aller Lebensbereiche dazu führte, Bekenntnisformeln beeiden und die landeseigene Konfession als verbindlich vorschreiben zu lassen, lag in der Natur dieser
Entwicklung. Immer wieder gab es davon Ausnahmen, wenn das landesherrliche Interesse andere Optionen angemessen erscheinen ließ.

Spätestens seit der Mitte des Jahrhunderts war festzustellen, dass
die neue Lehre – und anders als es der Reformator gedacht hatte – unterschiedlichen Interpretationen des Wortes Gottes folgte und Auffas- Protestantische
sungsunterschiede und religiöse Divergenzen aufbrachen. Das Fehlen Glaubensvielfalt und
einer Einheit und Spitze der Protestanten beförderte förmlich eine sol- Einungsbemühungen
che Entwicklung. Folgerichtig versuchte man in einer Übereinkunft,
der so genannten Konkordienformel, eine allgemeinverbindliche Auslegung der Inhalte der neuen Religion zu vereinbaren. 1577 redigiert
traten ihr aber nicht alle neugläubigen Territorien – und damit auch
Universitäten – bei. Hinfort wurde genau beobachtet, welcher Richtung
eine Hochschule und ihre Professoren folgten, und es entstanden immer
wieder neue, entweder in Nuancen oder aber stark divergierende Filia-
tionen. Das betraf auch die Studieninhalte, zum Mindesten in den
Fächern, die entsprechende Materien behandelten wie die Theologie
selbst und einige artistische Disziplinen. Die weitgehende vorreformatorische Einheit der Lehre galt auf protestantischem Boden nur noch
bedingt. Gnesiolutheraner, Adiaphoristen, Philippisten bzw. Cryptocal-
vinisten, Reformierte, Orthodoxe, später noch Pietisten wurden unterschieden und besetzten das Spektrum möglicher Interpretationen heili-
ger und weltlicher Schriften. Sie befehdeten sich nachhaltig, sahen in
erbitterten Auseinandersetzungen mit den Glaubensverwandten die
eigentliche Aufgabe. Sie waren ihnen häufig wichtiger als die Kontroversen mit Papst und katholischer Kirche. Dass die katholische Seite
ihrerseits nach Erneuerung und Reformen stärker einheitlich zu argu-
mentieren vermochte, wird noch zu schildern sein.

3.2 Neue Universitäten im Zeichen der Reformation

Das Vordringen der Reformation führte zu weiteren Angleichungen
von Universitäten an das Wittenberger Vorbild. In dem in einen Fürs- Die Universität
tenstaat umgewandelten ehemaligen Ordensland versuchte 1544 der Königsberg
erste preußische Herzog Albrecht in Königsberg eine alsbald *Academia
Regiomontana* genannte Hochschule zu errichten. Allerdings konnte er
weder vom Papst noch vom Kaiser ein Privileg erhalten. Erst 1560 bekam er es erteilt, jedoch vom polnischen König. Die Anstalt hatte sich

schon zuvor eng an das Wittenberger Modell angelehnt – das Statut stammte von Melanchthon – und der Herzog hatte mit seiner Gründung durchaus Erfolg. Die großzügigen Privilegien für seine Professoren ließen es zu, angesehene Gelehrte zu berufen, die den erwünschten evangelisch-humanistischen Einfluss auf die Nachbarländer gewannen. Die gut dotierten Stipendien für Studenten taten das auf ihre Weise. Freilich sollte dann der von dem Theologen A. Osiander, dem Gegner von Luthers Rechtfertigungslehre, angezettelte Streit Land und Universität in einen schweren, europaweiten Konflikt stürzen, der einen erfolgreichen weiteren Ausbau empfindlich beeinträchtigte.

Die Niederlage der Protestanten im Schmalkaldischen Krieg brachte die ernestinische Linie der Wettiner nicht nur um die Kurwürde und Kurlande, sondern auch um Wittenberg. Ein 1548 gegründetes aka-

Die Universität Jena — demisches Gymnasium in Jena sollte rasch zur Volluniversität aufgestockt werden. Karl V. weigerte sich jedoch, ein Privileg zu erteilen. Erst sein Bruder Ferdinand gewährte es nach dem Augsburger Religionsfrieden 1557, sodass Anfang 1558 die Salana eröffnet werden konnte. Die häufigen Teilungen und Besitzverschiebungen der ernestinischen Lande führten dazu, dass acht Dynastien für die Universität verantwortlich zeichneten. Das brachte immer wieder Finanzprobleme, gewährte der Hochschule aber oft großen Freiraum gegenüber den uneinigen Nutritoren. Jena wurde nicht nur dank des vorübergehenden Wirkens Flacius Illyricus' zeitweilig zu einem Bollwerk orthodoxen Luthertums – der Gnesiolutheraner –, sondern auch wichtig infolge seiner entschieden neugläubig-theologischen Ausrichtung der Wissenschaften. Johann Gerhard und Daniel Stahl waren dabei die herausragenden Figuren. Die Salana verstand sich anfänglich als entschiedener Gegenpol zum philippistischen Wittenberg, was sich später abschliff. Da konnten einige Gelehrte wie die Juristen Peter Wesenbeck sowie der

Das Jus publicum — 1599 berufene Mitschöpfer des *Jus publicum Romano-Germanicum*, Dominik Arumäus, bis um 1620 eine antiorthodoxe Haltung einnehmen. Eigentlich erst nach dem Tod Johann Gerhards 1637, des lutherischen Metaphysikers, waren Großzügigkeit und Gewährenlassen nicht mehr möglich. Aber da hatten die Kriegsereignisse bereits Jena erreicht und Universität und Stadt stark in Mitleidenschaft gezogen.

Schüler des Arumäus wie Johann Limnäus, Georg Brautlacht, Daniel Otto hatten inzwischen das neue öffentliche Recht gleichsam als Jenenser Markenzeichen ausgebaut, ein anderer dieser Schüler, Benedict Carpzov, das *Jus civile* auf einen neuen Fuß gestellt. Werner Rolfinck führte ab 1629 die Medizin zu neuen Erfolgen, wie überhaupt Mediziner während der Kriegswirren weiterwirken konnten und wie auch andernorts seitens der Soldateska am wenigsten gefährdet waren. Dennoch litt die Universität ab den frühen 1630er Jahren bis zum endgültigen Abzug der schwedischen Truppen im Jahre 1656 erheblich.

1568 wurde im Herzogtum Braunschweig-Wolfenbüttel die Reformation eingeführt. Herzog Julius erachtete es als notwendig, sowohl für ihre Festigung wie auch für weitere dem Territorium nützliche und notwendige Aufgaben eine höhere Lehranstalt einzurichten. In Gandersheim wurde 1570 ein *Paedagogium illustre* eröffnet, das 1574 als *schola Julia* nach Helmstedt verlegt wurde. 1576 von Kaiser Maximilian II. dank großer finanzieller Aufwendungen und Kaisertreue des Herzogs als Generalstudium privilegiert, konnte die neue Universität im Oktober 1576 eröffnet werden. Die Statuten hatte der Melanchthonschüler David Chyträus zusammen mit dem gebildeten Herzog erstellt und dementsprechend atmete die Hochschule ganz den evangelisch-humanistischen Geist Wittenbergs, dem sie auch im institutionellen Aufbau folgte. Interesse und Kompetenz Herzog Julius' ermöglichten es, angesehene und weithin wirkende Gelehrte zu gewinnen. Der Konkordienformel schloss sich die Universität nicht an, sie verblieb bei einer irenisch-späthumanistischen Einstellung. Rasch stieg sie zur drittgrößten Anstalt des protestantischen Reichs hinter der nach wie vor stärksten, Wittenberg, und Leipzig auf. Bis zum Ausgang des 17. Jahrhunderts gehörte sie zu den führenden lutherischen Anstalten des Reiches, ihr Einfluss reichte weit über die engeren Grenzen des Territoriums. Nicht nur in der Theologie, auch in der Jurisprudenz, den *artes* und in der Medizin zog sie viele Auswärtige an, ihre Wirkung erstreckte sich bis nach Nordeuropa und in die nordöstlichen Gebiete Europas.

Die Universität Helmstedt

In den Reigen lutherischer Universitätsneugründungen gehört ferner Gießen. Es war für Landgraf Ludwig V. von Hessen-Darmstadt nicht leicht, ein Privileg für die 1607 eröffnete Anstalt zu erhalten. Seine Kaisertreue wie auch konfessionelle Gründe ermöglichten es dann doch. In Wien unterstellte man, dass der religiöse Dissens im Hause Hessen – Kassel hatte sich den Reformierten angeschlossen und damit auch die hessische „Samt"-Universität Marburg 1605 dorthin gezogen – dazu führen könne, dass sich die beiden nichtkatholischen „auffressen" würden. Der aus Marburg vertriebene Theologe Balthasar Mentzer organisierte die Anstalt in streng lutherischem Geist, dem sie als einzige im Westen des Reichs auf lange Zeit ergeben und zugleich prokaiserlich blieb. Während des Dreißigjährigen Krieges war sie von 1624 bis 1648 mit Marburg wiedervereint, verstand sich aber weiterhin als die hessendarmstädtische Landesuniversität. Als solche spielte sie im Konubium mit vielen führenden Beamtenfamilien eine wichtige Rolle, besaß über-

Die Universität Gießen

territorial jedoch wenig Ausstrahlung. Wie an so mancher der kleineren und mittleren Universitäten wölbte sich alsbald der Verwandtschaftshimmel über sie, die Mehrzahl der Professoren rekrutierte sich aus wenigen Familien. Das bedeutete nicht unbedingt, dass dadurch die Qualität der Lehre hätte leiden müssen. Ganz im Gegenteil erlaubte es diese zunftmäßige Ergänzung in vielen Fällen, dass gut vorgebildete Männer ihrem Beruf nachgingen, den sie von Hause aus kannten und der zunächst einmal darin bestand, das einschlägige Wissen und die nötigen Praktiken des in sich geschlossenen Wissenschaftskosmos zu vermitteln. Auch hier kam es wie immer auf den Einzelfall an!

Die Universität Rinteln

Im April 1610 eröffnete in Stadthagen ein *Gymnasium illustre* seine Pforten. Der Schaumburger Graf Ernst III. nutzte die Vakanz auf dem Kaiserthron 1619 – im gleichen Jahr wurde er gefürstet –, um vom amtierenden Reichsvikar Pfalzgraf Friedrich V. ein Universitätsprivileg zu erhalten. Diese Anstalt wurde dann alsbald nach Rinteln verlegt, zunächst freilich ohne theologische Fakultät. 1620 bestätigte Ferdinand II. diese weitere lutherische Universität mit einer Einschränkung hinsichtlich des theologischen Promotionsrechts. Faktisch blieb das bedeutungslos. Das Vorbild war Gießen, eine Kirchenordnung legte Rinteln 1614 auf das Luthertum fest, das sie auf Grund guter Beziehung zu Helmstedt unionistisch auslegte. Zu Marburg und dem inzwischen calvinistischen Lippe hielt sie Distanz. Bedeutende Juristen wirkten an dieser immerhin von ca. 5000 Studenten besuchten kleineren Anstalt, die sowohl im Reichsrecht als auch als Gutachter in Hexenprozessen hervortrat.

Ursachen für die evangelischen Neugründungen

Bei all diesen Neugründungen spielten Prestigegesichtspunkte der Landesherren mindestens eine ebenso große Rolle wie die Sorge für den rechten Glauben und die Ausbildung geeigneten akademischen Nachwuchses für das Territorium. Marburg, Königsberg und Helmstedt durften als Landesuniversitäten relativ großer Territorien und darüber hinaus auch reichsweiter Bedeutung beanspruchen, den einem Reichsfürsten zustehenden Auftrag einzulösen. Dass es ihnen als Neugläubigen mit der Ausnahme Königsbergs gelang, ebenso wie die kleineren Territorien ein kaiserliches Privileg zu erhalten, öfters gegen erheblichen Widerstand des katholisch-kaiserlichen Reichshofrats, lag an guten Beziehungen nach Wien respektive Prag, an finanziellen Überzeugungsgeldern, aber auch an der reichsrechtlichen Anerkennung der Evangelischen im Augsburger Religionsvertrag. Nicht unbedingt in den konfessionellen Grundüberzeugungen aber praktisch war eine Art Duldung der Anderen möglich, da die Konfessionen in Landesgrenzen eingeschlossen worden waren.

Eine gewisse Sonderstellung hinsichtlich Größe, Verfassung und Fundation nahm nach wie vor Leipzig ein. Wenn auch der älteren, nach der Auswanderung aus Prag 1409 mit übernommenen Einteilung in vier Nationen nicht besonderes Gewicht zukam: die gute Dotierung und die Rolle der Kollegien machte die Anstalt relativ unabhängig vom Landesherrn, der ja auch die Gründung nicht eigentlich bewirkt hatte, sodass sie insgesamt stark traditionalistisch beharren konnte. Ihr Festhalten an der *via antiqua* erschwerte dem Humanismus den Zugang, ließ sie auch der Reformation zögerlich gegenübertreten. Erst die energische Reform unter Herzog Moritz 1543 band sie in die territorialen Interessen ein, ließ sie aber nach dem Abfall Wittenbergs 1547 nach wie vor hinter diesem zurückstehen. Innere Schwierigkeiten und der Verdacht cryptocalvinistischer Neigungen zwang sie zur strikten Festlegung auf die Konkordienformel. Leipzig wurde zu einem Hort der Orthodoxie. Das verhinderte freilich nicht den großen Zustrom von Studenten, zumal die Neuordnung der *artes*-Fakultät unter Joachim Camerarius, ganz in humanistischen Sinne, wie auch die Attraktivität der Handelsstadt für das dortige Studium warben.

Die Universität Leipzig

3.3 Semiuniversitäten

So bestanden in unserem Zeitraum neun lutherische Universitäten – Königsberg nicht mitgezählt. Daneben existierten freilich weitere Unterrichtsanstalten, die dazu gerechnet werden müssen, da sie im Grunde hochschulähnliche Leistungen erbrachten. Inzwischen werden sie gern als Semiuniversitäten bezeichnet, sie sind auch als *gymnasia illustria* (*gymnasium illustre*) bekannt, ein Begriff, der im Übergang vom 16. zum 17. Jahrhundert aufkam, aber nicht eindeutig und formal definiert erscheint. Obwohl er ursprünglich auf *illustre* – also fürstliche oder territoriale – Einrichtungen gemünzt war, übernahmen weitere städtische Gründungen diese Bezeichnung, wohingegen die Nennung „semiuniversitas" zuerst bei der eingeschränkten Privilegierung des Straßburger Gymnasiums seitens Kaiser und Reichshofrat auftauchte. Es handelte sich – verallgemeinernd formuliert – um erweiterte Lateinschulen, an denen auf der Oberstufe öffentliche *lectiones* in Materien der höheren Fakultäten, insbesondere theologische einführten. Im oberdeutsch-schweizerischen Raum entstanden sie in der Absicht, dem Laienpublikum wie auch der Geistlichkeit die Fähigkeit zur philologisch gewappneten Schriftauslegung nach erasmianischem Vorbild zu ermöglichen: so in Zürich, Bern, Lausanne, Genf, Straßburg. Für ein vertieftes Studium musste zwar weiterhin eine Universität besucht werden, für

Semiuniversitäten als erweiterte Lateinschulen

die Schweizer ab 1532 vor allem das reformierte Basel, aber die Absolventen solcher Schulen galten bereits als *studiosi*. Sie konnten daher eine Deposition umgehen.

Straßburg   Jacob Wimpfeling (1450–1528), der einflussreiche Elsässer Humanist, hatte für Straßburg bereits um 1500 ein modernes Gymnasium gefordert. Seit den 1530er Jahren konnten dann tatsächlich auch die gewünschten öffentlichen Vorlesungen angeboten werden. Martin Bucer, der in Straßburg bestimmende Reformator, wünschte 1534, es möchte daraus eine Universität erwachsen. Im folgenden Jahr wurde ein *collegium praedicatorum* nach Zürcher Vorbild eingerichtet, damit wenigstens die fehlenden Geistlichen vor Ort ausgebildet werden konnten und nicht mehr in die Ferne nach Marburg oder gar Wittenberg reisen mussten. Diese Institution fand 1537 Johann Sturm vor, als er als Philoso-

Johann Sturmius   phielektor in die Stadt gerufen wurde. Er baute sie im Sinne Bucers weiter aus, eben zu einem *gymnasium illustre*, da dem Magistrat eine Universität entschieden zu kostspielig erschien. Seine eigene Schulerfahrung in Lüttich ließ Sturm alle existierenden Trivialschulen zu einer zusammenfassen – einer großen Stadt sei dies angemessen – und er untergliederte sie nach ihrer Eröffnung 1539 in erst neun dann zehn Klassen. Die Oberstufe erhielt die *lectiones publicae* und als Bildungsideal war ihr in einer nachmals berühmten Formel „sapiens atque eloquens pietas" aufgegeben. In einem sorgfältig ausgearbeiteten Studienplan, der *methodus Sturmiana*, waren die Materien und Stufen der Klassen klar vorgegeben. Humanistisch-rhetorische Prinzipien walteten vor, *eloquentia* war eines der wichtigsten Ziele. Als nicht unproblematisch für die Zukunft erwies sich die Festlegung auf zehn Jahrgangsklassen, wurde doch andernorts der vergleichbare Stoff in fünf bis sechs Jahren erlernt. Die Hörer, so „publicas lectiones" besuchten, galten als Studenten, waren also scharf von den Schülern unterschieden. Zehn *praeceptores* und ebensoviele *professores* stellten die Anstalt personell den meisten Universitäten gleich. Eine solche wurde aber nicht verwirklicht, weil der Magistrat keine exempte Korporation dulden mochte.

Nachlassendes öffentliches Interesse und dementsprechend zurückgehende Frequenz ließen den Magistrat 1566 in Wien vorstellig werden, um wenigstens ein Graduierungsprivileg für die *artes*-Fakultät zu erlangen. Damit erhoffte man sich, den Rückgang aufhalten zu können. Nach nicht einfachen Diskussionen im Reichshofrat – es ging schließlich um einen Präzedenzfall – wurde ein solches Privileg erteilt. Aber auch das hielt den eingetretenen Rückgang nicht auf, sodass die Stadt nunmehr versuchte, eine Volluniversität privilegiert zu bekommen. Erst 1621 war sie damit erfolgreich.

In manchem vergleichbar zu dieser Entwicklung ist die Entstehungsgeschichte der Universität Altdorf. 1526 eröffnete ein gleichermaßen über und aus den Trivialschulen gebildetes Gymnasium seine Pforten in Nürnberg. Der Versuch der reichen Reichsstadt, Melanchthon zu gewinnen, war 1524 gescheitert, er gab aber die Richtlinien und hielt die Eröffnungsansprache. Dank seiner Empfehlung gehörten Camerarius und Eobanus Hessus zu den vier Lehrkräften dieser Oberschule, die später zur Universität ausgebaut werden sollte. Geringes Interesse in der Stadt an gehobener Ausbildung führte freilich nach nur knapp einem Jahrzehnt zu ihrem Ende. Mit dem Weggang Camerarius 1535 war das von Luther und Melanchthon gepriesene, von Erasmus bespöttelte Experiment trotz vorzüglicher Ausstattung gescheitert.

Vier Jahrzehnte später schickte sich der Magistrat neuerlich an, eine Universität zu errichten. Auf Rat Camerarius' eröffnete 1575 in dem auf Nürnbergischem Gebiet liegenden Altdorf ein *gymnasium illustre* nach Straßburger Vorbild, das nach dortigem Beispiel in den *artes* graduieren konnte. Kleiner als Straßburg war es gleichermaßen humanistisch-rhetorisch orientiert und erhielt 1622 den Status einer Volluniversität, deren Theologen aber erst 1696 promovieren durften. Nicht nur dank französischer Refugiés genoss Altdorf einen bedeutenden Ruf als Ort humanistischer Jurisprudenz, es hatte als reichsstädtische Anstalt bis weit ins 18. Jahrhundert besondere Kompetenz in Fragen reichsstädtischen Rechts.

Der bikonfessionelle Magistrat Augsburgs konnte keine Universität wünschen und bildete daher das 1537 reformierte St.-Anna-Gymnasium nach dem Vorbild Straßburgs um. Wie das Jesuitenkolleg hatte es sich zu verpflichten, nicht nach universitärem Ausbau zu streben. Mangelnde Nachfrage – insbesondere nach dem *auditorio publico* – ließen das Experiment einer neunklassigen Schule freilich nach 1580 scheitern. Daraus zu schließen, der unterbundene Ausbau hin zu einer Universität sei dafür der Grund, ginge fehl. Tatsächlich hat sich das Straßburger Modell des *gymnasium illustre* an vielen anderen Orten bewährt, vor allem eben für Städte und kleinere Territorien. Das zeigt nicht nur das Gymnasium in Stadthagen, das 1609 eröffnet 1619 zur Universität Rinteln aufgestockt wurde, das Casimirianum in Coburg, das zwar für die eigentlichen Bedürfnisse des kleinen Territoriums schon zu groß war, aber als „sonderbare hohe Landesschule" wichtige Aufgaben erfüllen konnte, oder die Gymnasien in Bremen, Lauingen und Hornbach.

Unmittelbare Tochtergründungen Straßburgs und recht erfolgreich waren die Zentralschulen der pfälzischen Nebenfürstentümer

Die Nürnberger Hochschule in Altdorf

Die Bildungssituation in Augsburg

Straßburg als Vorbild

Lauingen und Hornbach

Neuburg und Zweibrücken: Lauingen und Hornbach. Die Hornbacher vierklassige Bildungseinrichtung setzte den Besuch einer Trivialschule voraus, da sie 1558 den vier oberen Klassen der Straßburger von dem dortigen Theologen Marbach nachgebildet worden war. Sie hatte die Schüler zu befähigen, „anderswohin verschickt" zu werden, also zu einem auswärtigen Universitätsstudium. 1573 unterzog Johann Sturm sie wie auch die Lauinger einer Visitation und richtete einige zusätzliche *lectiones publicae* ein. Die Lauinger Schule war von Sturm 1565, in Übereinstimmung mit dem benachbarten Dillinger Jesuitenkolleg auf fünf Klassen angelegt worden, obwohl sie keine reine Oberschule war wie anfänglich Hornbach. Offensichtlich erschien Sturm die jesuitische Lösung besser, hielt er doch nicht mehr an neun bzw. zehn Klassen fest. Damals äußerte er, die Schulen des neuen Ordens folgten Prinzipien, die durchaus von ihm stammen könnten und den seinen glichen.

3.4 Das evangelische Schulwesen

Reformation und evangelisches Bildungssytem

Die Reformation hatte nicht nur einen tiefen Einbruch des gesamten Bildungssystems während der 1520er Jahre zur Folge gehabt, sondern auch in der neuen Wertschätzung der Vorbildung für den Erhalt konfessioneller Einheit den Neuaufbau dieses Systems befördert. Das geschah, wie beschrieben, auf unterschiedliche Weise. Nicht, dass dabei grundsätzliche Unterschiede zutage traten. Es wurde schlicht experimentiert. Sturms fünf- bis zehnklassiger Anstalt stand Melanchthons dreiklassige gegenüber, die er zunächst für Marburg und dann in seiner stilbildenden kursächsischen Schulordnung von 1528 entworfen hatte. Das waren keine rivalisierenden Modelle. Sie folgten jeweiligen örtlichen Bedürfnissen und Voraussetzungen wie Größe der Städte, Nähe von Universitäten, Anzahl der bestehenden Anstalten. Zu Grunde lag die Überzeugung, das Gemeinwesen – der Staat – habe eine einheitliche und verbindliche Regelung des Schulwesens zu veranlassen, das hinsichtlich seiner Lernziele nahezu den gleichen Vorstellungen folgen sollte. Das

Das protestantische Gymnasium

protestantische Gymnasium – allemal eine Lateinschule – kristallisierte sich heraus, das ab der Jahrhundertmitte im Allgemeinen über vier bis fünf Klassen gebot und dem Religionsunterricht neben der sprachlichen Kompetenzvermittlung einen gewichtigen Platz einräumte. In Norddeutschland folgten die auf Johannes Bugenhagen zurückgehenden Schulordnungen – für Hamburg 1529, Lübeck 1531, Schleswig 1542 – letztlich dem gleichen Muster, wenn auch das Straßburger Beispiel für

Regionalisierung der Ausbildung

diese Städte ohne eine benachbarte Universität besonders nachahmenswert erschien. Wie sich überhaupt bestimmte, regional bevorzugte

Modelle ausbildeten, ohne dass gravierende Abweichungen vom allgemeinen Weg eintraten. Insgesamt gingen die größeren Städte mit neuen Schulordnungen voraus, da sie in der Umsetzung der neuen Lehren und Auffassungen das geeignetste und beste Experimentierfeld boten. Die Zuständigkeit der Magistrate in vielen Fragen, die traditionell in den kirchlichen Bereich gehört hatten, musste sich bei dem engen städtischen Zusammenleben rasch bewähren und erweisen, dass die evangelische Obrigkeitslehre funktionstüchtig war. Den führenden Ratsfamilien wuchs damit erhöhtes Ansehen zu, das ihnen zunehmend erlaubte, sich abzuschotten. Die Territorien ihrerseits schlossen sich der Neuorganisation des gesamten protestantischen Lebensumfeldes an. Eine andere Geistlichkeit war entstanden. Der Pastor hatte eine Familie, **Die protestantische** seine Tätigkeit war ein Beruf wie jeder andere, für den er vorgebildet **Pastorenfamilie** sein musste. Die Landeskirchen bedurften einer Leitung – Konsistorien, Kirchenversammlungen wurden dafür eingerichtet –, ihre Lehre musste in Katechismen festgeschrieben, Schulen und Universitäten mittels Visitationen überprüft werden, dass sie sich an die vorgegebenen Ziele und Inhalte hielten. Dieser Vorgang ließ die Zeit sonderbar erregt, vielgestaltig und schöpferisch zugleich erscheinen.

Insbesondere die größeren Territorien nahmen damals eine spezifische Ausprägung ihres Schulsystems vor. Nachdem das Interim einen vorübergehenden Aufschub der intendierten Neuordnung veranlasst hatte, erlaubte der Passauer Vertrag von 1552 eine relativ dauerhafte **Die Ordnung der** Neugestaltung des Kirchen- und Bildungswesens. Den protestantischen **Bildung im Passauer** Fürsten war die Umwidmung von Kirchengut zu schulischen Zwecken **Vertrag 1552** erlaubt sowie eine vorläufige gegenseitige Anerkennung garantiert worden. Die Landesherren konnten so für die Finanzierung und allemal für die Einrichtung staatlicher Schulen sorgen, die noch vor den kleinstädtischen Anstalten den Nachwuchs für ein Studium sicherstellen sollten. Dass dabei auf örtlich unterschiedliche Möglichkeiten zurückgegriffen werden musste, führte gelegentlich zu differierenden Ergebnissen. Gern wurden aufgelassene Klöster dafür genutzt, da sie – wie es bereits Luther erklärt hatte – ohnedies ursprünglich Einrichtungen für Ausbildung gewesen waren.

1552 eröffnete Mecklenburg den Reigen mit einer solch neuen **Umsetzung der Ord-** Kirchenordnung, die auch eine des Bildungswesens war. Wiederum **nung in einzelnen** war Melanchthon für sie verantwortlich. Freilich führte die wenig ent- **Territorien** wickelte Bildungslandschaft des Landes nicht zu einem bemerkenswerten Erfolg. 1558 folgte Kurpfalz und 1559 erließ Württemberg seine große Ordnung, die 1568 beispielhaft für Braunschweig und 1580 für Kursachsen sein sollte. In Württemberg hatte schon früher, nach der **Württemberg**

Einführung der Reformation 1534 eine Neuordnung begonnen, die nunmehr dauerhaft festgeschrieben und aus der Experimentierphase entlassen wurde. Ein dreistufiges System sorgte landesweit für einen einheitlichen Aufbau. Partikularschulen in kleineren Städten und Ortschaften legten Grundlagen für den Besuch eines Pädagogiums – das bedeutende in Stuttgart, ein zunächst wenig erfolgreiches in Tübingen –, von wo aus der Besuch der *academia*, der Universität Tübingen möglich war. Für die künftigen Geistlichen des Landes wurde ein zusätzlicher Bildungsweg eingerichtet. Johann Brenz hat diese württembergische Besonderheit des Klosterschulwesens 1556 in einer Klosterordnung festgelegt. Drei Jahre sollten die lateinisch vorgebildeten Novizen auf das Theologiestudium in Tübingen vorbereitet werden, das sie wiederum mittels eines Stipendiums im 1547 eingerichteten Stift, einem ehemaligen Augustinerkloster zu absolvieren hatten. Die Stiftler mussten sich zum Kirchendienst im Land verpflichten. Die Vielzahl der aufgelösten Klöster ließ anfänglich viele kleine Klosterschulen entstehen, die meisten kaum lebensfähig. Drei schälten sich alsbald als erfolgreich und beständig heraus: Bebenhausen, Maulbronn und Hirsau.

Kursachsen

In Kursachsen galt die Melanchthonsche Kirchen- und Schulordnung von 1528 bis weit über die Jahrhundertmitte, also über die Neugestaltung des Landes hinaus. 1543 widmete Herzog Moritz, der seit 1547 die sächsische Kurwürde innehatte, ehemalige Klöster in so genannte Fürstenschulen um. Es waren Einrichtungen des Landesherrn, die voll aus Kirchengut bezahlt wurden. Pforta (Schulpforta), Meißen (St. Afra) und Grimma folgten humanistischer Tradition und ragten über die üblichen städtischen Schulen hinaus. Sie waren quasiklösterliche Internate, deren über 100 Freistellen vom Adel des Landes und den Städten besetzt werden durften. Besuch und Abschluss nötigten nicht zur theologischen Laufbahn, was allein schon der hohe Adelsanteil an den Schülern erzwang. Sie unterschieden sich insofern von den angesehenen großen Stadtschulen des Landes wie in Leipzig der Thomas- oder der Nicolaischule.

1555 in Augsburg
Abschluss und
Befriedung der
protestantischen
Neuordnung

Gegen die Mitte des Jahrhunderts hatten fast alle neugläubigen Teile des Reichs – und sie waren immer umfangreicher geworden – ihre Universitäten, Gymnasien, Pädagogien, „particular" und wie immer sie hießen, und auch die Trivialschulen waren in evangelischem Sinn geordnet. Obwohl nicht alle den nämlichen Vorstellungen folgten – die Wittenberger Konkordie von 1536 hatte zwar eine Übereinstimmung und Annäherung zwischen Oberdeutschen und Mitteldeutschen gebracht, aber nicht alle Neugläubigen geeint – gestatteten der Passauer Vertrag und der in Aussicht genommene und schließlich 1555 zusammentretende Reichstag von Augsburg eine Art befriedenden Abschluss. Die Zeit entschiedener Gegnerschaft, kriegerischen Ringens und konfessionellen Kampfes war zwar nicht vorbei, aber es kehrte scheinbare Ruhe und gegenseitiges Geltenlassen ein. Sie erlaubten es dem Reich bzw. seinen Fürsten, in einer Phase der Abgrenzung und Sicherheit den inneren Ausbau der Territorien voranzubringen. Im Gegensatz zu Westeuropa herrschten ruhige und friedliche Verhältnisse, gelehrte und geistige Fragen konnten energisch verfolgt werden. Die Kaiser, nicht gerade stark und entschieden, exerzierten ein lindes Regiment, schätzten ihrerseits die gewonnene Ruhe und förderten wie andernorts eine christlich-humanistische (manche sagen späthumanistische) Geistigkeit und Kunst. Universitäten und Gymnasien kam das zugute. Es führte zu einem bemerkenswerten Aufschwung, zu vielerorts wacher, neuer Diskussion. Erst nach dem Abtreten der Generation, die noch die Sturmjahre der Reformation erlebt hatte, konnte allmählich eine jüngere Gruppe von Fürsten, die inzwischen endgültig die Städte überrundet hatten, eine neuerlich verschärfte Gangart befürworten. Das beendete aber nicht überall die weit über 1600 hinausreichende neue geistige Regsamkeit und fast irenische Grundbefindlichkeit vieler Angehöriger der *respublica litteraria*.

4. Die so genannte Zweite Reformation

Die Reformation wurde durch ein weiteres Ereignis zusätzlich befördert: die so genannte Zweite Reformation. Für manche der Neugläubigen waren die von Luther angeregten Neuerungen nicht weit genug vorangetrieben worden. Unter den unterschiedlichen Lehrmeinungen erkannten sie keine, die ihnen zusagte. Sie drängten zu einer radikaleren Reformation in Staat und Kirche, die sie vor allem bei Calvin und den Schweizern zu erkennen meinten. Sie bemühten sich um eine Übernahme dieser reformatorischen Ansätze, wenn auch der Augsburger Religionsfriede dies reichsrechtlich eigentlich ausschloss. Diese Reformierten – die Kurpfalz, die Wetterauer Grafen, Nassau-Oranien, die Grafschaft Bentheim etwa – hinderte das aber nicht, ihren konfessionellen Vorstellungen zu folgen und zu versuchen, sie umzusetzen. Das betraf auch die Bildungseinrichtungen, denn in diesem Umfeld kam der Ausbildung ein hoher Stellenwert zu. Ein Calvinist sollte – so die weit verbreitete Auffassung – wissen was er glaubte. „Ibi floreant litterae, ubi est vera Ecclesia", meinte einer ihrer führenden Köpfe.

Zweite Reformation und Bildung

Eigener Weg der Re-
formierten im Reich

Die Reformierten im Reich folgten nicht immer dem Genfer Vorbild, sie hielten sich gern auch an das niederländisch-späthumanistische
Modell Leidens. Auch das Sturmsche Straßburg, sodann die Lehren
Ramus', wurden von ihnen adaptiert, Rhetorik und Geschichte neben
den übrigen artistischen Disziplinen beherrschten ihr Lehrprogramm.
Ein erasmianisch-irenischer Grundzug bestimmte die Lehrmeinungen,
nicht zuletzt weil sie sich in einer entschiedenen Minderheitenposition
befanden. Zugleich waren ihnen Widerstandslehren nicht fremd – sie
richteten sich vorab gegen den katholischen Kaiser und die Jesuiten.
Die zeitüblich allgemeine monarchisch-absolutistische Staatsauffas-
sung wurde dadurch freilich nicht in Frage gestellt. Weniger quietis-
tisch als die Lutheraner erschienen sie denen oftmals gefährlicher und
schlimmer denn die Papisten.

Reformierte Hoch-
schulen

Da die Reformierten im Augsburger Religionsfrieden nicht mit
eingeschlossen worden waren, konnten sie weder vom Kaiser noch gar
vom Papst ein Universitätsprivileg erwarten. Folgerichtig errichteten
sie im Allgemeinen „nur" Semiuniversitäten bzw. *gymnasia illustria*:
so in Herborn 1584, einer ihrer bedeutendsten Anstalten, in Bremen im
gleichen Jahr, Burgsteinfurt (1588), Beuthen (1601), Zerbst (1581).
Nur dort, wo bereits eine Universität bestand wie in Heidelberg und
Frankfurt/Oder, erhielt sich der institutionelle und rechtliche Charakter
einer Volluniversität. Beide Hochschulen – zunächst Heidelberg bis in
den Dreißigjährigen Krieg und nach 1616 Frankfurt/Oder – erlebten
damals eine überörtliche Blütezeit. Sie waren international besuchte,
hochangesehene Ausbildungsstätten – auch Herborn und Bremen übrigens – wie insgesamt die Reformierten stärker international verankert

Besonderheiten
dieser Anstalten

blieben als die Lutheraner. Den irenisch späthumanistischen Momenten
ihres Wissenschaftsverständnisses, wie es sich zunächst in Heidelberg
ausgebildet und später in Herborn zu einem polyhistorischen Enzyklo-
pädismus fortentwickelt hatte, entsprachen durchaus politische Notwendigkeiten. Indem die Konfession reichsrechtlich vor 1648 nicht
anerkannt war, befand man sich in einer extremen Minderheitenposition. Vorsicht war geboten, Unauffälligkeit empfehlenswert – also eine
gewisse Offenheit! –, um nicht reichsweite Ausgrenzung und Ablehnung zu evozieren. Ihre größere internationale Verflechtung – fast analog der katholischen Partei – ließ die Reformierten zudem als nahe
Glaubensverwandte der aufrührerischen, kämpferischen und kriegfüh-
renden Hugenotten, Niederländer und Puritaner erscheinen. Auch deswegen empfahl sich Zurückhaltung, um den „übelgesinnten nicht ur-
sach und ahnlaß" für die Auffassung zu geben „das der Calvinisten
geist blutdürstiger und tyrannischer geist sey", wie Wilhelm Graf zu

Sayn-Wittgenstein Herborner Professoren erklärte. Der Heidelberger Katechismus von 1563 ersetzte ihnen übrigens den lutherischen, die Pfälzer Kurfürsten stiegen rasch zum Motor einer weitergeführten Reformation auf.

Das Fehlen einer Privilegierung hatte für die reformierten Hohen Schulen die Folge, dass sie nicht promovieren durften – man verließ die Anstalten mit einem Abgangstestimonium – und dass es daher nicht zur Fakultätenbildung kam. Ein Senat, dem alle Professoren angehörten, leitete für gewöhnlich die Anstalt, öfters tat dies auch ein lebenslänglich eingesetzter Rektor zusammen mit staatlich ernannten Scholarchen. Aufeinander aufbauende Klassen mussten durchlaufen werden, die Zahl der Professoren war geringer als die an Universitäten, sie konnten auch nicht auf besser dotierte Lehrkanzeln „aufrücken". Auf eine pädagogisch-didaktische Vermittlung des Stoffs wurde großer Wert gelegt, ein wichtiger Grund für die Rezeption Ramus'. Insofern stellten diese Anstalten einen eigenen Typ Hoher Schulen dar, der auch über 1648 hinaus Bestand hatte. Freilich war da die Glanzzeit dieser reformierten Einrichtungen längst vorbei, sie dienten wie so viele andere der Ausbildung territorialer bzw. städtischer Eliten.

Reformierte Hohe Schulen wurden nicht privilegiert: die Folgen

5. Das katholische Reich

5.1 Bildungsanstrengungen im Zeichen von Reformation und Trienter Konzil

Die katholisch verbleibenden Reichsstände gerieten bis zur Jahrhundertmitte in immer größere Bedrängnis. Inzwischen in einer Minderheitenposition, da nur etwas über zehn Prozent noch dem alten Glauben angehörten, verloren sie gerade auch auf dem Bildungssektor an Boden. Der Wechsel der Kurpfalz zum evangelischen Bekenntnis 1556 beließ der katholischen Seite nominell nur noch sieben Universitäten. Drei von ihnen – Mainz, Trier, Erfurt – existierten eigentlich nicht mehr. In Köln gab es in den meisten Materien keine Vorlesungen, eine dürftige Ausbildung boten diverse, aber nicht sehr erfolgreiche Bursen und Kollegien an.

Das katholische Reich

Wien, um 1520 die größte Universität des Reichs, dämmerte mit kaum über hundert *studiosi* vor sich hin. Reformbemühungen Ferdinands I. ab 1533 fruchteten ebenso wenig wie das zeitweise geltende Verbot für Landeskinder, an auswärtige Universitäten zu ziehen. Die Verpflichtung zu einem Religionseid 1546 – auch in den Habsburger

Die Universität Wien

Territorien, insbesondere in den österreichischen Gebieten hatte der neue Glaube sich ausgebreitet – musste alsbald wieder zurückgenommen werden. Als Jesuiten 1551 in Wien vorsprachen, lehrte gerade noch ein Professor Theologie, Promotionen waren seit Dezennien nicht mehr vorgekommen.

Die Universität in Ingolstadt

Bayern, unbestritten das führende rechtgläubige Territorium, erlitt an seiner lange prosperierenden Universität seit den 1540er Jahren ebenfalls einen unvorhergesehenen Schwund. Vom Tod Ecks 1546 bis zur Ankunft der Jesuiten 1555 verfügte Ingolstadt über keine Theologen mehr. Die z.T mit Einvernehmen Roms unternommenen Versuche des Herzogs, mittels Umwidmungen kirchlicher Gelder Besserung zu erzielen, waren nicht recht erfolgreich. Erst die entschieden staatskirchliche Politik Albrechts V. (1550–1579), die in nichts von der seiner protestantischen Vettern abwich, vermochte allmählich an den früheren Stand anzuknüpfen. Nicht zuletzt die Jesuiten, insbesondere Petrus Canisius (1511–1597), leisteten dabei große Hilfe.

Freiburg im Breisgau

Relativ moderat stand es damals noch um die kleine, vorderösterreichische Universität Freiburg im Breisgau, die in erster Linie regionale Bedeutung hatte. Bis zur Jahrhundertmitte konnte sie den üblichen Einbruch der 1520er Jahre wieder ausgleichen. Das änderte nichts daran, dass insgesamt die Ausbildungssituation im katholischen Reich katastrophal war, befanden sich doch auch die Schulen in einer gleichermaßen desaströsen Lage. Vielerorts waren sie eingegangen, in Folge

Notwendigkeit katholischer Reformanstrengungen

dessen fehlte es gravierend an Ausgebildeten, Priestern und Lehrern. Die Abwendung von Studien, von Universitäten und Schulen – auf protestantischer Seite in den 1520er Jahren erfolgt – trat hier wenig später ein, hielt sich dafür länger. Petrus Canisius stellte bei seiner Ankunft im Reich 1551 entsetzt fest, dass selbst Stipendien niemand bewegten, ein Theologiestudium aufzunehmen, und das sogar in einer Zeit, die von konfessionellem Eifer erfüllt war.

Eine Reform und der Wiederaufbau des Bildungssystems waren also unabdingbar. Nicht vorab gegenreformatorische bzw. katholischpolitische Tendenzen verlangten das. Gewiss, der Wunsch, die katholische Seite zu stärken, die Protestanten zurückzudrängen war vorhanden. Der schiere Mangel an Priestern und Lehrpersonen zwang zu einer aktiven Ausbildungspolitik. Bereits Kaiser Karl V. hatte das erkannt und auf dem Augsburger Reichstag 1548 eine Förderung von Schulen und Hochschulen angemahnt, die die so dringend benötigten Diener für Kirche und Staat heranzögen. Bewirkt hatte das freilich nichts, die Krise der Studien war zu tief, als dass die dahinsiechenden Institutionen von sich aus ihr hätten herausfinden können. Allein von außen, dank der Societas Jesu, gelang es schließlich, ihrer Herr zu werden. Das erklärt Wirkung und Erfolg der Jesuiten, die in der zweiten Jahrhunderthälfte in den katholischen Reichsteilen Schulen und Universitäten erneuerten, aufbauten und reformierten. Ihr Erziehungssystem und ihre gelehrten Auffassungen wurden die des katholischen Reichs.

Nicht zuletzt erleichterte das Konzil von Trient (1545–1563) diese Aktivitäten und trieb sie voran. Dort hatte die katholische Kirche auch über Bildung, ihre Institutionen und ihre Vermittler zu entscheiden. Der einfache Pfarrer, an dem es so sehr mangelte, sollte wie bisher nicht eigentlich ein volles Theologiestudium absolviert haben. Eine Ausbildung in den *artes*, Kenntnisse in Latein, Lesen und Schreiben, auch in den wichtigsten Grunddogmen galten dafür als zureichend. Die Bischöfe sollten dafür sorgen und die vorhandenen Universitäten in die Lage versetzt werden, diesem Auftrag nachzukommen. Ihre desolate Situation musste verbessert und vor allem ein theologisches Lehrangebot sichergestellt werden. Um junge Leute anzuziehen, galt es zusätzliche Anreize zu schaffen. Der gleiche Notstand, der bei den Protestanten zur Einrichtung des Stipendienwesens geführt hatte, gebar nun auf katholischer Seite die „Seminaridee". Vieles sprach dafür, solche Institutionen der Nachwuchsförderung an den bestehenden Universitäten einzurichten. Die aber, und das war eine gewisse Schwierigkeit für die beauftragten Bischöfe, unterstanden im Reich den Landesherren. Kirchliche Anstalten, also solche der Bischöfe existierten im Allgemeinen nicht. Einige Territorialfürsten, die Herzöge von Bayern oder Ferdinand I. für Wien, versuchten daher ihrerseits Kollegien oder *seminaria* für den Priesternachwuchs einzurichten. Ihre Pläne erwiesen sich nicht als sonderlich erfolgreich. Die Gründung einer Art Priesterseminars 1550 in Dillingen durch den Augsburger Bischof Otto von Truchseß verfolgte das gleiche Ziel. Obwohl es im folgenden Jahr bereits zur Universität erhoben wurde, reüssierte es anfänglich ebensowenig wie die landesherrlichen Einrichtungen. Immerhin gab es damit zwei unterschiedliche Modelle, wie die Not beseitigt werden könnte.

Als sich 1562 das Konzil mit der Priesterausbildung zu beschäftigen begann, hatte es zwei Möglichkeiten vor Augen: die Anbindung an bestehende Universitäten, wie es der Kaiser und Bayern wünschten, oder an die Bischofskirchen. Im „Seminardekret" vom 15. Juli 1563 – Sess. 23 c.18 – entschied sich die Versammlung dafür, dass die Kollegien ihren Standort an der Bischofskirche haben und mittels Steuern vom Diözesanklerus unterhalten werden sollten. Die Ausbildung sollte den üblichen Lehrstoff der oberen Schulen, artistische Fächer und pra-

Das Konzil von Trient

Die Tridentiner Seminaridee

Beschluss über katholische Ausbildung

xisorientierte theologische Materien umfassen. Damit glichen diese Priesterseminare in etwa den großen evangelischen Gymnasien.

Schwierigkeiten der Umsetzung

Beträchtliche Schwierigkeiten der Finanzierung – nicht nur die meisten Domkapitel wehrten sich gegen eine Besteuerung –, das fast völlige Fehlen von Domschulen, an die sich die Seminare hätten anlehnen können, sowie der zusätzliche Auftrag, der Unterricht habe universitätsähnlich abzulaufen, es müssten also neue Universitäten oder vergleichbare Partikularschulen eingerichtet werden, verhinderten, dass dieses Modell auf Reichsboden erfolgreich sein konnte. Gewiss entstanden in der Folgezeit einige bischöfliche bzw. hochstiftische Universitätsgründungen, jedoch überstiegen sie die finanziellen Möglichkeiten der geistlichen Territorien. Andererseits konnten sie nach Lage der Dinge gar nicht auf die bestehenden Anstalten verzichten. Wenn auch das Seminardekret die Universitäten nicht für die Priesterausbildung heranziehen wollte, gab es vielerorts de facto keinerlei Alternative. Indem dann freilich der Jesuitenorden die meisten *artes*-Fakultäten und theologischen Professuren übernahm – er war im Seminardekret keineswegs benannt –, spielte sich die Nachwuchsausbildung an Universitäten neben und mit Priesterseminaren erfolgreich ein.

5.2 Die Societas Jesu, der katholische Lehrorden

Die Societas Jesu und die *ratio studiorum*

Die Jesuiten, ursprünglich zu ganz anderen als schulischen Zwecken ins Leben getreten – sie beabsichtigten in Übersee zu missionieren –, widmeten sich nicht zuletzt im Blick auf das Reich dieser Aufgabe. Ab der Mitte des 16. Jahrhunderts kamen die ersten Patres nach Deutschland. Zu diesem Zeitpunkt waren die Ordenskonstitutionen abgeschlossen (1550). Die Grundzüge ihrer Studienordnung waren darin klar und einheitlich, wenn auch noch nicht detailliert beschrieben, sodass die Patres wussten, wie sie zu handeln hatten. Die endgültige Kodifikation der *ratio studiorum* 1599 modifizierte zwar manches, aber sie ergänzte mehr als dass sie generelle Abänderungen der wesentlichen Gesichtspunkte gebracht hätte. Nach ihr wurde die katholische Jugend im Heiligen Römischen Reich über 200 Jahre hinweg unterrichtet. Die Grundgedanken dieser Ausbildung war die Heranbildung jesuitischer Ordenstheologen. Alle Disziplinen der *artes* hatten sich dementsprechend der Theologie unterzuordnen, was bei den Protestanten damals übrigens nicht viel anders war. Insoweit dominierte kirchliches Interesse das weltliche. Diese Konzession an den Orden machten katholische Fürsten und Bischöfe damals jedoch gerne, gewannen sie dadurch doch die fähigsten Schulmänner der Zeit. Indem die Jesuiten ihre *collegia* zugleich externen Schülern öffneten und kein Schulgeld erhoben, erschien der Preis nicht zu hoch. Ihr Erfolg sicherte das katholische Reich und machte die Jesuiten – was so nicht vorgesehen gewesen war – zu dem Lehrorden, der die klassischen katholischen Gelehrtenschulen für Jahrhunderte prägte und formte.

Wie auch bei Melanchthon und den Humanisten galt der Besuch eines Gymnasiums als unabdingbar. In fünf Klassen wurde der vorgeschriebene Stoff vermittelt. Je ein Klassenlehrer bestritt den Unterricht. Versetzt wurde nach einer Prüfung am Ende des Schuljahres. Von Grammatik über die *classis humanitatis* – die vierte – bis zur Rhetorik in der letzten, reichte das Programm, das jeder zu absolvieren hatte. Freilich konnten die Patres die Externen, insbesondere die, die Jurisprudenz oder Medizin studieren wollten, nicht immer zur Einhaltung dieser Vorschriften zwingen. Immerhin hatte jeder hinreichende Kenntnisse des Latein und der grundlegenden artistischen Techniken nachzuweisen. Lehrbücher und Autoren waren vorgeschrieben, ihre konfessionelle Zuverlässigkeit und Glaubenstreue mussten gewährleistet sein. Da es solche Gymnasien eigentlich nicht mehr gab – allein am Niederrhein hatten sich einige Schulen erhalten –, mussten sie von den Jesuiten neu eingerichtet werden. Sie wurden solcherart zu Vätern eines bisher nicht existierenden katholischen Gymnasialwesens und hatten darin rasch bemerkenswerten Erfolg.

Das jesuitische Ausbildungsprogramm

Auf diesem Unterbau erhob sich eine Art Mittelstufe jesuitischer Ausbildung: der Philosophieunterricht. Innerhalb dreier Jahre vermittelte ein Professor, ein Angehöriger des Ordens oder Theologieaspirant, Dialektik, Logik, Naturphilosophie und Metaphysik nach den entsprechenden Büchern des Aristoteles. Es gab also nicht wie an den protestantischen *artes*-Fakultäten Vorlesungen verschiedener, z. T. fachspezifischer Professoren. Dafür las der Kursleiter, zumeist ein jüngeres Ordensmitglied, aber mehr Stunden und es waren auch klare Prüfungsvorgaben festgelegt. Die obligatorischen Nebenfächer Mathematik und Ethik wurden beim *magisterium* geprüft.

Der Philosophieunterricht

An diesen Abschnitt schloss sich gemäß der *ratio studiorum* das Theologiestudium an. Es dauerte vier Jahre, wonach der angehende Jesuit zwei weitere in Unterrichtung im mittleren Abschnitt zu verbringen hatte. Für weniger Begabte bzw. einfache Geistliche wurde ein Kurzstudium eingerichtet – für die katholischen Territorien das wichtigste Studium. Unmittelbar nach dem Gymnasium konnte ein zweijähriger „Schnellkurs" zum gewünschten Ergebnis führen und zugleich zum Lehrer ausbilden. Methode und Inhalt jesuitischer Unterweisung basierten auf einer scholastischen (thomistischen) Theologie. Zugleich

Das Studium der Theologie

atmete sie den (eingeschränkt) humanistischen Geist, wie er auch den protestantischen Schul- und Ausbildungsordnungen eignete. Johann Sturm hatte denn auch gemeint, sie entsprächen ganz seinen Prinzipien.

Das jesuitische Kolleg

Ein großes jesuitisches Kolleg – das Studium sollte in einem eigenen, abgeschlossenen Gebäudekomplex absolviert werden – umfasste mehr als 70 Ordensleute, darunter ca. 15 Professoren, die alle vom Landesherren oder den Städten unterhalten werden mussten. Für die Finanzierung dieser teuren Institution wurden mit römischem Einverständnis allerdings häufig Kloster und Kirchenbesitz herangezogen. Öfters standen auch Stiftungsmittel zur Verfügung, aus deren Erträgen der Orden seine Verpflichtungen eigenverantwortlich finanzierte. In den kleinen Kollegien befanden sich wenigstens 30 Personen, ihnen war zumeist ein *seminarium*, wie es das Konzil empfohlen hatte, angegliedert. In dieser Internatsausbildung, der strengeren Aufsicht und Bevormundung, knüpften die Jesuiten an die ältere, mittelalterliche Unterrichtspraxis an, was aber in der schwierigen und angespannten Lage des konfessionellen Gegensatzes zunächst ein Vorteil war. Sie folgten also dem *modus Parisiensis*, den Ignatius und seine frühen Gefolgsleute als segensreich erlebt hatten. Ein vergleichsweise homogener Katholizismus wuchs zur erfolgreichen Wirkung heran, gewann an Boden und Einfluss.

Das Collegium Germanicum in Rom

Speziell für die Ausbildung des führenden deutschen Klerus richteten die Jesuiten an ihrem 1552 eröffneten *Collegium Romanum* ein *Collegium Germanicum* ein. Als Alumnat der Jesuitenuniversität angegliedert, sollte es hinfort, nachdem es 1573 von Gregor XIII. reformiert worden war, die Elite der deutschen Reichskirche heranziehen. Zunächst offen für Studierende aus allen Schichten, entwickelte es sich im 17. und noch mehr im 18. Jahrhundert zu einer Ausbildungsstätte in besonderem Maße für Adlige im Dienst der Reichskirche. Auf jeden Fall erwies sich die Tätigkeit des Ordens als außerordentlich fruchtbar für das katholische Reich. Nicht zuletzt seinem Wirken an Schulen und Universitäten war es zu danken, dass gegen Ende des 16. Jahrhunderts weite Teile Süddeutschlands und des Rheinlandes wieder fest beim alten Glauben standen.

Auseinandersetzungen zwischen dem Orden und den Universitäten

Freilich ging das Einrücken der Jesuiten in bestehende Universitäten selten friedlich vor sich. Häufig bedurfte es energischen Drucks seitens der Landesherren, um den Patres Lehrmöglichkeit einzuräumen und Lehrstühle zu übergeben. In der Regel hatten sie die Geistlichen ins Land gerufen und häufig auch mit kirchlichen oder weltlichen Pfründen ausgestattet. 1551 war das in Wien der Fall, 1555 in Ingolstadt. Beide Einrichtungen waren anfänglich wenig erfolgreich. In Köln erhielten sie 1556 eine der älteren Bursen, das seither so genannte *Tricoronatum*, und konnten es leicht in ihrem Sinn ausbauen. Köln hatte am Pariser Kollegiensystem festgehalten, kannte also noch keine Fachprofessuren, insoweit bedeutete der Einzug der Jesuiten keine organisatorischen Probleme. An den süddeutschen Universitäten wehrten sich die vorhandenen Mitglieder der artistischen und der theologischen Fakultäten dagegen, dass mittels der jesuitischen *ratio studiorum* ein anderes Lehrprogramm und entsprechend andere institutionelle Vorstellungen umgesetzt werden sollten. Bei den Artisten vermittelten inzwischen ebenso wie bei den protestantischen Universitäten die *lectiones publicae* der Fachprofessoren den Stoff. Ein Kurssystem für diese Materien und ein vorgeordnetes Pädagogium – wie es die Jesuiten vorsahen – galten als zu schulähnlich und stießen folgerichtig auf Widerstand.

Es war also für die Patres keineswegs leicht, an den Universitäten Fuß zu fassen. Aus Ingolstadt wurden sie 1573 nach München abgezogen, nur vorübergehend allerdings, wie sich 1576 herausstellte. Zu diesem Zeitpunkt erreichten sie schließlich doch ihr Ziel, da die Universität aus eigener Kraft nicht in der Lage war, ihre Mängel abzustellen. Zumeist erhielten sie die Professuren der artistischen Fakultät, errichteten hier ihr erfolgreiches Lehrsystem und konnten zudem die Hälfte der theologischen Lehrstühle besetzen. Nur an diesen beiden Fakultäten hatten sie Interesse. Jurisprudenz und Medizin war ihnen vom Orden untersagt. Daher lebten an katholischen Universitäten meist jesuitische neben nichtjesuitischen Lehrpersonen. Indem die jesuitischen Professoren dem Orden, dem Kollegrektor und dem zuständigen Ordensprovinzial unterstanden, schieden sie faktisch aus dem universitären Rechtsverband aus, sie nahmen einen Sonderstatus ein. Die Universitäten verloren dadurch ein Stück ihrer Autonomie, was den Patres einen weiteren Grund für ihre erbitterte Ablehnung lieferte. Insbesondere die jesuitischen Artistenfakultäten fühlten sich nicht mehr zum universitären Korporationsverband gehörig. Andererseits war der Lehrerfolg der Jesuiten so überzeugend, auch ihre Tätigkeit an den von ihnen allenthalben eingerichteten Gymnasien, dass dieser Erfolg den weltlichen Fakultäten nirgendwo eine Überlebenschance gestattete. Landesherren und ihre Räte, die auf einen solchen Erfolg bauen mussten und wollten, beförderten daher bis Anfang des kommenden Jahrhunderts überall die Übernahme der katholischen Bildungseinrichtungen durch die Societas Jesu. In einer *sanctio pragmatica* verpflichtete sich 1623 der Orden, die Professoren in den artistischen Fächern und in den theologischen Fakultäten wenigstens die Hälfte der Lehrstühle zu besetzen.

Schließlicher Erfolg des Ordens und innerer Zustand seiner Universitäten

So genannte Jesui-
tenuniversitäten

Bei Neugründungen konnten Auseinandersetzungen eher vermieden werden. Insbesondere bei den so genannten Jesuitenuniversitäten war dies der Fall. Sie verfügten meist nur über zwei Fakultäten, die artistische mit einem angegliederten Gymnasium und die theologische, so z. B. in Dillingen (1553), Graz (1586), Olmütz (1581), Paderborn (1614), Molsheim (1617), Osnabrück (1629), Bamberg (1648), Breslau (1659). Auf Dauer freilich verlangten die katholischen Territorien – auch die mit geistlicher Ausrichtung – nach ausgebildeten Juristen und gelegentlich auch Medizinern, sodass spätestens im 18. Jahrhundert ein Ausbau solcher Anstalten zur Volluniversität erstrebt wurde. Da traten die neuen Fakultäten aber zu einer bestehenden Institution hinzu, die zwei bereits existierenden Fakultäten waren längst jesuitisch etabliert, sodass Streitigkeiten selten waren und allenfalls Widerstände der Patres überwunden werden mussten.

Nachteile der *ratio
studiorum*

Die gute und erfolgreiche Organisation der Bildungslandschaft, die den Jesuiten im Reich gelang, war zugleich freilich ein Manko. Indem sie an ihrer Ausbildungsordnung beharrlich festhielten und ihr Ausbildungsziel der Ordenstheologe blieb, vermochten sie nicht auf die Wünsche einer sich wandelnden Umwelt einzugehen. Ihr standardisiertes Lehrprogramm und Lehrpersonal, das anfänglich auf Grund der Mangelsituation den Erfolg garantierte, erlaubte wenig Eigenständigkeit und war kaum innovativ, da es das nicht zu sein brauchte, und so entwickelte es sich nicht mit dem Zeitgeist fort. Bereits während des 17. Jahrhunderts erschien ihr Unterricht abgestanden und unzeitgemäß. Es kam nicht von ungefähr, dass, um einige Zahlen zu nennen, von den 212 Dillinger Professoren des Ordens zwischen 1563 und 1773 nur 144 literarisch hervortraten, in Ingolstadt waren es von 94 nur 20.

Niedergang jesuiti-
scher Ausbildung

Zunächst unbemerkt, im folgenden Jahrhundert aber immer offensichtlicher, verblieb nurmehr wenig vom einstmaligen Glanz und der führenden Rolle des jesuitischen – und vielfach damit katholischen – Bildungssystems. In dem Moment, in dem die Vorherrschaft theologischen Denkens nicht mehr aktuell sein konnte, verloren die Patres den Anschluss an die geistige Entwicklung der Zeit. Das schloss selbstverständlich Glanzleistungen Einzelner nicht aus, es galt nicht allenthalben und schlechthin. Aber es erklärt das Zurückbleiben des katholischen Reichs hinter dem sich erneuernden protestantischen, wie es sich in der zweiten Hälfte des 17. Jahrhunderts abzuzeichnen begann. Übrigens sollte eine erneuerte juristische Fakultät, eine methodisch modifizierte Jurisprudenz nebst ihren Beifächern dabei auf allen Seiten eine entscheidende Rolle spielen, bei den Katholiken noch nachhaltiger als bei den Protestanten. Die Juristen waren hier, da sich die Jesuiten dieser

Materien nicht annehmen durften, neben dem oder den zu vernachläs-
sigenden Mediziner(n) die einzigen nicht konfessionell und theologisch
überformten Vertreter der Gelehrsamkeit. Sie hatten den katholischen
Volluniversitäten ein Stück mundaner Wissensauffassung auch in kon-
fessionsbestimmter Zeit erhalten können.

6. Wissenschaftspositionen um 1600

Das war – wie gezeigt – nicht immer so gewesen. Viele Phänomene und
Ansätze in den Wissenschaften waren trotz Reformation, Ende der Einheit eines *orbis christianus* und zunehmender Konfessionalisierung auf
Seiten aller Religionsparteien des Reichs vorhanden. Zu Ausgang des
16. Jahrhunderts wurde das zum Mindesten an einigen der Universitäten offensichtlich. Nachdem die frühe Verunsicherung längst überwunden war, die Immatrikulationen wieder kräftig zugenommen hatten, der
Religionsfriede territoriale und damit konfessionelle Sicherheit zu
garantieren schien, galt es, eine eigene tragfähige und sichere geistige
Position zu gewinnen. Von den dabei auftretenden Schwierigkeiten,
insbesondere bei den Neugläubigen, ist schon gesprochen worden. Das
schloss aber selbst bei ihnen nicht aus, dass sie unbeschadet der Mei-
nungs- und Glaubensdifferenzen allenthalben auf die gleichen Begrün-
dungs- und Argumentationsmuster zurückgriffen. In einem fort- und
weiterwirkenden, vielleicht auch wiederbelebten, bewusst in die Erin-
nerung zurückgerufenen erasmianischen Ideal einer *respublica litteraria*, einem Hoffen auf irenischen Humanismus, erörterten damals viele
Intellektuelle – Professoren, Poeten, Geheime Räte, Leibärzte – ver-
wandte Fragen. Das galt sogar für die aktuellen, keineswegs humanistisch inspirierten dogmatischen theologischen Probleme. Eine erstaun-
lich gleichlaufende Diskussion, die sich gleicher Autoritäten versi-
cherte, zeichnete die zweite Jahrhunderthälfte und noch die Anfänge
des kommenden aus. Das war am Hof Maximilians II. der Fall,
bestimmte Hof und Universität in Heidelberg ebenso wie Gelehrte in
Tübingen und Straßburg und sollte sogar noch im Prag Rudolfs II. spür-
bar sein.

Bereits in den 1550er Jahren kamen Johann Eck ebenso wie
Melanchthon zu der Überzeugung, es gebe gar keine Alternative, als den
20 bis 30 Jahre zuvor noch geschmähten und gescholtenen Aristoteles
beizubehalten. Anders sei eine zureichende gedankliche und theoretische Absicherung des Glaubens unmöglich. In der Tat gab es keine

Kein Niedergang der
Universitäten durch
Konfessionalisie-
rung

Weiterhin konfessi-
onsübergreifende
wissenschaftliche
Diskussion

Bedeutung
Aristoteles'

zweite Philosophie, die ein solch kohärentes, in sich geschlossenes Gedankensystem hätte zur Verfügung stellen können. Das hatten bereits einige Humanisten der italienischen Renaissance bemerkt, obwohl sie z. T. über neu entdeckte, bislang unbekannte philosophische antike Texte verfügten. Die aufbrechende Kontroverstheologie, die Notwendigkeit polemischer Abgrenzung und Neubestimmung verschärften die Ansprüche an eine solche Grundlage. Erst mit der Frühaufklärung, also einer neuen philosophischen Weltsicht, konnte es unter inzwischen auch gewandelten Allgemeinverhältnissen gelingen, die vorwaltende, wenn auch modifizierte Scholastik abzulösen. Gewiss, diese Scholastik hatte einen vielfältigen Wandel gegenüber spätmittelalterlichen Lehren und Vorstellungen vollzogen. Nicht nur durch den Humanismus gegangen,

Die
Schulphilosophie

sondern auch in Erfahrung der zerbrochenen christlichen Einheit, der überseeischen Ausbreitung beschrieb sie neue, veränderte Positionen. Bezeichnenderweise übernahmen beide Seiten diese Anregungen und systematische Ansätze auch von der so genannten spanischen Neuscholastik. Allenthalben kam es zu theologischer Orthodoxiebildung. Weniger Neuerungen als vielmehr klare Zuordnung und Sicherung der eigenen Lehren waren dabei das Ziel. Ein Unterschied zwischen den Konfessionen bestand allenfalls darin, dass die Protestanten die aristotelischen Texte selbst, in Ausgaben Melanchthons und anderer Humanisten, die Jesuiten eher Kommentare ihrem Unterricht zu Grunde legten. Im Laufe der Zeit schoben sich freilich auch an lutherischen Universitäten neuere Kompendien und Handbücher vor die Urtexte des Stagiriten.

Distanzbemühun-
gen der Juristen

Diese Rückkehr einer aristotelischen Scholastik im Interesse einer systematisierten und gesicherten Theologie führte immer wieder dazu, dass die juristischen Fakultäten beim Landesherrn darauf drangen, ihre Studenten vom Besuch bzw. Durchgang der artistischen Fächer zu entbinden. Ferner wurde eine Verkürzung der Studiendauer in den *artes* auf ein *biennium* statt des *triennium* oder gar *quadriennium* gefordert. Die vorwaltende Ausrichtung des Unterrichts auf theologische Fragen eigne sich für Studierende der Jurisprudenz – darunter auch Adlige – kaum. Die Konkurrenz der im späten 16. Jahrhundert nicht zuletzt aus diesen Gründen aufkommenden Ritterakademien belegten das und ließen manche Universität verstärkte Rücksicht auf weltliche Belange anmahnen, was sich bis in die Frühaufklärung hinzog. Erst in dem Moment, in dem die Jurisprudenz zur neuen Leitwissenschaft aufgestiegen war, lösten sich diese Probleme gleichsam von selbst, war auch die Konkurrenz der Ritterakademien nicht mehr bedrohlich.

Bei den protestantischen Volluniversitäten führte die Indienstnahme der *artes* durch die Theologie also dazu, an Aristoteles festzuhalten, eine neue scholastische Schulmetaphysik zu entwickeln. Fast folgerichtig wurde der inzwischen vielerorts genutzte und geschätzte Ramus abgelehnt. Pierre de la Ramée (1515–1572), ein französischer Humanist und Hugenotte, der der Bartholomäusnacht zum Opfer fiel, lehnte die aristotelische Metaphysik als Sammlung logischer Tautologien ab. An ihre Stelle setzte er eine humanistische Dialektik, die ähnlich wie Melanchthons *loci*-Methode vorging und im Interesse leichterer Verständlichkeit stark didaktisch geprägt war. Sie verzichtete in Augen der Lutheraner auf eine auch philosophisch überzeugende Letztbegründung der Glaubensinhalte und führte dazu, dass der Ramismus an manchen Universitäten offiziell verboten wurde. In Helmstedt geschah dies im Zusammenhang mit dem Hoffmannschen Streit 1597; Leipzig war 1591 vorausgegangen, Wittenberg folgte 1603. Nur dort, wo es wie bei den calvinistischen Hohen Schulen keine Fakultätenbildung gab und auf didaktische Gesichtspunkte Wert gelegt wurde, hielt sich die ramistische Methode weiterhin, die auch die Jesuiten ablehnten. Das sollte sich mit Descartes später wiederholen. Da gab es neuerlich heftige Auseinandersetzungen, Verbote und Unsicherheiten.

Trotz der Konfessionalisierung weiter Lebensbereiche und strenger Orthodoxie ermöglichte die territoriale Ab- und Eingrenzung der verschiedenen Glaubensgemeinschaften, wie sie im Augsburger Religionsfrieden zustande gekommen war, eine durchaus offene, die bereits erwähnte erasmianisch-irenische Grundeinstellung. Das betraf natürlich nur eine kleine Schicht, aber sie fand gewöhnlich die Unterstützung der jeweiligen Obrigkeiten. Während in einigen Territorien ein Konfessionseid bei Anstellung, Graduierung und Zulassung selbstverständlich wurde, sahen andere großzügig darüber hinweg. Zwischen 1560/80 und 1620 erblühten eine ganze Reihe von Hochschulen. Sie vermitteln im nachhinein den Eindruck einer besonders fruchtbaren geistigen Atmosphäre. Auf lutherischer Seite gehörten dazu Tübingen, Helmstedt, Altdorf, Straßburg und Jena. Der Zwist zwischen Marburg und Gießen zeitigte zu Beginn des 17. Jahrhunderts auf öffentlichrechtlichem und theologischen Gebiet weiterführende, zukunftsträchtige Neuerungen. Im Umfeld der Reformierten stachen Heidelberg und dann Herborn hervor, Ingolstadt und Dillingen auf katholischer Seite. Diese Bestrebungen hatten zwar manches Vergleichbare, aber im Einzelfall wichen sie doch von einander ab, bestätigen erneut die Bedeutung örtlicher Traditionen und Verhältnisse. Begreiflicherweise wurden solch offeneren Vorstellungen und Ansätze von den jeweils vor Ort handelnden Personen geprägt, einzelnen Gelehrten kam dabei besonderes Gewicht zu.

Der Ramismus im Reich

Die erblühende *respublica litteraria* um 1600

7. Adelsstudium und Pennalismus

Die Einrichtung von
Ritterakademien

Eine vorübergehende Besonderheit ist im Zusammenhang adliger Erziehung noch zu erwähnen. Zustand und Lehrprogramm der Universitäten, wie sie sich im Gefolge verstärkter Konfessionalisierung einstellten, und der von da geförderte Pennalismus verleiteten nicht unbedingt zum Besuch dieser Institutionen. Die im Zuge des Humanismus aufgekommene Idee von Akademien galt für den Adel als das empfehlenswertere Modell. Zunächst in Italien und Frankreich eingerichtet, wurde auch auf Reichsboden versucht, solche Ritterakademien zu verwirklichen. Interessierte Landesherren, bei denen die Erziehung der eigenen Prinzen anstand, beförderten diese Idee. Sie wurde zuerst in Tübingen verwirklicht, wo das *collegium illustre* 1594 seine Pforten öffnete. Getrennt, aber auch wieder in Zusammenarbeit mit der Universität, wurden junge Prinzen und Adlige unter hofähnlichen Bedingungen in ihnen nutzbringenden Fertigkeiten unterwiesen. Materien der Jurisprudenz, Geschichte, Politik, allemal Latein, aber auch moderne Sprachen gehörten neben den Kavaliersfächern Fechten, Reiten, Tanzen und militärischen Exerzitien zu den Unterrichtsfächern. Oft schloss sich eine *peregrinatio academica* nach Italien, Frankreich, in die Niederlande, auch nach Spanien an. 1628 unterbrach der Krieg die Tätigkeit der Ritterakademie, die 1653 bis zum Pfälzer Erbfolgekrieg aber nochmals ihre Türen öffnen konnte. Eine weitere in Wolfenbüttel trat damals ins Leben, nachdem zuvor Versuche in Heidelberg gescheitert waren.

In Kassel gründete Moritz von Hessen 1618 ein analoges Institut, das *Collegium Adolphicum Mauritianum*. Es begann bereits bei den Trivialfächern und führte nicht zwangsläufig bis zur höchsten, der universitären Stufe. Es kam über eine bescheidene Existenz nur selten hinaus und musste bereits 1626 geschlossen werden.

Die österreichischen
Landschafts-Schulen

In den habsburgischen Territorien waren den Ritterakademien im 16. Jahrhundert „Lanndtschaft Schuelen" vorausgegangen. Die Stände – nicht der Landesherr – nahmen sich dieser Aufgabe an und errichteten in den sich ausbildenden Landeshauptstädten wie Linz, Graz, Klagenfurt, Wien solche Schulen für die Söhne des Landadels. Nützliche Kenntnisse für behördliche Ämter standen im Vordergrund, sie kamen in Leistung und Qualität aber nur selten an die führenden städtischen Lateinschulen heran. Nach 1560 wurden sie, die nicht alle erfolgreich oder gar blühend genannt werden können, von konfessionellen Vorgaben überlagert. Der protestantische Adel Österreichs, zugleich Wortführer einer nicht unerheblichen Ständeopposition, hatte die Trägerschaft dieser Schulen übernommen, was dazu führte, dass sie im Zuge gegenreformatorischer Politik zu Ausgang des Jahrhunderts an Bedeutung verloren. An den Universitäten führte am Ende des 16. und zunehmend im 17. Jahrhundert, nicht zuletzt begreiflicherweise während der langen Kriegsjahre, die akademische Freiheit dazu, dass die Sitten der Studierenden immer roher, Disziplinarmaßnahmen und Ordnungsvorstellungen der akademischen Gerichtsbarkeit immer laxer wurden. Die Abhängigkeit der Professoren von den zahlenden Studenten und vom erhofften großen Zuzug sowie die häufig ungenügende Finanzierung seitens der Landesherren beförderten diese Verhältnisse. Das Depositionsunwesen, das oft in eine Art Quälerei der Neuankommenden ausartete, der rauhe Pennalismus – ein fortgesetztes wildes Treiben bei geringer Studierneigung – machten die Universitätsorte nicht nur unsicher, sondern auch zu allem anderen als zu Stätten geistiger Erfahrung und Belehrung. Gar manche, vielfach noch recht jung und unerfahre Studenten wurden solcherart geschädigt, gelegentlich körperlich und finanziell ruiniert. Ein Universitätsverweis war selten – wie im Fall etwa Wallensteins aus Altdorf nach einem Mord –, da die Universität eben von ihrer Popularität bei Studierenden abhängig war, die dieses Verhalten damals aber als standesspezifisch akademisch ansahen. Auch hier brachten erst die Erneuerungen nach dem Dreißigjährigen Krieg im Gefolge der Frühaufklärung, wie sie etwa Thomasius in Halle praktizierte, Besserung. Erst dann gewannen die Universitäten ihre alte Reputation als gesittete, moderne, kavaliersmäßige und elegante Institution zurück, an der auch der Adel seine angemessene und standesgemäße Ausbildung erfahren könne. Natürlich waren nicht alle Universitäten zuvor Orte dieses Pennalismus gewesen, junge Adlige hatten also durchaus auch in dieser Zeit ebenso wie Bürgerliche eine hilfreiche und förderliche Erziehung an ihnen gehabt. Aber die Hochzeit dieser akademischen Unsitten fiel mit der allgemeiner Konfessionalisierung der Lebensbereiche im Vorfeld des Dreißigjährigen Krieges zusammen.

Der Pennalismus

8. Lehre und Studien im konfessionellen Zeitalter

Lehrinhalte, Unterrichtsweise, methodische Ansätze, Lehrautoritäten waren vergleichbar, allemal verwandt und nur hinsichtlich konfessioneller Gewichtung unterschieden. Überall galt schließlich das Prinzip der *sapiens et eloquens pietas*. Die Humanisten hatten ferner zu den

Überkonfessionelle Vergleichbarkeit der Ausbildung

ursprünglichen Texten zurückverwiesen, sie hatten auch erfolgreich dafür plädiert, diese Texte selbst, nicht vorab Kommentare der Unterweisung zu Grunde zu legen. Das verhinderte freilich nicht, dass Schulen und Universitäten, wie gezeigt, wieder stark theologisch bestimmt waren und dass auch wieder – nur eben neue – Kommentare genutzt wurden. Bei den Jesuiten lag das ohnehin nahe, an protestantischen Schulen bewirkten das die jungen Lehrkräfte, die zumeist ausgebildete Theologen waren und als Lehrende die Zwischenzeit überbrückten, bis sie eine Pfarrstelle erhalten konnten. Dennoch bedeutete das nicht eine Rückkehr zur „Barbarei", wie Humanisten das zuvor beklagt hatten, denn weiterhin bestimmten die klassischen Autoren die Ausbildung.

Die Methode der *loci communes*
    Methodisch prägten die *loci communes* logische Argumentation, denn auch Melanchthon und Calvin waren überzeugt, dass eine rationale Erörterung theologischer Dogmen möglich und nötig sei. Nur so konnten schließlich die konfessionellen Gegner abgelehnt, angegriffen und bekämpft werden. Die Bibel selbst, so war inzwischen klar, konnte nicht als theologisches Lehrbuch dienen. Auf protestantischer wie auf katholischer Seite stützte man sich daher gleichermaßen auf modifizierte (neo-)scholastische Beweisverfahren. Hier war Petrus Lombardus zu Ende des 16. Jahrhunderts durch Thomas von Aquins *Summa theologica*, Francisco Suarez' *Summa*, gelegentlich auch Werke Duns Scotus' ersetzt worden. Melanchthons *loci* lagen an vielen evangelischen Universitäten dem Unterricht zu Grunde, z. T. in fortgeschriebenen Ausgaben wie die des Chemnitz, B. Mentzers, Haffenreffers. Nach 1622 wurden sie im Allgemeinen ersetzt durch die *loci communes theologici* des Jenenser Professors Johann Gerhard. Dass Ramus' praktischhumanistische Kunst der Überzeugung – so verstand er die Aufgaben der Logik, nicht jedoch als abstrakte Regeln richtiger Beweisführung – trotz der im 16. Jahrhundert so verbreiteten Suche nach der rechten *methodus* nicht zur breiteren Anwendung kam, lag eben an der Notwendigkeit, eine Flut von Stoff bei zugleich polemischer Abgrenzung gegenüber den Glaubenskonkurrenten in eine stringente Ordnung zu bringen. Die Wiederkehr der Metaphysik vermochte es, die damals besseren Argumente an die Hand zu geben. Sie bedeutete schließlich auch nicht die Abkehr von den Reformen, die die spätmittelalterlichen Wissenschaften infolge des Humanismus durchlaufen hatten. Anders als im Spätmittelalter hatte sie nunmehr zunächst die Aufgabe, Gottes Offenbarung und Wort zu erklären. Sie galt als eine die Bibel ergänzende Kunst vernunftgelenkter Tätigkeit, die zum gleichen Ergebnis wie diese zu kommen hatte.

Zum artistischen Studium gehörte ferner, dass neben der Logik bzw. Dialektik, wie die Humanisten gerne sagten, und zuvor der Grammatik die aristotelische Physik und fast immer Rhetorik und Poetik vermittelt wurden. In diesem Umkreis wurden auf protestantischer Seite zudem die Historien gelehrt. Wie in vielen Disziplinen bildeten Melanchthonische Kompendien die Grundlage der Universalhistorie in heilsgeschichtlicher Absicht. Die *Chronica Carionis* und später Sleidans Abhandlung der vier Weltreiche bildeten rasch die Leitfäden, an Hand derer eine Ordnung der Weltgeschichte in Fortführung des *translatio imperii*-Modells erreicht und vorgetragen wurde. Die Jesuiten hatten bei dieser Materie ihre Schwierigkeiten. Sie misstrauten der möglicherweise relativierenden Wirkung der *historia*. Erst im Laufe des 17. Jahrhunderts fanden sie zu einer zögerlichen Öffnung gegenüber der Geschichte. Sie erfolgte wie zuvor als Profangeschichte im protestantischen Reich über eine erneuerte Reichsjurisprudenz, insbesondere das *jus publicum Romano-Germanicum*. Etwa gleichlaufend wurde der *Politic* als Teil der *philosophia practica*, also als geistig-innerweltlicher Verhaltens- und Regimentskodex, vermehrte Bedeutung beigemessen, ebenfalls zuerst im protestantischen Umfeld. Henning Arnisäus, Johannes Althusius, Christoph Besold, Johann Heinrich Boecler, Arnold Clapmarius verbanden auf anregende Weise *Politic* und *Ethic*, postulierten sie als wichtigen Teil der „Regierkunst". Dass andererseits diese Materien wie auch die Arkanwissenschaften *ars gubernatoria, ars legislatoria* und *jus publicum* nur solchen *studiosi* zugänglich sein sollten, die in hohe, in Geheime Ratsstellen aufrückten, erschwerte vielerorts ihre Etablierung.

Wenn auch die Festlegung auf die aristotelische Physik der Entwicklung der Naturwissenschaften, falls dieser Begriff auf die damaligen Verhältnisse anwendbar ist, eher hemmte, so hat die humanistische Förderung der Mathematik, der Astronomie und Astrologie auf Umwegen zur *scientific revolution* des 17. Jahrhunderts beigetragen. Die Disziplinen selbst wurden zwar schon länger, immer aber als Spezialwissen einzelner Begabter betrieben. Nicht zuletzt für Mediziner galten sie als bedeutsam, erlaubten sie doch, Berechnungen über den Einfluss des Kosmos, der Planeten, der Natur auf Krankheiten anzustellen. An sich waren solche Kenntnisse, wie die der Elemente Euklids, der ptolemäischen Astronomie für alle Magister statutarisch vorgeschrieben. Das blieb jedoch meist auf dem Papier stehen und entsprach nicht der Realität. Erst im 16. Jahrhundert entstanden vorübergehend an einigen Universitäten entsprechende Lehrstühle. Sie hatten mit der akademisch vorgeschriebenen Physik jedoch keinerlei Berührung. Im

Die wichtigen Fächer der *artes:* das *trivium*

Das *quadrivium*

Grunde blieb die Beschäftigung mit diesen Materien weiterhin Gegenstand für Gelehrte mit Spezialfähigkeiten und Spezialwissen. Die genossen dann einen nicht unerheblichen Freiraum, verstanden doch nur Kenner und Eingeweihte, worum es ging. Solange nicht Glaubenssätze tangiert waren, interessierte dies kaum. Der Späthumanismus, fasziniert von der Astrologie, konnte sie durchaus für gewagte Theorien nutzen – so zunächst selbst Nikolaus Kopernikus –, da sie schwer zu beurteilen oder zu kontrollieren waren. So erklären sich die vielen „modernen" Hypothesenbildungen bis hin zu okkulten und geheimwissenschaftlichen Entwürfen. Auf diesem Feld war man unter sich und frei. Das galt auch für die Mathematik. Sie durfte nur nicht mit den autoritativen Vorgaben der akademischen Physik in Widerspruch geraten. All diesen Bemühungen haftete daher ein Moment des Geheimen, ja Okkulten an.

Der Freiraum der Naturforscher

Freilich wurden auf diese Weise Kenntnisse neueren naturwissenschaftlichen Wissens gefördert. Der große Nutzen der Botanik und Arzneimittelkunde, die ihrerseits lange eng bei der Alchemie angesiedelt blieben, für die Medizin führte allmählich dazu, experimentellen, empirischen Befunden Aufmerksamkeit zu schenken. An Universitäten wurden zunehmend Botanische Gärten angelegt, für die die Medizinprofessoren zuständig waren. Die *historia naturalis* wandte der Botanik, dann der Chemie ihr Interesse zu, während die aristotelische Physik von all diesen neueren (letztlich in die Moderne führenden) Fragestellungen und Techniken unberührt auf ihren älteren theoretischen Grundlagen verharrte. Hier brachte noch nicht einmal Descartes den Durchbruch, erst mit Newton und Leibniz änderten sich die Universitätsverhältnisse zögernd.

Eine scientific revolution?

All die Jahrhunderte über beschäftigten sich also jeweils einige Wenige mit naturwissenschaftlichen und medizinischen Fragen, stellten Experimente an und konstruierten technische Hilfen. Aber Naturwissenschaften und selbst Medizin – naturgemäß ohnedies ein Feld spezifischer Begabungen – beeinflussten nur indirekt, wenn überhaupt, Ordnung, Wertigkeit, Methode und Gefüge der Wissenschaften und damit die der Universitäten. Der Vorrang der Disziplinen, die das Zusammenleben der Menschen, ihre ethische, religiöse, ihre ständische Lebenswelt ordnenden Prinzipien behandelten, stand in dieser auf Bücher, auf Überlieferung, auf Autoritäten festgelegten wissenschaftlichen Welt fest. So waren es auch jeweils sie, die Neuerungen und Änderungen bewirken konnten und bewirkten. Der Wegestreit, die Humanisten, die Theologisierung im Gefolge der Reformation, die spätere Juridifizierung – sie bestimmten jeweils Rang, Methode und Verständnis der

Wissenschaften, sie waren es, die Universitäten dementsprechend gestalteten.

Die Juristen hatten nie starken Anteil an den Auseinandersetzungen des konfessionell geprägten Zeitalters. Mittelbar, als Teil der öffentlichen Ordnung, tangierte es sie. Ihre Tätigkeit betraf die Belange der Regierenden ebenso wie die der Untertanen – als einzelne wie als Stand. Insoweit festgelegt auf die Welt und ihre Bedürfnisse, mussten sie sich der Realität stellen, hatten außer theoretischen Überlegungen immer auch tragfähige, mit den geltenden Gesetzen übereinstimmende praktische Lösungen zu finden. Im Reich blieb daher der *mos Italicus* vorherrschend. *Das allgemeine wissenschaftliche Gewicht der Juristen*

Im Allgemeinen konnten sie oft völlig ungefährdet an innerweltlichen, humanistischen Idealen festhalten, eigene offene Positionen im Kreis Gleichgesinnter und -gestellter vertreten und damit ein Stück der älteren erasmianischen *respublica litteraria* tradieren. Je länger, je mehr eine juristische Vorbildung für Tätigkeiten in herausgehobener Stellung verlangt wurde, hatten die Juristen wie auch alle anderen Universitätsbesucher die *peregrinatio academica*, gar eine Graduierung an einer ausländischen Universität als zusätzliche, fast unabdingbare Pflicht zu absolvieren. Während des 16. und noch weit bis in das 17. Jahrhundert hinein stand Italien als Gastland an vorderster Stelle, vor Frankreich und auch Spanien. Erst allmählich galt der Besuch einer holländischen Universität, insbesondere Leidens, als gleichermaßen karrierefördernd und empfehlend. Die Konfession vor Ort spielte also eine fast zu vernachlässigende Rolle, der Besuch traditionell anerkannter und bewährter Universitäten wie Ferrara, Bologna, Siena, Montpellier, Orleans, Bourges – um nur sie zu nennen – zählte für sich. Entsprechende Anleitung zu angemessener Aufführung gab es für solche Studenten ebenso wie für den gleichermaßen peregrinierenden Adel. An den davon berührten Orten legte man zumeist großen Wert auf diese Besucher – sie brachten Geld und Renommee –, sodass z. B. die Universität Padua die päpstliche Verfügung, jeder Promovend habe einen Eid auf die Jungfrau Maria zu schwören, unterlief, indem solche Graduierungen protestantischer *Studiosi* von der *terra ferma* nach der Hauptstadt Venedig verlegt wurden. *Die peregrinatio academica*

Dass den juristischen Fakultäten die betont theologische Ausrichtung der vorbereitenden *artes*-Studien nicht behagten, wurde bereits erwähnt. So mahnten sie nicht nur häufig kürzere Ausbildungszeit für diese an, sondern bemühten sich gelegentlich darum, ihren Besuch für die eigenen Studenten nicht obligatorisch sein zu lassen. Ab den 1620er Jahren verlangten sie vielfach nach einer Umgewichtung der Diszipli- *Die Veränderung von Disziplinen und Methoden* nen, wollten verstärkt Ethik, Rhetorik, Geschichte angeboten sehen, auch (humanistische) Dialektik. Mit dem Aufkommen eines erneuerten Reichsstaatsrechts gewannen ferner wichtige Hilfsdisziplinen wie Chronologie, Heraldik, historische Geografie, Numismatik, Reichsgeschichte an Bedeutung. Das führte damals noch nicht zu einer nachhaltigen Veränderung innerhalb der *artes*-Fakultät, sie zeichnete sich aber ab. So kam es auch nicht von ungefähr, dass im Allgemeinen die katholischen Universitäten ebenfalls nur dank der sich erneuernden Jurisprudenz eine Öffnung zur Historie und zu neueren Fragestellungen fanden. Diese Umstellung sollte freilich erst im Zuge der universitären Frühaufklärung im späteren 17. Jahrhundert erfolgreich sein, als die Juristen die bestimmende und führende Rolle in den Universitäten einnahmen, sie – und damit die Wissenschaften – verweltlichten.

9. Rückblick

Rückblick auf die Entwicklung der Bildungsinstitutionen im Zuge der Konfessionalisierung

Reformation und Gegenreformation hatten ebenso wie der Humanismus die Universitäten eher gestärkt und in ihrem Ausbildungsauftrag bestärkt. In ihrer Bedeutung für das Gemeinwesen einschließlich der Kirchen erwiesen sie sich als unverzichtbar. Trotz zunehmender Polemik und dem Vordringen konfessioneller Gesichtspunkte hielten sie sich denn auch – wie gezeigt – bis ins neue Jahrhundert vergleichsweise offen, geistig beweglich. Erst dann beeinflussten die sich verhärtenden Verhältnisse auch die Universitäten. Manche suchten ihr Überleben dadurch zu sichern, dass sie sich im Territorium gleichsam einigelten, sich gegenüber konfessionsübergreifenden Absichten und Programmen abschotteten. Allenfalls Juristen und auch Mediziner konnten in solchen Fällen der geistigen Einengung entkommen, sich einen gewissen Freiraum – nicht zuletzt während der *peregrinatio academica* – erhalten. Dennoch wäre es unzutreffend davon zu sprechen, die Universitäten seien nach 1600 zunehmend in eine Krise geraten, hätten einen Niedergang erlebt. Ihrem Auftrag, auszubilden, kamen sie weiterhin und meist zufriedenstellend nach. Ebenso wurden nach wie vor wichtige Kompendien verfasst, Graduierungen vorgenommen, öffentliche Entscheidungen dank Gutachten insbesondere juristischer und theologischer Fakultäten mit vorbereitet und mitverantwortet. Gewiss ließ die wissenschaftliche Produktion wie fast zu jeder Zeit an Umfang und Qualität manches Mal zu wünschen übrig. Im Zuge der Verrohungen des Dreißigjährigen Krieges griffen studentischen Exzesse des Penna-

lismus und des Depositionsunwesens um sich, an denen durchaus auch
Professoren teilnahmen. Dies war schließlich einst ein eigener Grund
für die Errichtung von Ritterakademien gewesen. Doch neben diesen
Auswüchsen brachten Konfessionalismus und Not eine neue Religiosität und einen starken Biblizismus hervor, der zur barocken Frömmigkeit, dem Pietismus u. a. hinüberweist. Das humanistische Erbe hielt
sich in historischen, philologischen, rhetorischen und anderen Verfah-
rensweisen – teilweise sogar kräftig – am Leben, wie auch die Wissensvermittlung, das wissenschaftliche Wissen unverändert in der Tradition
der humanistisch-reformatorischen Kompromissformel der *sapiens et
eloquens pietas* stand. Die zahllosen, nur noch nicht untersuchten
Schriften dieser Jahrzehnte – nicht zuletzt die Disputationen und Dissertationen – könnten wahrscheinlich die geistige Verfasstheit und vielleicht sogar Fruchtbarkeit dieser Zeit erhellen. Gegenüber anderen
Epochen – insbesondere der Reformation, dem Mittelalter und der Aufklärung – sind unsere Kenntnisse dieser verworrenen und stürmischen
Jahrzehnte um und nach 1600 eher bescheiden.

Natürlich gab es überall dort, wo die Kriegslawine unmittelbar
an- bzw. vorbeirollte, fürchterliche Einbrüche. Generell traf zu, dass
damals Finanzmittel häufig für andere als geistige Bedürfnisse ausge-
geben werden mussten und gern wurden. Jahrelange Vakanzen an Universitäten, Zusammenbrechen des Schulwesens, drastischer Rückgang
von Immatrikulationen, Verrohung und Ungeist kamen durchaus vor.
Aber es gab auch blühende Universitäten, die wenig oder nichts vom
Krieg spürten, bzw. solche, die nur für einige Zeit von dessen Folgen
heimgesucht wurden. Zuvor oder danach lebten sie in durchaus geord-
neten Bahnen und erhielten das Universitätssystem des Reichs am Leben. Rostock und Königsberg profitierten im protestantischen, Salzburg – ab 1622 – im katholischen Reich von ihrer kriegsgeschützten
Lage. Ihre Frequenz stieg damals überproportional. Nach 1648 konnten
insbesondere Helmstedt und Jena an frühere Glanzzeiten anknüpfen.
Bereits während des Krieges hatten sie sich wichtigen westeuropäischen Einflüssen geöffnet. Die im Krieg offensichtlich werdende Un-
möglichkeit, mit konfessionellen bzw. theologischen Argumenten aus
der geistigen Stagnation und Konfrontation zu gelangen, führte zu
neuen Ansätzen in Jurisprudenz und *philosophia practica*.

Wittenberg und selbst Leipzig, auch Rostock und Greifswald
brauchten länger, um neuerlich zu Bedeutung zu kommen. Wie viele
andere Hochschulen und Schulen suchten sie nach dem Krieg zunächst
in einer rückwärtsgewandten, an früher gewohnte Muster anknüpfen-
den Haltung die Schäden zu überwinden. Eine neue Hochzeit der Or-

Der Dreißigjährige
Krieg und die Uni-
versitäten

thodoxie bestand neben einer zeitgleich an mundanen Vorstellungen ausgerichteten Wissenschaft. Im katholischen Reich überwog noch auf lange die theologisch überwölbte Auffassung und es dauerte geraume Zeit, bis ein Anschluss an die vorausgegangene protestantische Universität gelang, was aber entschieden den hiesigen Rahmen überschreitet.

Der Dreißigjährige Krieg stellt also keinen generellen Einbruch innerhalb der historischen Entwicklung der deutschen Universitäten dar. Wie auch auf anderen Feldern kommt es jeweils auf die besondere Situation, den Einzelfall an. Insgesamt kann nicht davon gesprochen werden, dass diese Zeit eine Phase tiefer geistiger Verödung und katastrophalen Ungeists gewesen ist. Ganz im Gegenteil erwachsen bereits während des Krieges neue wissenschaftliche Positionen und Anregungen, die auf die spätere frühaufklärerische Wiederbelebung der Universitäten verweisen. Zerstörung, Einbruch, aber auch Neubesinnung und fruchtbare Fortführung kennzeichnen die Jahrzehnte zwischen 1620 und 1660/80.

II. Grundprobleme und Tendenzen der Forschung

1. Zur Geschichte und Erforschung der Universitäten

Die Literatur zur Bildungsgeschichte, zur Geschichte der Universitäten und Schulen ist nicht nur umfangreich, sie reicht auch weit zurück. Es liegt in der Natur dieser Institutionen wie auch in der der in ihr Tätigen, sich über sich selbst Gedanken zu machen, also über Zweck und Aufgaben theoretisch zu reflektieren und dies niederzuschreiben. Die unterschiedlichsten Fragen im Umfeld von Ausbildung, Wissenschaften und Universitäten wurden folglich über die Jahrhunderte hin erörtert. Wesen und Sinn der Universitäten, ihre Verfasstheit, Rechte und Privilegien, das Graduierungswesen, die ökonomischen Grundlagen, der Lehrkörper, die Studierenden, wissenschaftliche Disziplinen, auch die Rolle in Gemeinwesen und vieles mehr kamen zur Sprache. Professoren und Lehrende verfassten Memoiren, Leichenpredigten wurden gehalten, Reformpapiere entworfen und immer wieder Briefe geschrieben. Obrigkeiten verfügten Erlasse, verordneten begründende Änderungen, erließen Statuten, setzten sich mit bildungspolitischen Wünschen und Problemen auseinander. All dies konnte immer auch ein Stück Bildungsgeschichte selbst beschreiben. Die vermehrte Obsorge der Landesherren und das im Zuge der Aufklärung typische Bestreben rationaler und besserer Kenntnis der öffentlichen Aufgaben ließen Statistiken, Erhebungen und Rechtssammlungen entstehen, die ihrerseits Grundlage für frühe zusammenfassende Analysen des „Bildungssektors" zur Folge hatten: MEINERS [5 und 6], MICHAELIS [8]. Daneben gibt es eine nicht geringe Anzahl grundsätzlicher Texte zur Bedeutung von Universitäten wie CONRING [2] oder THOMASIUS [12]. Einen zuverlässigen Überblick über die Vielzahl der relevanten Texte bietet die Bibliografie von ERMAN/HORN [24].

Zur Geschichte der Literatur zur Universitätsgeschichte

Im strengeren Sinn historisch wurden die Abhandlungen erst im Zuge des Historismus, also im 19. Jahrhundert. Diese Tendenz setzte sich von da ungebrochen bis heute fort, wobei eine erste deutliche Zu-

Rolle der Universitätsgeschichtsschreibung im 19. Jahrhundert

nahme entsprechender Literatur in der zweiten Hälfte des 19. Jahrhunderts, insbesondere nach 1871, zu beobachten ist. Das gilt übrigens auch für das internationale Umfeld, beschreibt also eine gemeineuropäische Entwicklung. Sie entspricht damit nicht zuletzt der damals fraglicher gewordenen Situation der Universitäten und gelehrten Institutionen selbst. Die beschworen zwar nach wie vor die große und glänzende Tradition der Hohen Schulen und ihrer Wissenschaften, der *universitas litterarum* – im Reich wurde dafür zunehmend Humboldt bemüht [213: SCHWINGES]. Sie waren aber infolge der Entwicklung der modernen Welt, dem Entstehen neuer Wissenschaften, dem so genannter wissenschaftlicher Großbetriebe, von Technischen Hochschulen und anderem verunsichert und teilweise sogar verängstigt. Ein Rückgriff auf die historischen Grundlagen konnte da Selbstvertrauen fördern und zugleich Wegezeichen für die Gegenwart und Zukunft aufstellen, wie man hoffte. Er konnte und sollte darüber hinaus die wissenschaftliche Bedeutung der eigenen Institution, ihre Exzellenz innerhalb der europäischen *republica litteraria* erweisen, sollte Einheit und Einigkeit der jungen Nationen kräftigen [37: RÜEGG, 24]. Gründungsfeiern, Rektoratsübergaben, andere Jubiläen und feierliche Ereignisse dienten dazu, dass sich die Hochschulen – und auf ihre Weise auch die Schulen – in

Der oft hagio-
grafische Charakter
der Literatur Festakten, Ansprachen, Publikationen ihrer Rolle und Bedeutung versicherten. Das war das klassische Feld bildungsgeschichtlicher Literatur, das nach 1900 zunehmend durch Abhandlungen der neu entstehenden Disziplin der Philosophie und Pädagogik – wie man sagte – ergänzt wurde. Einige sind nach wie vor unentbehrlich, wenngleich ihre Fragestellungen nicht immer mehr neueren Gesichtspunkten genügen. Viele der Jubiläumsschriften – nützlich im Einzelnen – teilen dieses Veraltetsein, sind öfters auch infolge ihres hagiografischen Charakters nur bedingt hilfreich [287: HAMMERSTEIN].

Deutschland als füh-
render Kulturstaat Nach der Reichseinigung 1871 wurde bei solchen Gelegenheiten ferner gern darauf verwiesen, dass Wissenschaften, Universitäten, Schulen, Ausbildung und Bildung Glanzpunkte deutscher Kultur seien. Ansehen und Rang Deutschlands in der internationalen *respublica litteraria* galten – trotz des Widerspruchs, der eigentlich in dieser nationalen Verengung zum Ausdruck kam – als herausragend. Deutschland sei ein Kulturstaat, wie gerne gesagt wurde, sei nicht zuletzt auf dem Gebiet der Wissenschaften und ganz allgemein unter den Nationen kulturell führend. All das schuf im Unterschied zu anderen Ländern eine breite Literatur, die sich mit dieser Bildungsgeschichte befasste. Ein Großunternehmen wie die auf Anregung Rankes bereits 1864 inaugurierte Geschichte der Wissenschaften in Deutschland – bis 1913 erschienen 33 Bände – fußte auf solch nationalstaatlichem Stolz. Gleichwohl kann nicht davon gesprochen werden, das die Bildungs- und Wissenschaftsgeschichte ein zentraler Teil der deutschen Geschichtswissenschaft gewesen sei. Das ist sie bis heute nicht – allein an der Anzahl der Lehrstühle lässt sich das zeigen, wenngleich ihre Bedeutung anscheinend zunehmend erkannt wird.

Nach dem Zweiten Weltkrieg erhielt die bildungsgeschichtliche Forschung wichtige neue und weiterführende Impulse. Neben der allgemeinen Diversifizierung historischer Fragestellungen und der Abkehr von der bislang bevorzugten politisch-diplomatiegeschichtlichen Historiografie dürften nicht zuletzt die Bedeutung von Wissenschaft und Technik im Krieg das Fachinteresse auf Ausbildung und Forschung, auf Wissensvermittlung und ihre Institutionen gelenkt haben. *Neue Forschungsimpulse nach 1945*

Es gibt also eine weit gespannte und weit zurückreichende Auseinandersetzung mit den Fragen von Bildung und Ausbildung. Ihre Fülle gebietet, die ältere nur kursorisch zu erwähnen und paradigmatisch einige ihrer Tendenzen aufzuzeigen, um sodann die Literatur der Nachkriegszeit näher zu charakterisieren. Sie ist bis 1972 versammelt bei STARK [40] und bis etwa 1998 bei PESTER [35].

2. Ältere klassische Darstellungen und Standardwerke

Viele ältere Standardwerke zu Universitäten, Schulen und Bildungseinrichtungen sind nach wie vor nützlich. Dazu gehören nicht zuletzt die im Zuge des historischen Positivismus und/oder aus landesgeschichtlich-heimatverbundenem Enthusiasmus und aus archivalischer Pflichterfüllung edierten Quellen wie Statuten, Schulordnungen, landesherrliche Verordnungen, die Serien der *Monumenta Germaniae Paedagogica*, Ordnungen von Bursen und Kollegien, Erziehungs- und Ausbildungsanweisungen, Matrikel [dazu 207: RASCHE]. Sie können andernorts leicht erschlossen werden, ihre Auflistung würde den hiesigen Rahmen sprengen. Es sind die unabdingbaren, nützlichen Arbeitsmittel, die jeder benutzt und zu schätzen weiß, der auf diesem Gebiet arbeitet [beste Hinweise bei 34: PAULSEN I, XXII f.; 398: SEIFERT, 369–374]. Nur noch partiell heranzuziehen sind die mehrbändigen Werke von K. A. bzw. GEORG SCHMID, Geschichte der Erziehung, 1884 ff. oder KARL VON RAUMER, Geschichte der Pädagogik, 1857, deren Grundposition weitgehend überholt scheint. *Unverzichtbare Hilfsmittel*

Ältere Klassiker

Anders steht es um die allgemeineren Überblicksdarstellungen von FRIEDRICH PAULSEN [34: zuerst 1884 in einem Band, dann 1895 in 2 Bdn.], GEORG KAUFMANN [31: 2 Bde., 1896], SCHEEL [39, 1930]. Sie gehören zu den Klassikern, trotz manch antiquierter Position. Kaufmanns Unternehmen ist zwar im 16. Jahrhundert steckengeblieben, für die Frühzeit der Universitäten gehört es aber nach wie vor zu den wichtigen Beiträgen und trotz seines Titels begriff es die Geschichte der deutschen Universitäten in dieser Zeit der „Entstehung und frühen Entwicklung" als eine mittelalterlich-europäische. All diese unverzichtbaren Handbücher unterstellen vorweg den Universitäten, ihrerseits die gelehrt-geistige Umwelt auf nachhaltige Weise geprägt und geformt zu haben. Die Hohen Schulen werden als Institution begriffen, in der eine traditionsbestimmte, europaweite Gemeinschaft von Gelehrten wirkte und im Dienst der Wissenschaft allein dem sachlich Gebotenen oblag. Auf diesem Weg sei – von gelegentlichen Einbrüchen abgesehen – ein ständiges Fortschreiten des Wissens erfolgt, gestützt oder auch behindert von der Gesellschaft, die von den Ergebnissen profitiert, sie aber nicht eigentlich beeinflusst habe.

Der Paulsen

Am differenziertesten erweist sich PAULSEN [34]. Ihn interessiert der „gelehrte Unterricht" insgesamt. Er begreift ihn als ein zentrales Stück der „Kulturentwicklung unseres Volkes", möchte die „bewegenden Ideen im Gebiet gelehrter Bildung" in ihrer Breite darstellen (XXI). Die „Brotfächer", Medizin und Jurisprudenz, berücksichtigt er bei seiner Analyse freilich nicht, allenfalls am Rande, wo sie Berührungspunkte mit dieser Kulturentwicklung hätten haben können. Die zurückliegenden drei bis vier Jahrhunderte, die er behandelt, hätten eine allmähliche Loslösung von der Autorität der Antike und eine Verbreiterung der wissenschaftlichen Fragestellungen gebracht, bei einem sich wandelnden Verständnis von Gelehrsamkeit und „Forschung". Das gegenseitige Aufeinanderbezogensein von Schulen und Universitäten, wie es sich seit dem Humanismus herausgebildet hatte, dem Zeitpunkt, an dem die Untersuchung beginnt, bestimmt die Darstellung, die sich insoweit als eine des allgemeinen Gelehrtenschulwesens im Gemeinwesen begreift. Von 1450 bis 1520 sei der Humanismus prägend gewesen, dem bis hin zu „1600 (1648)" die „protestantische und katholische" Zeit gefolgt sei, ihrerseits abgelöst vom Zeitalter der „französisch-höfischen Bildung 1600 (1648) bis 1740". Äußere Gestalt und Unterrichtsbetrieb, Reformen und Neugründungen, das Verhältnis von Humanismus und religiös-kirchlichem Denken, Anschauungen und Wirkungsmöglichkeiten der Beteiligten, der Einfluss führender Männer und bedeutender Gelehrter werden quellennah und überzeugend dargestellt.

Die gemeineuropäische Verflechtung der frühmodernen *respublica litteraria* wird zwar erkannt und beschrieben, eigentlich aber bildet die „deutsche Kulturentwicklung" das Thema. Die nachmittelalterlichen Universitäten Europas – so hatte auch Kaufmann gemeint – hätten eine unterschiedliche Entwicklung genommen, hätten die weitgehend gleichlaufende Entwicklung des gelehrt-wissenschaftlichen Unterrichts und Denkens, wie sie für das Mittelalter zu beobachten war, aufgegeben. Eine breite, europaweite intellektuelle Diskussion sei zwar weiterhin selbstverständlich gewesen. Frühnationale Unterschiede habe es aber im Blick auf die Rolle und Bedeutung vorab der Universitäten gegeben. Nur in einigen Ländern wie dem Heiligen Römischen Reich, den Niederlanden, auch in der Eidgenossenschaft hätten die Universitäten eine führende geistige Rolle beibehalten können, während sie andernorts zu häufig denaturiert seien.

Paulsen gelang es, die institutionengeschichtliche Darstellung eng mit der Entwicklung der wissenschaftlichen, geistig-kulturellen und religiösen Ideen zu verbinden. An einigen führenden und stilbildenden Gelehrten exemplifiziert er im Allgemeinen den Gang der Ereignisse und verknüpft ihn zugleich mit der politischen Geschichte. Sein Werk ist insofern eine höchst seltene und gelungene Synthese bildungsgeschichtlicher Absichten, Voraussetzungen und Wirkungen. Dass es den jüngeren sozialhistorischen und wissenschaftsgeschichtlichen Fragestellungen nur bedingt gerecht wird, nimmt ihm nichts von seinem nach wie vor paradigmatischen Wert. Paulsens Verdienste
und Mängel

SCHEELS zusammenfassender Überblick [39] über die Geschichte der deutschen Universitäten – den sich daran anschließenden monografischen Darstellungen der einzelnen, 1930 existierenden Hochschulen vorangestellt –, fasst das damalige Wissen klar und überzeugend zusammen. Die deutschen Universitäten erfahren in ihrer institutionellen Entwicklung sowie in ihrer Lehrtätigkeit eine zuverlässige Darstellung. Ihre gesellschaftliche und auch politische Bedeutung tritt dahinter zurück. Immerhin werden Zahlen von Besuchern, Größe und Ausstattung der Anstalten, regionale und überregionaler Einzugsbereich mit angesprochen. Sie sind ihm zugleich Indikator der Bedeutung einzelner Hochschulen. Insgesamt teilt er freilich die ältere Meinung, es habe zu viele Gründungen mit zu geringem wissenschaftlichen Niveau gegeben, ja, die „großen Erfindungen" seien in der Regel außerhalb der Universitäten gemacht worden. Die deutschen Anstalten hätten entschieden hinter den westeuropäischen zurückgestanden. Die Selbstdarstellung der deutschen
Universitäten in der
Weimarer Zeit

Die seinerzeit bahnbrechende und nach wie vor grundlegende statistische Zusammenstellung der Lehrstühle, Frequenzen und anderer Das grundlegende
Zahlenwerk
zur Geschichte
der Universitäten

Daten, die PHILIPP EULENBURG [25] zu danken ist, dokumentiert die wichtigsten Entwicklungen, die in diesem Zusammenhang von Bedeutung sind. Einige notwendige Korrekturen, die W. FRIJHOFF [27] daran angebracht hat, nehmen ihr nichts von ihrem Wert und Nutzen. Wer sich über die Anzahl der Lehrkanzeln, der Dozierenden – und ihres Salärs –, der Studierenden einer Universität während der Frühen Neuzeit einen Begriff machen will, wird Eulenburg dankbar benutzen. Einen zuverlässigen Überblick nicht nur über die deutschen, sondern auch die europäischen Verhältnisse, soweit sie erforscht sind, bietet neuerlich wiederum FRIJHOFF [224]. Daneben haben Abhandlungen zu einzelnen Universitäten weitere, verfeinerte Korrekturen dieser Zahlen erbracht, etwa für Wien [229: MÜHLBERGER] oder für Rostock [241: ASCHE].

3. Jüngere allgemeine Darstellungen

Neuere Handbücher mit neuerer Fragestellung

Die genannten älteren Werke bilden also nach wie vor das Rückgrat bildungshistorischer Arbeit. Ihnen sind inzwischen einige jüngere Allgemeindarstellungen bzw. Handbücher an die Seite getreten. Sie ergänzen nicht nur diese älteren Standardwerke, sondern haben z. T. auch andere Problemstellungen. Sozialgeschichtliche Fragen wie die nach Herkunft, sozialem Status, gesellschaftlicher Rolle der Studierenden und Lehrenden finden ebenso Berücksichtigung wie solche nach Karrieremuster, Professionalisierungsstrategien, Verhalten gegenüber bzw. Schwierigkeiten oder Übereinstimmungen mit der sie umgebenden Welt. Die Universität als soziales Gebilde mit eigenen Rechten, Privilegien, Bildungsprofilen wird als Teil der jeweiligen Gesellschaft beschrieben, Kollegien, Bursen, Pädagogien werden vorgestellt, die Spannungen zwischen Universität und Stadt oder Zugangsvoraussetzungen interessieren nun mehr. Die Forschung thematisiert weiterhin Entwicklung und Ausfaltung der Disziplinen und betrachtet die Wissenschaftsgeschichte als eigenen Sektor und Faktor, ohne sie wie zuvor als eine Erfolgs- bzw. reine Fortschrittsgeschichte zu begreifen. Daneben behandelt sie selbstverständlich auch immer wieder Fragen der Institution, ihrer Verfasstheit und äußeren Ordnung und analysiert Selbstverständnis und Funktion der *gymnasia illustria*, der Semiuniversitäten und anderer, früher weniger beachteter Ausbildungseinrichtungen.

Bildungsgeschichte kein eigentlich gefördertes Universitätsfach

Da die Bildungsgeschichte nicht eigentlich zu den häufig und intensiv diskutierten Themen der historischen Zunft gehört, bestehen keine großen wissenschaftlichen Kontroversen oder Meinungsverschiedenheiten. Vor dem Hintergrund der älteren Ergebnisse liegen entsprechend neuerer Fragestellungen Untersuchungen vor, die die beträchtlichen Wissenslücken insbesondere für die Frühe Neuzeit verringern und bislang Übersehenes, Missachtetes ans Tageslicht bringen möchten. Eine ruhige Gangart kennzeichnet also die Forschungen auf diesem Gebiet. Auseinandersetzungen sind rar, neue Ergebnisse bzw. Einschätzungen hingegen nicht selten, sodass in der folgenden Übersicht dementsprechend eine Art referierende Darstellung, eine Wiedergabe des Diskussionsstandes entschieden die Schilderung von kontroversem Forschungsstand überwiegen wird. Neue und gegenüber früher verfeinerte Einsichten und Erkenntnisse werden knapp zusammengefasst, damit die grundsätzliche Richtung der jüngeren Forschung erfasst werden kann.

Vergleichbare Übereinstimmung in den Forschungsergebnissen

4. Institutionengeschichte

Für die Institutionengeschichte der Universitäten informiert am besten und knapp WILLOWEIT [219]. Die Rolle der Obrigkeiten, die gerade für die deutschen Universitäten außerordentlich bedeutsam war, analysiert HAMMERSTEIN [197], für den internationalen Rahmen [198]. Über Organisation und Ausstattung als wichtige Voraussetzung des institutionellen Aufbaus arbeitet DE RIDDER-SYMOENS [265], ebenfalls im Blick auf die europäische Situation. Auch einzelne Universitäten erfahren eine gründliche, neuere Gesichtspunkte mit berücksichtigende Darstellung ihrer institutionellen und sozialen Verhältnisse, so Ingolstadt [214: SEIFERT], Altdorf [320: MÄHRLE], Köln [338: MEUTHEN], wobei die beiden letztgenannten weit über diese Bereiche hinausgehen. Von sozial- und verfassungshistorischen Problemen der Wahlen von Universitätsrektoren im Spätmittelalter – speziell an Kölner und Erfurter Beispielen, deren Rektoren aufgelistet werden – handelt SCHWINGES [211].

Zur Institutionengeschichte der Universitäten

Nach WILLOWEIT entwickeln sich die Universitäten als zumeist nachkonziliare Gründungen rasch zu „staatlichen Gebilden", die im konfessionellen Obrigkeitsstaat ihre für das 16. und 17. Jahrhundert typische Ausformung erhalten hätten. Insbesondere in den neugläubigen Territorien sei die „Sicherung der (...) Rechtgläubigkeit" seitens der Theologischen Fakultäten eine nicht zu ersetzende und zu unterschätzende Aufgabe gewesen. Zugleich habe aber auch ein „innerstaatlicher Aspekt", die Notwendigkeit einer im gemeinen Recht ausgebildeten

Die deutschen Universitäten bereits anfänglich meist Staatsveranstaltungen

Beamtenschaft fast dazu gezwungen, sich, wenn immer möglich, einer solchen Einrichtung zu versichern. Selbst wenn sie nicht brillant genannt werden konnte, habe sie im Allgemeinen doch Wichtiges und Vorzügliches geleistet. Die präzise Beschreibung der Organisation der Universitätsverwaltung – also der Ratskollegien, der Vermögensverwaltung und anderer Ämter – bestätigt das nachdrücklich. Die Arbeiten SEIFERTS [vgl. auch dessen Edition 10], MEUTHENS und MÄHRLES stützen an Einzelbeispielen diesen Befund und unterrichten darüber hinaus minutiös über die gesetzlichen Bedingungen und Voraussetzungen frühneuzeitlicher Universitäten auf Reichsboden im europäischen Kontext. Hinsichtlich Gründung, landesherrlicher Absichten, Territorialisierung der Universitäten ergänzen in speziellen Abhandlungen MÜLLER für Ingolstadt [357], MERTENS für Tübingen [336] und Freiburg [334], SCHMIDT [208] und BAUMGART [245] für Marburg diese Ergebnisse. Über die Voraussetzungen und die Notwendigkeit der Universitätsprivilegierung unterrichtet in einem knappen Überblick SCHMIDT [209].

Universitäre
Autonomie Die Rolle der Universitäten in der Gesellschaft, ihre Selbststilisierung, nicht zuletzt ihren Anspruch auf eine unantastbare – scheinbar ihr ursprüngliche – Autonomie untersuchen CHARTIER/REVEL [261]. Sie zeigen überzeugend, dass diese Autonomie anfänglich eine hinsichtlich ihrer Mitglieder, insbesondere eine ihrer Studierenden war und bestätigen die auch von SEIFERT [214], BOEHM [257], MORAW [204] – um nur auf deren Publikationen zu verweisen – mitgeteilten Beobachtungen. Im Sinne der zeitüblichen hoch- und spätmittelalterlichen Korporationen/Genossenschaften beanspruchten die Universitäten weniger einen Freiraum vor dem (eigentlich noch inexistenten) „Staat" als vielmehr gegenseitigen Schutz. Erst in späteren Jahrhunderten, vorab im 19. Jahrhundert zielte die Berufung auf die scheinbar traditionsreiche Autonomie auf Abwendung staatlicher Eingriffe [dazu u. a. die Beiträge in 213: SCHWINGES].

Mit dem Aus- und Aufbau der Territorien und der damit einhergehenden Gründung weiterer Universitäten – dann auch im Zeichen von Humanismus und Konfessionalisierung – entstanden neue und öfters auch relativ kleine Anstalten, die u.U. nicht über mehr denn einhundert bis dreihundert *studiosi* verfügten. Sie galten früher gern als „Übergründungen", als eigentlich nicht lebensfähige und schon gar nicht ernst zu nehmende Hochschulen [34: PAULSEN; 362: PETRY; 39: SCHEEL; 22: ELLWEIN]. Werden nicht die modernen Maßstäbe des späten 19. Jahrhunderts zu Grunde gelegt und die frühneuzeitlichen Vorstellungen von Aufgaben und Wesen einer Universität hingegen berück-

Gab es im Reich zu
viele Universitäten?

sichtigt, erweist es sich, dass diese Gründungen sinnvoll, durchaus lebensfähig und fruchtbar waren. Das unterschied eben die deutsche und niederländische Situation von der in anderen europäischen Ländern und kennzeichnet so erneut die Sonderrolle dieser Bildungsinstitutionen und -voraussetzungen. Es gab auf dem Boden des Reichs kein spezifisches Problem kleiner Universitäten. Immer hing es von den Beteiligten ab, wie sich die Verhältnisse gestalteten, und da konnten große und weiland berühmte Anstalten entschieden hinter zahlenmässig kleinen zurückstehen [199: HAMMERSTEIN].

5. Arbeiten zur Sozialgeschichte

Ganz andere Wege verfolgt die „Sozialgeschichte des deutschen Hochschulwesens" [36: PRAHL]. In den unruhigen Jahren nach der so genannten Studentenrevolte verfasst, die vom Muff von 1000 Jahren unter den Talaren sprach, interessierte Prahl die soziale Bedeutung der Hochschulen. Es ist die erste Arbeit dieser Art, die zuverlässig die historische Entwicklung und jeweilige Rolle in der Gesellschaft, aber auch die Binnendifferenzierung der Universitäten beschreibt. Universitäten seien notwendigerweise traditionsverhaftet und bis zu einem gewissen Grad gesellschaftsfern. Das habe ihnen eine sowohl privilegierte als auch prestigemächtige Stellung in der jeweiligen Gesellschaft garantiert, wenngleich sie immer nur eine elitäre Minderheitenposition innehatten. Im eigenständigen Gang der Wissenschaften, in ihrem Nutzen für die frühmodernen Territorien hätten sie ihren exklusiven, bis zu einem für damalige Verhältnisse erstaunlichen Grad freien Status sichern können. „Qualifikation, Innovation, Tradition und Legitimation" seien ihre Grundfunktionen über die Jahrhunderte hinweg gewesen. In der nachmittelalterlichen Zeit hätten sich die Universitäten freilich häufig in Dienst landesherrlicher Interessen begeben müssen. Die nachreformatorische Konfessionalisierung habe sie rigider Kontrolle unterstellt, die meisten zu engen Landesuniversitäten verkümmern lassen, was freilich nur bedingt zu der zuvor allgemein beschriebenen Einsicht passt. Hier gibt Prahl lediglich die ältere Sicht wieder, die noch nichts von den jüngeren Forschungen wissen konnte.

Ganz entschieden, aber zugleich in wenig solider Weise, tut das auch der Versuch eines Gesamtüberblicks über die deutsche Universität, die in verwandter politischer Absicht 1985 ELLWEIN [22] vorlegte. Auch er will im historischen Rückblick Antworten auf die damalige

Sozialgeschichte der Universitäten

Reformdiskussionen anbieten. Deswegen publiziert er zugleich eine Fülle von Dokumenten, ohne dass dadurch freilich die Urteile überzeugend und angemessen im Blick auf die frühmoderne Universitätsgeschichte geworden wären. Auf zumeist älterer Literatur beruhend bleibt die Darstellung eher oberflächlich, da ihr Autor gar nicht beansprucht – und sich die Mühe gemacht hätte – eigene Forschung wenigstens in Teilen zu betreiben.

Eine unvollendete Gesamtgeschichte

Wie ganz anders das sein kann, hat gerade das nachgelassene – und insoweit nicht vollständige – Werk BOOKMANNS [18] gezeigt. Zupackend und zuverlässig informiert es gesichert über Anfänge und frühen Ausbau der Universitäten, berücksichtigt nicht nur die institutionelle, finanzielle und soziale Seite, sondern charakterisiert knapp auch die wissenschaftliche Entwicklung. Nachdrücklich verweist Bookmann – in Übereinstimmung mit den Forschungen SEIFERTS [28], ZEDELMAIERS [103], BIAGIOLIS [109] – darauf, dass die spätmittelalterliche und die frühneuzeitliche Hochschule nicht „neues Wissen zu erarbeiten" trachtete, ihr vielmehr die Aufgabe zukam, das Bekannte zu bewahren und zu tradieren. Von daher ergibt sich verständlicherweise eine viel gerechtere Beurteilung dieser Anstalten als es in der älteren Literatur der Fall sein konnte, die eben diese früheren Universitäten gerne am Wissenschaftsverständnis des 19. Jahrhunderts maß.

Der Ablauf der deutschen Universitätsgeschichte

Für die Entstehung der spätmittelalterlichen Universitäten macht Bookmann mit R. C. Schwinges vor allem persönliche Beziehungen der Beteiligten aus. Die vergleichsweise kleine Gruppe damaliger Universitätsbesucher – vor allem der Auslandsstudenten – ließ vorgebildete elitäre Zirkel beim Aufbau modernerer Verwaltungs- und Ausbildungsinstitutionen zusammenwirken, sodass ein Moment des Zufalls bei Gründungen durchaus eine Rolle spielte [jetzt auch 387: SCHMUTZ]. Humanismus und noch entschiedener die Reformation hätten eine Bildungserneuerung bewirkt, die zu einem weiteren Ausbau auch der Universitäten geführt habe. Konfisziertes Kirchengut neben Mitteln des Landesherren habe auf neugläubiger Seite den Unterhalt ermöglicht, im katholischen Reich sei vorab der Landesherr eingesprungen, der sich aber ebenfalls kirchlicher Stiftungen bedienen konnte. Der Einfluss der Landesherren sei insgesamt gewachsen, da die Konfessionalisierung ebenso Aufsicht erzwang wie die Enttheologisierung der Studien und damit vieler Studierender. Auch bei den wenigen städtischen Universitäten sei stärkere obrigkeitliche Einflussnahme festzustellen. Auf protestantischer Seite habe zudem die Laiisierung der Theologen, ja der Professoren überhaupt, dazu geführt, einen neuen, vom katholischen Reich unterschiedenen Universitätstypus entstehen zu lassen: die Familienuniversität. Heirat und Kinder hätten häufig zur Vererbung von Lehrkanzeln geführt, insbesondere an kleineren Universitäten wie Gießen oder Greifswald. Sozialgeschichtlich, nicht jedoch im Blick auf das Lehrprogramm, sei ein Unterschied festzustellen, denn auch die Jesuiten – deren Bedeutung für die katholischen Anstalten klar dargestellt wird – seien einer humanistisch-christlichen Wissenschaftsauffassung verpflichtet gewesen.

6. DDR-Universitätsgeschichtsschreibung und ein österreichisches Bildungshandbuch

In der ehemaligen DDR, in der Universitätsgeschichte intensiver betrieben wurde als im Westen [vgl. die Nachweise in 26 u. 35], hat 1980 eines der üblichen Autorenkollektive eine gewollt wissenschaftspopuläre Gesamtdarstellung der deutschen, besser: einer unterstellten DDR-Universitätsgeschichte veröffentlicht, die als beste und gleichsam offiziell autorisierte Zusammenfassung der vielfältigen Arbeiten begrüßt wurde [41: STEIGER/FLÄSCHENDRÄGER]. „Marxistische Erberezeption" leite sie und danach stand fest, dass sie „unlöslich verbunden (ist) mit Klassenkämpfen". Nach bekanntem, dürftigem Schema erscheint die mittelalterliche Universität als Magd der – unaufgeklärten – Theologie, Humanismus und frühe Reformation als „frühbürgerliche Revolution". Die Folgezeit sah die Landesuniversität meist bescheiden und „ohne Sinn für theologische Auseinandersetzungen". Sie war ein „Institut zur intellektuellen Einengung". Ignatius als „spanischer Aristokrat" stärkte zwar den Kampfgeist der katholischen Universitäten, ermöglichte ihnen aber auf wissenschaftlichem Gebiet kaum Leistungen. Allein die Calvinisten – damals gleichsam links – erscheinen als Bannerträger „bürgerlich-fortschrittlicher" Gesinnung. 1986 ging der Altmeister und theoretische Kopf der DDR-Universitätsgeschichtsschreibung in einer knappen, überblickshaften Zusammenfassung dieser Forschungen vorsichtig zu solchen Positionen auf Distanz und zollte einem bis dahin verfemten Werk, demjenigen Kleineidams, als „Sonderleistung" Anerkennung [409: STEINMETZ].

Ebenfalls mit dem Anspruch, gut und leicht lesbar zu sein, ein breites interessiertes Publikum zu erreichen, tritt die mit vielen sprechenden Bildern ausgestattete Gesamtübersicht R. A. MÜLLERS an [351]. Anders als im Fall des Autorenkollektivs handelt es sich hier um eine zwar nur jeweils knapp beschreibende, jedoch wohl abgewogene,

Intensive Universitätsgeschichtsschreibung in der DDR

Ein allgemeinverständlicher Überblick

auf modernem Stand argumentierende Überblicksdarstellung. Die Genese der Universität wird im europäischen Rahmen erörtert, während mit dem Beginn der Neuzeit eine sinnvolle Einschränkung auf die deutsche Entwicklung eintritt. Die Eigenart dieser Entwicklung, nicht nationalstaatliches Interesse wie früher begründen diese Entscheidung. Müller beschreibt die institutionellen Strukturen in ihren Veränderungen, geht auf die soziale Rolle der Hochschulen, das Verhältnis von Professoren und Studenten ein, erwähnt auch das studentische Brauchtum und analysiert zudem, wenn auch jeweils kurz, die Lehrinhalte und Disziplinen. Klar zeigt der Verfasser die Entwicklung von der mittelalterlichen „Lehrkorporation" hin zur frühmodernen „Staatsuniversität", die Entscheidendes zum Auf- und Ausbau der Territorien und Städte des Reichs beitrug. Die damit einhergehende frühnationale Einengung begreift er keineswegs als „Niveauverlust", sondern als politisch und intellektuell unabweisbar. Nur so erkläre sich die Vielzahl und auch der Erfolg der deutschen Universitäten, die in Diensten ihrer Landesherren, aber auch über die eigenen territorialen Grenzen hinauswirkend, Grundlegendes zur Modernisierung der Gemeinwesen leisten konnten. Die Krise, die die Reformation für das Bildungswesen insgesamt gebracht habe, sei rasch und mit wichtigen Neuerungen überwunden worden. Insbesondere nennt er die Einrichtung von Gymnasien, also städtischen Vorbereitungsschulen und die Einführung von so genannten Lehrbüchern. Der Buchdruck erleichterte diese konfessionsübergreifende Praxis. Dieser Prozess erfasste auch die katholischen Anstalten, die von den Jesuiten erneuert wurden. Demzufolge kann bis zur Phase barocker Gelehrsamkeit nach 1648 kaum von einem Bildungsrückstand der katholischen Seite gesprochen werden.

Eine österreichische Geschichte der Bildung   Die für den hiesigen Zeitraum einschlägigen zwei ersten Bände des mehrbändigen Werks ENGELBRECHTS [23] stellen sowohl die Geschichte der Schulen wie auch die der Universitäten im heutigen Österreich dar. Dass diese Einschränkung hinsichtlich Spätmittelalter und Früher Neuzeit historisch zum Mindesten problematisch ist – das Gebiet war Teil des alsbald Heiliges Römisches Reich deutscher Nation genannten Gemeinswesens, dem österreichische Erzherzöge zudem als Kaiser, als Staatsoberhaupt (modern gesprochen) vorstanden –, weiß der Autor. Er betrachtet seine Darstellung – der „pädagogischen Historiographie" verpflichtet – denn auch als Beschreibung einer bildungshistorischen Region, die vielfach einer übergeordneten zeitgenössischen Entwicklung folge. In guter Kenntnis der Literatur analysiert er insbesondere das Schulwesen und fasst die Entwicklung der Universitäten auf Grundlage der Sekundärliteratur solide zusammen. Bei einem so umfänglichen Werk ist einem Einzelnen eine andere Verfahrensweise gar nicht möglich. Engelbrecht vermittelt also keine neue Sicht, sondern führt sorgsam – durchaus auch unter Berücksichtigung neuerer Forschungsergebnisse – durch die Bildungslandschaft des heutigen Österreich.

7. Neue Handbücher zur Universitätsgeschichte

Einen ganz anderen Zugang bevorzugen die ersten zwei Bände der Geschichte der Universität in Europa [37/38: RÜEGG]. Hier wird die Institution als eine europäische begriffen. Wenn sie auch nicht als einheitlich in ihrer jeweiligen einzelstaatlichen bzw. individuellen Entwicklung erscheint, wird doch ein Vergleich über Mittelalter und Frühmoderne erstrebt und darzustellen gesucht. Mehrere Autoren unterschiedlicher Nationalität schrieben die einzelnen Kapitel, die in allen – geplanten vier – Bänden dem gleichen Schema folgen.

Die Geschichte der Universität in Europa

Vier Großkapitel mit mehreren Unterkapiteln untergliedern jeden Band in Themen und Grundlagen, Strukturen, Studenten, Wissenschaft. Nach einem einleitenden Abschnitt zu Themen und Problemen werden die Grundlagen, also die Anzahl der Universitäten ihr Selbstverständnis, die Universität zwischen konkurrierenden Einrichtungen und die Veränderung der Universitätslandschaft abgehandelt. Im zweiten Teil sind es die Hochschulträger – Staat und Kirche vorab –, die Organisation und Ausstattung – Gebäude, Finanzen, Statuten etc. – und die Universitätslehrer. Unter „Studenten" werden Zulassungsvoraussetzungen, Studentenkultur, der Lebensweg von Studenten, ihre Mobilität, die *peregrinationes* dargestellt. Bei den Wissenschaften werden die Entwicklung der einzelnen Fakultäten und ihrer Disziplinen, die Lehrpläne, die wissenschaftlichen Revolutionen skizziert. Die soziale Rolle der Universität bildet, wie der Herausgeber schreibt, die Leitlinie. Darunter verstehen die Autoren die Gesamtheit des Verhaltens und der Handlungserwartungen der Beteiligten, die sich immer wertorientiert zu erkennen gaben.

Ihre inhaltliche Einteilung

Der erste Band über die mittelalterliche Zeit schildert zuverlässig und nüchtern die in der älteren Literatur gern gepriesene Phase des Entstehens und der ersten Blüte der europäischen Universität mit ihren zwei Universitätstypen – dem südeuropäisch-bolognesischen und dem Pariser bzw. Oxforder Modell. Sie wurden für alle späteren Gründungen vorbildlich und vielfach bindend, nahezu topisch in den Statuten

Der Mittelalterband

Die zwei Universitätstypen

der nachfolgenden Neugründungen erwähnt. Die deutschen Universitäten beginnend mit Prag (1347) folgten weitgehend und entgegen der statutarischen Berufung auch auf Bologna dem *modus Parisiensis*, also dem vier Fakultäten-Modell, der Magister- nicht der Studentenuniversität mit Kollegienwesen.

Das Schisma als Universitätsdatum

Uneingeschränkt steht für alle Beiträger fest, dass in der Zeit des Großen Schismas ab 1378 eine neue, besser: eine andere Stufe der in sich kontinuierlichen Universitätsentwicklung erreicht wurde. Die bislang theoretisch und z. T. auch tatsächlichen universalistischen Vorstellungen einer abendländisch-christlichen Einheit begannen hinter vermehrt regionalen, oder im Reich: territorialen Interessen, zurückzutreten [43: VERGER; 228: MORAW; auch 334: MERTENS]. Die Universitäten Europas entwickelten sich zu wichtigen „Ausbildungsstätten der intellektuellen Elite" und der führenden politischen Schichten ihrer Umgebung. Sie folgten dabei durchaus dem älteren, dem vorgegebenen Muster bei zugleich regionalem Einschlag [33: NARDI]. Das tangierte je unterschiedlich nach Land und Bedeutung der Hochschule Rolle, Aufgabe und Ansehen der Universitätslehrer selbst [412: VANDERMEERSCH].

Der veränderte Blick auf den sozialen Universitätskörper

Offen für jeden spiegelten die Universitäten trotz scheinbar gleicher formaler Voraussetzungen – Immatrikulation, Studienprogramm, scholastische Unterrichtsmethode, Studentenexistenz u. a. – die äußeren gesellschaftlichen Unterschiede der Zeit uneingeschränkt wider. Altersunterschiede, solche der Vorbildung, der Herkunft, der Familie, eines Klientelverbundes usf. blieben auch inneruniversitär entscheidend. Die ältere universitätshistorische Literatur hat diese Verhältnisse zumeist nicht wahrgenommen. Sie ging von einer ungefähren Gleichrangigkeit, einer gleichsam demokratischen Egalität der akademisch Gebildeten aus, erkannte auch nur bedingt die gravierenden Unterschiede zwischen den Fakultäten. Deren Gewicht und Ansehen bestimmten aber gleichermaßen Unterschiede und Status der Universitätsbesucher. Die artistische war zwar die größte, aber eben die unterste, die theologische galt als die höchste, die juristische jedoch als feinste bei anfänglich starker Tendenz zur Eigenständigkeit [am Beispiel Prags: 345: MORAW u. DERS. in 21], die erst die Landesherren des 15. und 16. Jahrhunderts unterbanden. Die medizinische Fakultät wiederum war numerisch die kleinste und sie wurde im Reich eigentlich erst im späten 15. Jahrhundert anerkannt [66: KIBRE]. Sie alle beanspruchten und besaßen einen eigenen Status, der sich in hierarchischen Abstufungen, Ordnungen und Sitten niederschlug. Es erscheint deshalb unmöglich, den einen Studenten auszumachen. Ebensowenig wie es einheitliche Zugangsvoraussetzungen gab [235: SCHWINGES], existier-

Es gibt nicht den Universitätsbesucher

ten allgemeinverbindliche Abgangsvorschriften oder Karrieremuster [u. a. 236: SCHWINGES, 94]. Weniger das Studium als solches als vielmehr der bereits vorhandene gesellschaftliche Rang entschied über Lebensweg und Karriere des Universitätsbesuchers. Und das blieb bis ins 16./17. Jahrhundert gleich [228: MORAW; 249: BAUR; auch 167: MORAW; 317: LINK; 387: SCHMUTZ].

Insoweit bestimmten – wie die Forschung der letzten 20 bis 30 Jahre ergab – „erhebliche Statusspannen" [235: SCHWINGES, 181] das Innenleben der Universitäten. Noch 1960 hatte GRUNDMANN in einer weithin wirkenden und akzeptierten Arbeit davon gesprochen [282], die Universitäten seien weitgehend von Gleichheit geprägt und verstünden sich als einheitlicher Personenverbund. Dieser fühle sich ausschließlich der Liebe zur Wahrheit und den Wissenschaften verpflichtet, unterscheide sich also grundsätzlich von der ihn umgebenden ständischen Welt. An dieser älteren Sicht hat die jüngere Forschung wichtige Korrekturen angebracht. Allein schon die sozialen Schranken zwischen den Fakultäten selbst und eben die der Herkunft der Studierenden ließen eine solche Struktur nicht zu [233: SCHWINGES, 288], von weiteren noch zu bezeichnenden Momenten einmal abgesehen. *Grundmanns These überholt*

Nach Schwinges Untersuchungen [etwa 235] können im Spätmittelalter fünf unterschiedliche Gruppen/Typen von Studierenden ausgemacht werden. Da ist der junge artistische Scholar zwischen 14 und 16 Jahren, der im Allgemeinen 1,8 Jahre verweilte und ohne Examen, das vor 1500 ohnedies selten war, sein Studium beendete. Eine Art Unterabteilung bildeten die *pauperes*, eine begrifflich keineswegs klar definierte und eher „schillernde" Gruppe. Immerhin stellen sie im 15. Jahrhundert 15 bis 20 Prozent der Studierenden, was ungefähr dem allgemeinen Pauperismus entsprach. Ihr Verhalten erscheint relativ unabhängig von dem ansonsten zu beobachtenden Studienverhalten, das zyklisch an Getreidepreisentwicklungen gebunden zu sein scheint [234: SCHWINGES]. Ihre Anzahl während des 15. Jahrhunderts nahm zu – ab den 1480er Jahren sei gar von einer „Überfüllungskrise" an den Universitäten auszugehen –, die *pauperes* seien aber nicht mehr als christliches Objekt guter Werke des Almosengebens, sondern als zunehmend lästig betrachtet worden. Von Seiten der Universitäten erfuhren sie keinerlei soziale Förderung oder Stützung, in dieser Zeit ohnedies ein fremder Gedanke. Sie bevorzugten große Städte – Köln, Wien, Leipzig, hier waren 70 Prozent immatrikuliert – und mieden die damals teuren wie Erfurt oder Rostock, eine Prestigeuniversität wie Ingolstadt. Sie waren wenig mobil, allenfalls ein Viertel wechselte die Universität, und strebten wenigstens eine einfache Graduierung als Bakkalar an. Sie *Die fünf Studententypen*

Die pauperes

lagen da mit acht Prozent vor den übrigen *artes*-Studenten, den *simplices*. Erreichten sie gar einen höheren Grad, waren ihre „Karriereaussichten" gut, hatten sie doch eine einflussreiche Klientel, eine „familia" gefunden [Zahlen in: 233, 206]. In ihrem Studium übernahmen sie vielfältige Dienstleistungen als Abschreiber, Tutoren, Präzeptoren, Diener juristischer *studiosi* usf. Auch außerhalb der Hochschule verdingten sie sich, was in den Großstädten natürlich leichter war. Ihre bevorzugte Aufnahmeinstitution blieb im 15. Jahrhundert die Kirche, waren die Universitäten wenn auch nicht kirchliche, so doch noch immer kirchennahe Institutionen [235: SCHWINGES, 186; ferner auch 227: KINTZINGER; 222: DIRLMEIER; 232: SCHUBERT].

Graduierende Artisten   Eine weitere Gruppe bildeten diejenigen, die einen Magistergrad erstrebten. Manche von ihnen studierten danach in einer der höheren Fakultäten, gehörten dann zu den knappen 2 bis 3 Prozent der „Fachstudenten", die eine Universitätslaufbahn einschlugen bzw. eine andere hoch angesehene Tätigkeit übernahmen. Sie bevorzugten – insbesondere die Juristen – meist süddeutsche oder italienische und französische Universitäten. Die Universitäten im nördlichen Reich – ohnedies dünner besetzt – galten als weniger vornehm.

Dass Universitäten untereinander nicht gleich sind, wusste auch die ältere Forschung. Jedoch hat die intensivere Beschäftigung mit

Die deutschen Universitäten als eine Art eigener sozialer Typ   ihrer sozialen Rolle dazu geführt, hier klarer voneinander abzugrenzende Typen zu erkennen. So sind die deutschen Universitäten insgesamt nur noch bedingt mit den großen – und reichen – Anstalten des „älteren Europa" [228: MORAW, 249] zu vergleichen. Sie entwickelten sich zu einer Art drittem Modell zwischen dem *modus Bolognensis* und dem *modus Parisiensis*. Ihre territorialstaatliche Ausrichtung und auch Indienstnahme – im 15. Jahrhundert beginnen sie wichtig für Fürsten und Städte zu werden [u. a. 210: SCHNUR; 254: BLACK; 387: SCHMUTZ] –

Das Problem der Regionalisierung   führte sie jedoch keineswegs in Provinzialität und Unfruchtbarkeit. Selbst der Umstand, dass der Einzugsbereich sich zunehmend regional verkleinerte, dürfe nicht wie früher als Verengung angesehen werden. Statt Enge spricht die Forschung heute von „Nähe", der überhaupt nichts Pejoratives anhaftet [212 u. 235: SCHWINGES; 167: MORAW]. Es konnte infolge vieler Einzelanalysen ferner mit relativer Sicherheit festgestellt werden, dass die meisten Studenten aus Städten kamen, wenngleich es auch dörfliche *studiosi* gab – bis 15 Prozent mitunter [240 u. 422: WRIEDT, 226: JARITZ; 225: HÄFELE].

Während der erste Band dieser europäisch orientierten Universitätsgeschichte auf insgesamt besseren und auch sozialhistorisch inzwischen gut erschlossenen Forschungsergebnissen aufbauen konnte, betrat der zweite entschieden weniger gesicherten Boden. Gewiss konnte insgesamt von der älteren Ansicht eines Niedergangs der frühmodernen Universitäten verglichen mit dem Mittelalter Abstand genommen werden [wie noch bei 30: HEUBAUM; 31: KAUFMANN; 20: COING; 362: PETRY etwa]. Aber über sehr viele Anstalten ist nach wie vor kaum Näheres bekannt, da die Quellen vielfach erst noch zu sichten sind, die jeweiligen Verhältnisse noch erforscht werden müssen. Der Forschungsstand erwies sich nach Ländern als recht unterschiedlich und so war es für den gesamteuropäischen Aspekt nicht immer leicht, zu einem tragfähigen Urteil zu gelangen. Gleichwohl liegt mit diesen Bänden für unseren Zeitraum ein verlässlicher, den derzeitigen Wissensstand widerspiegelnder Führer zu den unterschiedlichsten, heutzutage wichtigen Aspekten der Geschichte der Universität in Europa vor.

Die Frühmoderne eine Zeit universitären Niedergangs?

Es zeigte sich, dass mit Beginn der Neuzeit – für das Reich mit der Territorialisierung der Hochschulen während des Ausbaus der Landesherrschaft im 15. Jahrhundert und dann im Zuge von Humanismus und Reformation – die Anpassung an die gesellschaftlichen Bedürfnisse der Zeit entschieden besser und effektiver gelang als zuvor im Mittelalter [38: RÜEGG; 198: HAMMERSTEIN]. Das stärkte Anerkenntnis, Wertschätzung und soziale Stellung der Institution, ließ sie als wichtigen Teil fürstlicher Obsorge und Politik erscheinen. Europaweit übernahm der Humanismus eine wichtige Funktion, die auch durch die folgende Konfessionalisierung, das Ende der ideel einheitlichen *respublica christiana* nicht aufgehoben wurde. Bildung, Wissen, Vorbildung galten hinfort gerade auch für die Elite in den weltlichen wie kirchlichen Gemeinwesen als Voraussetzung, ja Pflicht. Die Bildungsinstitutionen selbst profitierten davon und die soziale Rolle der Geistlichen und der „Staatsdiener" verschoben sich. Nicht mehr der abgehobene, dem Wissen verpflichtete, häufig geistlich bepfründete Gelehrte [344: MORAW], sondern der vorgebildete Diener des „engeren oder weiteren Gemeinwesens, (...) der Gemeinde oder des Staates" [224: FRIJHOFF, 68] entstand, der auch auf die praktischen Bedürfnisse seiner Umwelt zu achten lernte. Das Ideal des *poeta et orator* wandte sich auf seine Weise weg von der früheren philosophischen Deutung der abstrakten Sprachgeheimnisse hin zum schönen und praktischen Gebrauch in der Öffentlichkeit, am Hof, in Zirkeln, an den Universitäten selbst [52: BROCKLISS, 456].

Bessere Anpassung an die Zeitbedürfnisse

Neue Wertschätzung von Bildung

Das in der älteren Literatur im Blick nicht zuletzt auf die Wirkung des Humanismus gern bemühte Nebeneinander der zwei Kulturen – mitunter als ein Gegeneinander dargestellt – kann nach den jüngeren Forschungen nicht mehr uneingeschränkt angenommen werden [38:

Keine zwei Kulturen im Humanismus

RÜEGG II, Einleitung]. Auch die Disziplinen des *quadriviums* – also die naturwissenschaftlichen und die medizinischen in ihren Grundlagen – erschienen Humanisten und Universitäten notwendig und sinnvoll, was etwa auch die Arbeiten von SCHÖNER [389] und WUTTKE [423] zeigen. Solche Tätigkeiten mussten sich zwar auf antike Vorbilder stützen, sich von da ableiten und legitimieren: Sie konnten zugleich aber in der Sicherheit antiker Autorität und Legitimität gleichsam unausgesprochen neu sein. Dies „neu" verstand sich – auch nach dem überseeischen Ausgriff, nach Kolumbus – vorübergehend als eine Art Überwindung scholastischen Schulbetriebs, was etwa die zahlreichen Publikationen einer *nova methodus* zeigen. Zugleich wurden damals wichtige Anregungen für ein fortentwickeltes Natur- und Völkerrecht in analoger Antwort auf die Herausforderungen der neuen Welt formuliert, die bis hin ins 17. Jahrhundert die Grundlage für diese neuen Materien boten [84: REIBSTEIN]. Wissenschaften und Universitäten wurden auf diesem Weg weiter mundanisiert, da der nachweisliche Erfolg dieser Kenntnisse und Rechtsmaterien die innerweltliche Nützlichkeit des Wissens zu bestätigen schien [101: WIEACKER; 38: RÜEGG, 30–50]. Dadurch wurde zugleich ein professionelleres Selbstverständnis der Universitäten und ihrer möglichen zusätzlichen Aufgaben gefördert, wenn sie auch nicht mehr das alleinige Wissens- und Bildungsmonopol behielten. Andere Orte der Bildung und wissenschaftlicher Beschäftigung – Akademien und vor allem Höfe – kristallisierten sich neben ihnen aus, ganz so, wie es die Humanisten forderten [109: BIAGIOLI; 170: MÜLLER]. Auf Reichsboden freilich behielten die Hochschulen auch hinfort ihre frühere, herausgehobene Stellung als Orte der geistigen Selbstvergewisserung, flankiert von einigen auf diesem Gebiet herausragenden Höfen [153 u. 289: HAMMERSTEIN].

Auch in der Frühen Neuzeit gab es eigentlich keine Berufe – modern gesprochen –, die einen akademischen Grad voraussetzten. Insoweit hielt sich die bereits ältere Praxis, dass ein Studium qualifizieren konnte, soziale Netzwerke und Beziehungen aber eher karrierefördernd waren [204: MORAW]. Die akademischen Grade selbst differenzierten sich weiterhin, sie zu erlangen folgte meist anderen als beruflichen Überlegungen, galten sie doch kaum als Ausweis spezifischer Qualifikation [224: FRIJHOFF, 288]. Sie zeigten eine herausgehobene allgemeine soziale und kulturelle Fähigkeit an, die zwar empfahl, aber ganz im Sinne der Humanisten erst zusammen mit dem Gesamteindruck und dem Rang einer Person zur Anstellung und Förderung führte. Da eine Graduierung in den höheren Fakultäten im Allgemeinen recht teuer war, verhinderte auch dieser Umstand einen breit gestreuten Erwerb

Marginalien:

Verweltlichung von Wissenschaften

Graduierung

des Doktorats. Indem ein solcher Grad aber immaterielle wie unmittelbar materielle Vorteile bringen konnte – Einzeluntersuchungen zeigen das – entschlossen sich dann doch einige für diese Quelle sozialer Rechte und Privilegien [eine Zusammenstellung der Dissertationsdrucke in 32: MUNDT u. 202: HORN]. Nicht selten war es dann üblich, an teuren Universitäten zu studieren, an billigen zu graduieren [224: FRIJHOFF: 295; 235: SCHWINGES; 206: MÜLLER]. Die im 15. Jahrhundert begonnene Inanspruchnahme insbesondere von vorgebildeten Juristen in städtischen und territorialen Ämtern und Tätigkeiten setzte sich dadurch weiterhin fort.

Abgesehen von dem durch die Reformation verursachten Einbruch der Studentenzahlen, erwies sich das 16. Jahrhundert als eine Zeit großer Vitalität mit erneut steigenden Immatrikulationen. Selbst das Adelsstudium – und dementsprechend die *peregrinationes* – nahm zu. In Padua, wo der päpstlich vorgeschriebene Eid auf katholische Rechtgläubigkeit umgangen werden konnte, sind in der zweiten Hälfte des 16. Jahrhunderts über 6000 deutsche Studenten auszumachen [237: DI SIMONE, 241–257]. Erst mit dem Beginn des Dreißigjährigen Krieges – und nicht schon im Gefolge der Konfessionstreitigkeiten – traten hier gravierende Veränderungen ein. Diese wenigstens in Teilen offenen Studienbedingungen, insbesondere der Juristen, konnten sich nicht mehr halten.

> Kein andauernder Einbruch der Studentenzahlen

Inzwischen wird die Reformation und der damit einhergehende allgemeine Konfessionalisierungsschub nicht mehr als eine generelle Abkehr von weltlichem Wissenschaftsverständniss, als ein Einbruch des Humanismus, eine umfassende Retheologisierung gesehen. So richtig es ist, dass im Entstehen neuer Konfessionen eine stärkere Hinwendung der Universitäten zu theologischen Positionen stattfand, so wenig darf nach der breiten jüngeren Forschung – wie sie das Handbuch von RÜEGG [38] zusammenfasst – übersehen werden, dass eben der Einfluss und die hohe Bedeutung der Jurisprudenz an den Universitäten des Reichs ein wichtiges Moment weltlicher, mundan-humanistischer Vorstellungen und Normen am Leben erhielt. So dominierte auch der klerikale Habit des *artes*-Scholar und des Theologiestudenten rein optisch nicht mehr die Universitätsorte, der laikale *honnête homme* erschien ganz im Sinne der Humanisten keineswegs als etwas Ungewöhnliches. Bürgertum und Adel assimilierten zunehmend den Akademikerstand, der in seinen mannigfachen Betätigungen bis hin zu mittleren Stellen [224: FRIJHOFF, 308] attraktiv und anerkannt wurde.

> Nur bedingte Konfessionalisierung der Wissenschaften

Gleichwohl verblieb die Studentenschaft so etwas wie ein eigener Stand mit eigener Alltagskultur. Gerade bei Festen und Zeremonien –

> Der Student weiterhin ein eigener Stand

aber nicht nur dann – zeigten sich die zunehmend in der Stadt lebenden, für die Einwohner wirtschaftlich meist ergiebigen *studiosi* als eigenständige und eigenartige Gruppe, die in sich freilich so heterogen blieb wie während des Spätmittelalters [230: MÜLLER, 277–285]. Dass zugleich versucht wurde, Lehrformen und Lehrbetrieb stärker zu reglementieren – nicht zuletzt die Landesherren hatten daran Interesse, um zuverlässig Vorgebildete zu erhalten –, widerspricht nicht diesem Befund.

Ähnlich wie die Geschichte der Universität in Europa [37, 38] sucht das Handbuch der deutschen Bildungsgeschichte, dessen erster Band [28] den hier behandelten Zeitraum betrifft, den Ertrag der bisherigen Forschung zusammenzufassen. Schon darin liegt Neues, gibt es doch bisher keinen vergleichbaren Versuch. Auch diese Bände folgen über die Jahrhunderte den gleichen Fragestellungen, haben insoweit vergleichbare Kapitel. Sie richten ihr Augenmerk nicht allein auf Schul- und Hochschulwesen, sondern behandeln auch alltags- und lebensweltliche, mediengeschichtliche und institutionelle Dimensionen von Ausbildung, Erziehung und Wissen.

Ein Handbuch deutscher Bildungsgeschichte

Der hier vor allem relevante Beitrag von A. SEIFERT [398] referiert kurz die Anfangszeit der Universitäten und Schulen, setzt aber, da es um die deutsche Bildungsgeschichte geht, im Spätmittelalter ein, um von da in die Frühe Neuzeit überzuleiten. Vieles muss noch offen bleiben, wenngleich Seifert mit seinem herausragenden eigenständigen Forschungsbeitrag selbst viele Lücken füllt. Sowohl das Schulwesen wie auch die Hochschulen erfahren eine über Bisheriges hinausweisende Darstellung.

Der fundamentale Wandlungsprozess der Bildungsinstitutionen am Beginn der Frühmoderne

Wie bereits das Handbuch zur Geschichte der Universität in Europa konstatiert auch Seifert einen „fundamentalen Wandlungsprozess" der Bildungseinrichtungen zu Beginn der Frühen Neuzeit. Zum einen erkennt er ihn in der zunehmenden staatlichen und gesellschaftlichen Funktionalisierung von Bildung und Wissenschaften. Im Unterschied zu Anderen bewertet er diesen Vorgang aber keineswegs als Verschlechterung. Von einem Niedergang der Wissenschaften, einer Zerstückelung oder Trivialisierung des Wissens gar zu reden, kommt für ihn nicht in Frage. Zum andern habe sich die deutsche Universitätsentwicklung im Zuge von Humanismus und Reformation von der west/europäischen getrennt. Damals nämlich habe bereits der Aufstieg der artistischen Fakultäten eingesetzt, wie er dann in Berlin 1810 in der Gleich-, ja Vorrangstellung der Philosophischen Fakultäten paradigmatisch für das 19. und frühe 20. Jahrhundert festgeschrieben wurde. Die üblicherweise mit Humboldt verbundene Neueinrichtung der Universitäten und Wissenschaften beginne also entschieden früher, reiche ins 16. Jahrhundert zurück. Im übrigen Europa hingegen sei das spätmittelalterliche Regenzsystem der Artisten weitgehend erhalten geblieben. Allein in Deutschland ordneten sich die artistischen Fakultäten in einer den oberen Fakultäten vergleichbaren Art: in Professuren und Lehrkanzeln.

Rolle und Wirkung des Humanismus liegen für Seifert in der Verankerung eines besser ausgebauten Schulwesens und in der Einsicht in die Notwendigkeit einer Vorbildung für die Elite in Staat und Kirche. Die Unterschiede zwischen Neu- und Altgläubigen schätzt er geringer als früher üblich ein, folgten doch nach dem Tridentinum beide Seiten den gleichen Bildungsvorstellungen bei zwar unterschiedlichen Akzentsetzungen aber eben vergleichbaren Zielen. Die vorgebildete Minderheit – denn mehr war es nie während dieser Jahrhunderte – habe auf geistigem Gebiet stilbildend und verändernd gewirkt, habe den Wert entsprechender Institutionen dauerhaft veranschaulichen können. Die Neugründungen wie auch die weitere Förderung der bestehenden Anstalten deuteten darauf hin, dass Schulen und Hochschulen als unverzichtbare und nützliche *armamentaria reipublicae et ecclesiae* angesehen worden seien. Ihre Wirkung, ihre Erfolge waren zugleich solche gelehrter Anstrengung, wissenschaftlicher Bemühungen, theoretischer Reflexion. Gewiss erscheinen und blieben diese Jahrhunderte eher statisch-bewahrend. Das Gewohnte, das Traditionelle hatte einen selbstverständlichen Wert und bestimmte das Leben. Die ständisch fest gegliederte Ordnung der Gesellschaft, der Gemeinwesen stützte und förderte diese Grundbefindlichkeit, der wiederum die Auffassung der sehr kleinen Minderheit der Gebildeten entsprach, der Kosmos des Wissens sei vorgegeben, in sich geschlossen, müsse freilich jeweils neu ergründet und vermittelt werden [auch 103: ZEDELMAIER].

Außer der vor allem von Seifert hervorgehobenen Besonderheit der deutschen Universitätsentwicklung mit der eigenständigen Rolle der frühmodernen artistischen Fakultäten beschreibt die Forschung ferner den Umstand, dass auf Reichsboden die Hochschulen die gesamte Frühneuzeit über die wichtigsten und wirkmächtigsten Orte geistiger Selbstvergewisserung, intellektueller Auseinandersetzung und stilbildender Diskurse waren. Während in den meisten anderen europäischen Ländern die Universitäten über bestimmte Ausbildungs- und Bildungsaufgaben hinaus kaum Bedeutung besaßen [für England vgl. die mehrbändigen Universitätsgeschichten zu Oxford 15: ASTON, zu Cambridge 19: BROOKE, für Frankreich 42: VERGER], schon gar nicht allgemeine geistige Orientierung vermittelten oder als Repräsentanten des Wissens

Der Humanismus als Bildungsreform

Der Sonderweg deutscher Universitätsentwicklung

und Zeitgeistes gelten dürfen, war dies im Heiligen Römischen Reich das Übliche [398: SEIFERT; 289 u. 295: HAMMERSTEIN]. Von einer kurzen Phase im 17. Jahrhundert abgesehen, zu Beginn der Frühaufklärung bzw. des frühen Absolutismus in den Territorien – der Dreißigjährige Krieg und seine Folgen waren mitverursachend – hatten die Universitäten neben und vor den Höfen den entscheidenden Anteil an der Formulierung und Festlegung dessen, was der jeweiligen Zeit Wissen, Bildung und Denken bedeutete. Das umfasste immer auch die zeitübliche allgemeineuropäische Diskussion der *respublica litteraria*, fand aber nicht in der (fehlenden) Hauptstadt, in gelehrten Zirkeln, Akademien, Salons statt, sondern verblieb in den Universitäten und Semiuniversitäten [vgl. auch 285 u. 293: HAMMERSTEIN]. Das hielt die Anstalten wach und sogar lebendig, ließ sie – nicht zuletzt als Volluniversitäten – besser und wichtiger sein als ihre europäischen Schwestern, die für kürzere, meist aber lange Zeit relativ bedeutungslos vor sich hin vegetierten [52: BROCKLISS]. Nur als Graduierungsinstitutionen und gelegentlich als spezielle Ausbildungsanstalten für ein oder zwei Fächer hatten sie dort eine Existenz. Sie trugen darüber hinaus nicht allzuviel zur geistigen Orientierung und Wissenskultur ihrer Gemeinwesen bei. Allein in der Schweiz und in den Niederlanden – unter Einschluss des weltoffenen Amsterdam – gab es vergleichbare Verhältnisse wie im Reich.

Von anderen Schwerpunktsetzungen und Fragestellungen ausgehend kommt auch BOEHM in ihrer konzisen „Einführung" [16] zu dem nützlichen Handlexikon der Universitäten zu diesem Ergebnis. Ohne eine „Hochschulgeschichte im Überblick geben" zu wollen – was es erfreulicherweise indirekt doch wird – verweist sie auf „Grundbegriffe, Epochen, Zäsuren". Die Idee der Universität bezeichnet Boehm zurecht als eine „originäre Schöpfung des abendländischen Mittelalters". Ihre Privilegien – gerichtlicher und wirtschaftlicher Schutz, Graduierungsrecht –, die Lehrordnung, die Universitätsverfassung insgesamt seien von Anbeginn an bis ins 20. Jahrhundert relativ konstant geblieben. Allein der dank Papst und Kaiser anfänglich universalistische Zuschnitt sei einer einengenden „Nationalisierung" gewichen, insbesondere im Fall deutscher Gründungen als Landesuniversitäten. Das habe zugleich einen gewissen Qualitätsverlust bedeutet, was eben den Weg vom universalistischen Mittelalter zum frühmodernen Territorialstaat kennzeichne. Diese Auffassung widerspricht unter Hinweis auf die im Reich schon immer gegebene obrigkeitlichen Zuständigkeit u. a. HEISS [297], und folgt damit OBERMANN [360], der von einem in der Zeit liegenden und insoweit notwendigen „Funktionsverlangen" gesprochen hatte.

Die Sicht eines Universitäts-Handlexikons

Qualitätsverlust der nachmittelalterlichen Universität?

Als Zäsuren erkennt Boehm die gleichen, die auch bei den Handbüchern Rüeggs und Seiferts genannt werden. An der „Schwelle zur Neuzeit" sind es der Universalien- bzw. Wegestreit [hierzu 87: RITTER] und der Humanismus, die dann in Reformation und Gegenreformation – wenn auch unter z. T. gegensätzlichen Prämissen – fortentwickelt werden. Boehm spricht dabei von der „überkonfessionellen Kraft humanistischer und religiöser Erziehungsideale", die in beiden „Konfessionsgroßräumen auffallende Analogien" gezeitigt hätten, ganz wie sie es in ihren vielen weiteren wichtigen Abhandlungen zur Bildungsgeschichte tut [vgl. jetzt 328: MELVILLE].

8. Wissenschaftsgeschichte, Geschichte von Disziplinen

8.1 Rechtsgeschichte

Hilfreich und wichtig für die Entwicklung des Wissens und der Bildung sind ferner Darstellungen zur Wissenschaftsgeschichte bzw. der Geschichte einzelner Disziplinen. Sie beschreiben mit am zuverlässigsten den Gang des Denkens und die innere, die kognitive Entwicklung der Universitäten und ihrer Wissenschaften. Da sie zumeist größere Zeiträume bzw. die geschichtliche Entwicklung eines Fachs über einen längeren Zeitraum beobachten, ergänzen sie zugleich die allgemeineren universitätsgeschichtlichen Werke. Sicherlich fehlen auf vielen Gebieten jüngere Abhandlungen einzelner Disziplinen, jedenfalls im Hinblick auf die Anforderungen, die an moderne wissenschaftsgeschichtliche Untersuchungen zu stellen sind. Das trifft insbesondere für naturwissenschaftliche und z. T. auch medizinische Materien zu. Dafür wurden andere, wie die Historiografie, die Altertumswissenschaften, die Philologien, die Staatswissenschaften, die Jurisprudenz häufiger und seit langem in ihrer historischen Entwicklung beschrieben. Wenn auch manche der älteren Darstellungen nicht unbedingt zeitgemäß sind, behalten sie als Nachschlagewerke und zuverlässige Bibliografien ihren unverzichtbaren Wert [so z. B. 53: BURSIAN; 95: STINTZING].

Darstellungen der Wissenschaftsgeschichte

Die Rechtsgeschichte ist zumeist eine Geschichte von Juristen und ihren Lehrmeinungen und das bedeutet seit dem Spätmittelalter zugleich Geschichte von Universitäten, an denen die Studenten und Lehrenden tätig waren und lernten [387: SCHMUTZ, 12]. Daher enthält das Handbuch der Quellen und Literatur der europäischen Privatrechtsgeschichte [20] einen eigenen großen Abschnitt „Wissenschaft", in dem

Die Rechtsgeschichte

Coings institutio-
nengeschichtlicher
Ansatz

Abstieg der nach-
mittelalterlichen
Jurisprudenz

Die Jurisprudenz als
gemeineuropäisches
Erbe

Eine besondere
Rechtsmaterie des
Heiligen Römischen
Reichs

die juristischen Fakultäten der europäischen Universitäten – also auch die deutschen – in ihrem Lehrprogramm, ihrer Ausstattung, Zusammensetzung und ihrer historischen Entwicklung dargestellt werden. Das 16. und das 17. Jahrhundert waren nach COING anders als das Hoch- und Spätmittelalter „im allgemeinen keine wissenschaftliche Blütezeit der Universitäten". Gewiss habe die mittelalterliche Vorgehensweise, wonach der Unterricht streng nach dem Aufbau der autoritativen Rechtsquellen gegliedert war, Schwierigkeiten beim Verständnis zusammengehöriger Materien zur Folge gehabt. Zugleich habe das Verfahren aber die „großartige Einheit der mittelalterlichen Jurisprudenz" dokumentiert, dem Unterschiede etwa zwischen privatem und öffentlichem Recht sekundär gewesen seien [20: 33 f.]. Dass dagegen die neuere Zeit eine Gliederung nach Sachzusammenhängen erstrebte, sich an eine Art erster Systematisierung versuchte, wertet Coing zwar als Verbesserung, aber auch als Beginn einer Herauslösung einzelner Sachgebiete aus einem einheitlich Ganzen. Die Einheit des älteren Rechts war damit vorüber. Allenfalls im *usus modernus pandectarum* habe sich während des späten 17. und 18. Jahrhunderts eine gesamteuropäische Diskussionsebene erhalten.

Diese europäische Gemeinsamkeit betont auch WIEACKER [101]. Er erkennt eine kontinuierliche Fortentwicklung dieser Einheit seit der Begründung des *ius civile* in Bologna. „Sie wurde infolge der methodischen Gleichförmigkeit und Internationalität der Juristenbildung auch durch die Mannigfaltigkeit der örtlichen Partikularrechte (...) nicht beeinträchtigt" [Ebd., 18]. Erst mit dem aufgeklärten Absolutismus und später dem Nationalstaat verlor sich diese Einheitlichkeit. Sie macht es erklärlich, dass sich insbesondere Rechtsstudenten auf eine *peregrinatio academica* begaben und im „Ausland" leicht ihr Studium vervollständigen konnten. Die Rezeption des römischen Rechts, der Humanismus und die Reformation als eigentümliche, neue Einflussfaktoren, der *usus modernus* und dann das Vernunftrecht sind Großabschnitte, die in unserem Zusammenhang auch wichtige Beschreibungen der wissenschaftlichen und geistigen Entwicklung in den juristischen Fakultäten enthalten.

Ein Spezifikum der Rechtsordnung des Heiligen Römischen Reichs deutscher Nation hat STOLLEIS abgehandelt: das *Jus publicum Romano-Germanicum* [96]. Diese Reichsrechtslehre entstand im späten 16. Jahrhundert durch Ausgliederung aus dem privatrechtlichen Umfeld. Ein öffentliches Recht trat neben das *ius civile*. Momente der *philosophia practica* – also der Ethik und der Politik –, der aristotelischen und neustoischen Herrschafts- und Fürstenlehren, des Tacitismus und der Souveränitätsdiskussion bereiteten während des 16. Jahrhunderts für diese neue juristische Materie den Boden [173: OESTREICH; 59: ETTER]. Danach eignete dem Reich, diesem eigentümlich antiquiert-universalistischen Gemeinwesen, ein spezifischer öffentlich-rechtlicher Charakter, der es von den übrigen europäischen Staaten unterschied [auch 286: HAMMERSTEIN]. In der spannungsreichen politischen Situation im Vorfeld des Dreißigjährigen Krieges mauserte sich diese wissenschaftliche, z. T. an Universitäten, z.t in den fürstlichen und städtischen Ratsstuben geführte Diskussion zur neuen Disziplin des *Jus publicum*. An den Hochschulen oblag ihr Vortrag zumeist dem Primarius, dem ersten Professor der juristischen Fakultät.

Stolleis stellt diese Entwicklung „primär als Literaturgeschichte der wissenschaftlichen Erfassung, der dogmatischen Durchdringung und Systematisierung" dar, als „Wissenschaftsgeschichte" eben. Entsprechend seiner hohen Praxisrelevanz erhielt diese Materie rasch besonderen Wert für Kaiser und Reich, für alle Territorien also. So wurde sie nicht nur an Universitäten, sondern vielfach an Höfen, Gerichten, in der Praxis selbst fortentwickelt und verfeinert. Seit dem frühen 17. Jahrhundert an einigen wenigen Universitäten vertreten, eroberte sie dann rasch die neugläubigen Anstalten, griff aber erst zu Beginn des 18. Jahrhunderts auf das katholische Reich über, was hier nicht mehr zu schildern ist [dazu 382: SCHINDLING]. Die nicht nur für die juristischen Fakultäten bedeutsame Rolle dieser insgesamt wissenschaftsreformierend wirkenden Disziplin – sie verjüngte noch während des Dreißigjährigen Krieges die *curricula* mancher anderer Fakultät – ist inzwischen anerkannt [62: HAMMERSTEIN; 113: DREITZEL]. Früher nicht beachtet, erwies sich ihre Wiederentdeckung als eine der Ursachen für die insgesamt gerechtere und positivere Beurteilung der deutschen Universitätsgeschichte der Frühen Neuzeit. Die wichtige Rolle dieses Fachs für eine Enttheologisierung bzw. Mundanisierung der Wissenschaften ermöglichte es bereits während des Krieges, inmitten konfessionell-politisch aufgeheizter Atmosphäre, Auswege und ausgleichende Lösungsmöglichkeiten zu eröffnen und so zur Vorbereitung des Friedenskompromisses beizutragen. Nach dem Friedensschluss war das *Jus publicum* dann endgültig eine etablierte Disziplin. Es war beträchtlich daran beteiligt, in der zweiten Hälfte des 17. Jahrhunderts die meisten juristischen Fakultäten der protestantischen Universitäten zu den führenden Anstalten vor den bislang bestimmenden theologischen zu machen. Diese neue Wertigkeit der Wissenschaften hielt sich bis ins 19. Jahrhundert. Die zwar immer schon „feinste" Fakultät wurde damals also zur Ton angebenden, was allein schon am Gehalt ihrer Professoren abzulesen war,

Universitätsreformierende Kraft des Jus publicum

und erlangte schließlich methodische Auswirkungen auf die anderen Disziplinen. Auch hier zog im 18. Jahrhundert das katholische Reich nach [283: HAMMERSTEIN]. *Jus publicum*, Naturrecht und Cameralistik waren diejenigen Materien, die die nächste Universitätsreform bestimmten und die Anstalten über die Aufklärung hinweg lebensfähig, produktiv und orientierungsstiftend sein ließen [101: WIEACKER].

8.2 Geschichte der Medizin

Die Geschichten der Medizin sind keine der medizinischen Fakultäten

Allgemeindarstellungen zur Geschichte der Medizin von der Antike bis (zumeist) in die jeweilige Gegenwart begegnen uns seit sehr langer Zeit häufig. Sie zeigen an, dass das Fach sich gern als alte, schon immer existierende Disziplin begriff, die sich über die Jahrhunderte, wenn z. T. auch zögerlich, fortentwickelte. Früher war es üblich, ähnlich wie bei Darstellungen zur Geschichte der Naturwissenschaften und Technik, diese Entwicklung als zunehmenden Fortschritt aufeinander aufbauender Erkenntnisse, also forschungsgeleiteter Erfolge zu schildern. Inwieweit sie die medizinische Ausbildung an Hochschulen bestimmte, schien im Allgemeinen wenig interessant, und so bieten diese Überblickshandbücher nur gelegentlich bzw. nur am Rande Einsicht in die Praxis medizinischer Universitätslehre. Diese war keineswegs praktisch ausgerichtet. Wie alle Wissenschaft war sie theoretisch, Buchwissenschaft. SCHIPPERGES [89] fasst denn auch die Zeit bis etwa 1700 als Zeit scholastischer Medizin zusammen, der dann eine empirische Ära gefolgt sei. Bis dahin hätten nicht einmal die bedeutenden Entdeckungen Vesals – wie später die Harveys – Eingang in den nach wie vor von Galen und Hippokrates beherrschten Unterricht gefunden. Wie das konkret bei einem weithin wirkenden Gelehrten aussehen konnte, schildert TOELLNER [132].

Die relative Unfruchtbarkeit medizinischen Unterrichts

Nach DIEPGEN [54] hingegen erfuhr das scholastisch geprägte Studium im 16. Jahrhundert eine Ergänzung, die hin zu einer anschaulicheren Ausbildung geführt habe. Vesal habe die Anatomie gefördert, es sei zur Einrichtung erster anatomischer Theater gekommen. Botanische Gärten seien in der zweiten Hälfte des 16. Jahrhunderts als Heilpflanzenorte angelegt worden, die ersten in Italien und sodann auch 1551 in Königsberg, 1580 in Leipzig, 1593 in Heidelberg.

Krankenhäuser verbesserten kaum den Unterricht

Die „moderne Kunst" der Grafik habe – wie ACKERKNECHT [47] argumentiert – die Kenntnis der Organe, des Körperbaus, der Pflanzen verbessert bzw. veranschaulicht. Die Einrichtung von Krankenhäusern habe – zuerst in Padua und ab 1636 in Leiden – einen Unterricht am Krankenbett ermöglicht. Freilich, die Universitäten „verharrten im allgemeinen mittelalterlichen Weltbild und passten sich den wissenschaftlichen Fortschritten der Zeit nicht an" [Ebd., 89].

Ein wenig anders stellt ECKART [56] die Entwicklung dar. Dass der Humanismus die ältere Kommentarliteratur und damit den Umweg über die Araber vermied und zu den Autoritäten direkt zurückging, habe insgesamt zu besseren Kenntnissen geführt. Dadurch habe das theoretische und selbst das praktische Gesundheitswesen einen Schritt nach vorn getan. Im 17. Jahrhundert hätten es neue Verifikationsverfahren sodann erlaubt, über diesen Stand hinaus zu gehen, sich noch stärker von den antiken, schriftlichen Autoritäten zu lösen. Der übliche medizinische Universitätsunterricht hingegen sei von Ausnahmen abgesehen weiterhin in den gewohnten Bahnen verlaufen.

Der Humanismus half der Medizin

Leicht modifiziert gegenüber all den vorgestellten allgemeinen Medizingeschichten argumentiert LICHTENTHAELER [72]. Auch für ihn bedeutete der Humanismus die Abkehr von den Arabern, verstanden sich diese Professoren und Ärzte doch als Antiaverroisten, ohne diesen Meister freilich völlig entbehren zu können. Die Wiederentdeckung der ursprünglichen antiken Quellen – zunächst mittels der Kompilation Celsus' – erlaubte den medizinischen „Renaissannts" (wie er diese Gelehrten nennt) praxisorientiertere Arbeit zu leisten. Vesal habe über 200 Irrtümer Galens korrigiert und sich, wie dann auch Harvey, als großer neuzeitlicher Erneuerer der griechischen Medizin erwiesen. Sie hätten keinen Bruch mit ihr, vielmehr eine behutsame Verbesserung der Tradition erstrebt. Die Zwecke und Absichten der Natur seien erfragt worden, Autopsie neben die Autoritäten der überlieferten Schriften getreten, wobei jeweils der Neuerer die Beweislast für die Richtigkeit und Unbedenklichkeit seiner Theorien habe tragen müssen. Denn die hippokratisch-galenische Medizin sei nach wie vor unangetastet geblieben, was eben diese akademischen Ärzte von Chirurgen, Badern, Klosterärzten, Apothekern und Scharlatanen abgegrenzt habe. Die medizinischen Fakultäten seien insoweit und trotz zeitbedingter Anpassungen grundsätzlich konservativ geblieben.

Die Beschreibung der Allgemeinbedingungen medizinischer Unterweisung und Ausbildung bietet für den universitären Einzelfall, die dortigen Fakultäten und ihr Programm begreiflicherweise kaum konkretere Hinweise. Allein Spezialuntersuchungen können daher Aufschluss über die jeweiligen Verhältnisse geben. Sie sind aber nicht gerade zahlreich, für fast alle Universitäten des Heiligen Römischen Reichs deutscher Nation fehlen jüngere Darstellungen, von TRIEBS [411] Arbeit zu Helmstedt abgesehen. Wenn sie sich vor allem mit den Dissertationen beschäftigt, bringt sie dennoch weiterführende Erkennt-

Mangelnde Untersuchungen zu einzelnen medizinischen Fakultäten nisse über die dort stark geförderte Fakultät. Allein in Frankreich sind die medizinischen Fakultäten in jüngerer Zeit gut erforscht worden. Allerdings erleichterten die anderen Verhältnisse dort eine solche Arbeit, aber auch für die Zustände im Reich wäre ein solcher Versuch mehr als notwendig und an der Zeit.

Gegen die vorherrschende Meinung, die Universitäten hätten zum Emporkommen der modernen Medizin und Naturwissenschaften kaum etwas beigetragen, die *scientific revolution of the 17th century* verdanke ihnen nichts, wendet sich entschieden PORTER [83]. Wenn er auch eher italienische und westeuropäische Verhältnisse im Blick hat und außer den medizinischen auch die artistischen Fakultäten untersucht, so lassen sich seine Argumente doch auch auf deutsche Universitäten anwenden. Danach wäre es gewiss „absurd, die Universitäten für die wissenschaftliche Revolution verantwortlich zu machen" [Ebd., 436]. Aber, sie hätten der Wissenschaft nicht nur die Existenzgrundlage geboten, sondern auch dank des Kontakts manchen Studenten mit „großen Forschern eine lebendige Einführung in die Naturphilosophie" erlaubt. Die Universität der Frühen Neuzeit – also auch die des 16. Jahrhunderts – sei „der Lebensfaden jeder wissenschaftlichen Laufbahn" [Ebd., 437]. Der Unterricht in anatomischen Theatern etwa habe zu wichtigen Neuentdeckungen geführt, wobei bezeichnenderweise Ärzten, die in Italien zwischen 1450 und 1650 studiert hätten, der höchste Anteil zukomme, bevor dann auch Montpellier und Leiden das ihre dazu beigetragen hätten. Schließlich sei ohne das an Universitäten vermittelte „wissenschaftliche Denken" der Fortgang dieser Wissenschaften undenkbar. Auch hätten sie die dafür „unerläßlichen Hilfsmittel" zur Verfügung gestellt.

Eine entschieden positivere Einschätzung des universitären Beitrags zur modernen Medizin (margin note)

8.3 Protestantische Theologische Fakultäten

Die theologischen Fakultäten protestantischer Universitäten ebenfalls eher unerforscht (margin note)

Nicht besonders gut sind auch unsere Kenntnisse der theologischen Fakultäten in der vorgetragenen und vermittelten Universitätslehre. Zwar gibt es vielfältige Literatur zu einzelnen Professoren und ausgezeichnete theologische Lexika wie Religion in Geschichte und Gegenwart, Theologische Real-Enzyklopädie, Lexikon für Theologie und Kirche oder zuverlässige Handbücher der Dogmen- und Theologiegeschichte wie ANDRESEN [14] oder JEDIN [29]. Aber wie die medizinischen Überblicksdarstellungen verstehen auch sie sich in erster Linie als Geschichte der Lehrmeinungen und Dogmen, des theologischen Disputs und Arguments. Auf diese Weise fällt zwar viel Licht auf bestimmte universitäre Verhältnisse und Lehrauffassungen, ohne freilich eine detaillierte Übersicht über die einzelnen Fakultäten und ihre entsprechende Zuordnung zu den jeweiligen innerkonfessionellen Richtungen ersetzen zu können.

Die Auflösung der ideell gedachten Einheit des orbis christianus schuf in den neuen Konfessionen der Katholiken, der Lutheraner und Reformierten – und ihren unterschiedlichen Untergruppen – zum ersten Mal grundsätzlich divergierende und sich polemisch abgrenzende „Theologien". Ihre Kontroversen wurden früher meist als unergiebige und uninteressante Schullehrstreitigkeiten abgetan. Für die Universitäten, den Fortgang der Wissenschaften seien sie unoriginell und unfruchtbar gewesen. Die jüngere Forschung hat hier inzwischen andere Positionen bezogen. Am einheitlichsten erscheint – wie es die ältere „katholische" Geschichtsschreibung zutreffend aber wenig folgenreich beschrieben hat [145: Duhr; 332: Merkle] – die katholische Seite (dazu unten mehr).

Die Entstehung unterschiedlicher Theologien

8.3.1 Probleme der Zweiten Reformation

Scheinbar recht geschlossen nehmen sich aber auch Lehre und Inhalte an den reformierten Hochschulen aus. Bestimmte Grundtexte und theologische Grundüberzeugungen galten in der Tat – unbeschadet möglicher Fortbildung und modifizierender Neuansätze – reichsweit als verbindliche Grundlagen. Dazu gehörte der Heidelberger Katechismus (1563) und häufig auch die Kurpfälzer Kirchenordnung. Die Pfalz wird dank Universität und Hof durchgehend als intellektuelles Zentrum der reformierten Glaubensrichtung auf Reichsboden charakterisiert [365: Press; 417: Wolgast; 280: Goeters]. Zugleich hat die neuere Forschung darauf hingewiesen, dass regionalen Einflüssen und Voraussetzungen mehr Gewicht zukam bzw. zukommen konnte denn ideologischen [vgl. die Beiträge in 181: Schilling]. Menk spricht auf dem Gebiet der Wissenschaft und Dogmatik gleichwohl von einem „deutlich supraterritorialen Zug" [331: 88], was kein Widerspruch zu sein braucht. Sicherlich war das im institutionellen Aufbau der Lehre der Fall. Inhaltlich blieb es jedoch bei „einer beachtlichen Spannbreite" calvinistischer Positionen – wie wiederum Menk argumentiert – was zu erheblichen „Spannungen" geführt habe. Den Calvinisten fehlte eben – und zwar auf internationaler wie auf nationaler Ebene – eine „zentrale Instanz", die als Regulativ hätte wirken können. Dass daneben freilich politische Bedingungen, Status und Gewicht eines Territoriums eine nicht unerhebliche Rolle spielten, hat Hotson [117] gezeigt. Ramus konnte in der für die Religionspolitik des Reichs eher randständigen Grafschaft Nassau-Oranien rezipiert, ja vorgeschrieben werden. Die kurfürstliche Pfalz hatte hier anderen Optionen zu folgen, sodass in

Die Theologie an reformierten Hochschulen

Heidelberg als reformiertes Zentrum

Gewicht regionaler Traditionen

Heidelberg ganz wie an lutherischen Universitäten und deren Territorien die Lehren Ramus' auf Ablehnung stießen.

Die Fortentwicklung der lutherischen Reformation zur reformiertcalvinistischen wird gern als „Zweite Reformation" beschrieben. Das ist nicht ganz unumstritten [die beste Übersicht in 181: SCHILLING], wohingegen die Feststellung konsensfähig scheint, dass die Reformierten von der Notwendigkeit guter Ausbildung überzeugt waren. Übereinstimmung herrscht auch darüber, dass diese fortgeführte Reformation von den Fürsten und ihren Höfen – also den führenden Räten – weiter getrieben wurde, man wie etwa im Falle Heidelbergs von einem „Calvinismus aulicus" sprechen muss [418: WOLGAST]. Das trifft auch für die Gründung der Semiuniversitäten in Burgsteinfurt, Zerbst [260: CASTAN] und Herborn [329: MENK] zu wie auch für Beuthen [271: FECHNER]. Freilich stellte SEIDEL [130: 239 ff.] den „Universitätscharakter" dieser freiherrlichen Schule in Frage, was aber den gemeinten Zusammenhang nicht berührt. Bei Marburg und Frankfurt/Oder, die als Volluniversitäten bereits bestanden als sie sich zur reformierten Seite wandten, waren gleichermaßen die Landesherren die treibenden Kräfte wie analog die Stadtmagistrate in Bremen, Danzig, Elbing [vgl. die entsprechenden Beiträge in 181: SCHILLING]. Immer ging es auch darum, die Bildung im Territorium anzuheben, sollte ein Calvinist doch wissen, warum und was er glaubte [124: MOLTMANN; 291 u. 293: HAMMERSTEIN]. Diese Zweite oder Fürstenreformation zielte – wie herausgearbeitet wurde – nicht von ungefähr auf eine allgemeine Erneuerung christlichen Lebens in Staat und Kirche [125: MOLTMANN]. Sie sollte auch mittels einer anerzogenen Kirchenzucht umgesetzt werden [MÜNCH in 181: SCHILLING; 117: HOTSON]. Diese Zielsetzung richtete sich zuerst gegen Papst und Jesuiten, aber auch gegen die den Reformierten zu traditionalistischen Lutheraner [insgesamt 280: GOETERS]. Das zeigte sich u. a. im Streit über die Abendmahlslehre, die Christologie, in dem um die Ubiquität, also die reale Allgegenwart Christi ging, bei dem „die Lutheraner glaubten und die Reformierten dachten" [162: LEUBE, vi].

Die „besondere Bildungsfreudigkeit" des Calvinismus, in der manche „sein hervorstechendstes Merkmal" sähen, trifft für SCHORMANN [439] „im Reich nur beschränkt zu" (Ebd., 309). Freilich beschäftigt er sich vor allem mit dem Elementarschulwesen, das aber nach Auffassung anderer [182: SCHMIDT] gerade seitens der Reformierten besondere Pflege erfahren habe. WOLGAST wiederum spricht mit Blick auf die reformierte Heidelberger Universität um 1600, die gern auch als „Drittes Genf" apostrophiert und als ein Zentrum des Späthumanismus dargestellt wird, von „originalem Epigonentum oder von Alexandrinismus auf hohem Niveau" [417].

Für GARBER [277; 279 u. öfter] zeichnen sich diese Jahre zwischen 1570 und 1620 dadurch aus – und nicht nur in Heidelberg –, dass der Humanismus wie in keiner anderen Phase seiner Geschichte eine „bedeutende öffentliche Geltung" besessen habe und er entschieden politisiert gewesen sei. Es sei dies den Calvinisten zu danken, die denn auch die Hauptträger dieses Späthumanismus gewesen seien. Sie hätten das „Bewußtsein der Gefahren" am deutlichsten wachgehalten, die „von dem erstarkten nachtridentinischen Katholizismus" ausgingen, und neue politische Alternativen entwickelt, die häufig „republikanische Orientierung" erkennen ließen. Nicht von ungefähr gehörten die Calvinisten zu den Beförderern der europäischen „Sozietätsbewegung", bei der Garber gar demokratische Momente im absolutistisch-monarchischem Umfeld erkennen zu können meint. Diese Interpretation erscheint als extensive Weiterführung der Auffassung OESTREICHS [173], wonach den Reformierten eine genuine Nähe zur monarchomachischen Doktrin eigne, Neustoizismus und Calvinismus benachbart seien. Oestreich übersah freilich die nicht nur von DREITZEL [55] aufgezeigte Vereinbarkeit von reformiert-politischer Theorie und Absolutismus, etwa bei Keckermann und auch Althusisus.

Calvinismus, Humanismus und Antiabsolutismus

Reformiert-späthumanistische Kreise hätten – wie im Falle der Heidelberger Gelehrten und Poeten um 1600, eines Zincgref, Schede Melissus, auch Opitz, so Garber – „die Artikulation in der deutschen Sprache" einzuüben gesucht, „weil nur so der gegenreformatorischen und speziell der jesuitischen kulturellen und ideologischen Offensive wirkungsvoll, und das hieß umfassend begegnet werden konnte, die sich bekanntlich weitgehend im Medium des Latein vollzog" [in 181: SCHILLING, 331].

Die Rolle der Muttersprache

Zu einer anderen Beurteilung des Lateingebrauchs der Späthumanisten – diesmal der wenig jüngeren Straßburger um Johann Heinrich Boecler – kommt u. a. KÜHLMANN [68]. Die politisch-geistige, meist juristisch vorgebildete Führungselite an Höfen und Universitäten hätte sich nach wie vor und selbstverständlich dieser Sprache bedient. „Latein war aber offenkundig nicht nur – vorläufig noch – internationale Verkehrssprache, erst recht Sprache der Wissenschaft, es war auch Arkansprache, in deren Schutz man offener, an ein abgegrenztes Publikum sich wendend, über die ‚arcana' der Fürstenherrschaft reden konnte", in diesem Fall des so genannten Tacitismus. In Anlehnung an den römischen Historiker – und bei Nichtnennung des geächteten, aber mitgemeinten Machiavelli –, wurden damals an vielen Hochschulen

Eine andere Deutung des Gebrauchs des Deutschen

Fragen erörtert, die sowohl die öffentliche Ordnung wie auch den Vorrang des Politischen vor dem Konfessionellen zum Gegenstand hatten. [59: ETTER; auch 77 u. 78: MUHLACK].

Die sehr weitgehende, um nicht zu sagen extreme Position Garbers ist zwar mehr als umstritten. Sie stützt sich aber auf den auch von anderen Autoren hervorgehobenen Umstand, dass die Reformierten in ihrer Theologie relativ offen, gelegentlich bis hin zu einer irenischen Grundhaltung [253: BENRATH] argumentierten. Abgeschlossene „Corpora doctrinae" wie die anderen Konfessionen kannten sie nicht und dem Wissenschaftsverständnis eignete eine eigentümlich rhetorisch-(spät)humanistische Komponente. Allein das 1555 für den pastoralen Nachwuchs in Heidelberg eingerichtete *Collegium sapientiae* mit seinen 70 bis 90 Stipendiaten wich davon aus einsichtigen Gründen ab, setzte auf strenge Aufsicht und Ordnung [419: WOLGAST]. „Bene loqui, bene ratiocinari, bene numerari" galt als Ziel [124: MOLTMANN], oder wie es in den Statuten für Beuthen hieß: „Duo enim proximi et immediati (…) studiorum sint fines: cognitio rerum et facultas bene dicendi" [13: VORBAUM, 111].

Dass gleichwohl nicht von einem eigenen Lehrsystem, einer typischen reformierten Universität bzw. Semiuniversität gesprochen werden kann, erscheint nach diesen Arbeiten relativ sicher. Allenfalls der institutionelle Aufbau der Semiuniversitäten mit Klasseneinteilung, Fehlen von Fakultäten und Einheitssenat stellt eine Eigentümlichkeit dar. Die mangelnde Privilegierung führte zu dieser Lösung, die von ferne aber wieder an bestimmte Seiten des jesuitischen Lehrprogramms erinnert. Allein bei bestimmten theologischen Positionen ergeben sich Unterschiede, während die allgemeine wissenschaftliche Orientierung – und das bei allen Konfessionen – ungefähr vergleichbar war.

Keine abgeschlossenen Lehrmeinungen der Reformierten

8.3.2 Konfession und Literarizität

Höhere Literarizität der Neugläubigen?

So trifft auch das ältere Urteil, wonach der Protestantismus generell das Lesen und damit literarische Techniken befördert habe, in dieser Zuspitzung wohl nicht zu. Die ursprünglich erwünschte Lektüre der Heiligen Schrift, die dies bewirkt haben soll, wurde alsbald nicht mehr generell gefördert und empfohlen. Die Bibel wurde im Allgemeinen sogar nur noch an Theologen und Obrigkeiten verkauft. Für das breite Volk, den „gemeinen Mann", genügten Auswendiglernen oder sporadisches Lesen der jeweiligen Katechismen [148: GAWTHROP/STRAUSS]. Ähnlich wie auf katholischer Seite [158: JULIA] lag auch bei der evangelischen der Akzent auf dem pastoral kontrollierten Lesen [144: CHARTIER]. Eine gleichsam voraussetzungslose Lektüre der Heiligen Schrift ließ nämlich die Gefahr subjektiven Verstehens und weiteren Sich-Auseinander-Entwickelns der Gläubigen befürchten. Bereits zu Luthers Lebzeiten – in den 1520er Jahren [195: ZEDELMAIER] – wurde diese Gefahr beschworen und das führte auf allen Seiten folgerichtig zur Einführung von Religionseiden [184: SCHREINER].

8.3.3 Lutherische Theologie und die *artes*

Bei den Lutheranern gab es keine reichsweit einheitliche Entwicklung der theologischen Lehrmeinung, wie noch die Gründerväter gehofft hatten. Schon früh hat die Forschung erkannt, dass der Einzelfall, also eine bestimmte Universität für die Beurteilung wichtig sind und nur bedingt generalisiert werden kann. Nun fehlt es aber häufig an solchen Untersuchungen. Insofern erscheint der „Forschungsstand" eher unzureichend, wenngleich es viele zuverlässige und wichtige Abhandlungen zu den unterschiedlichen Lehrmeinungen gibt. Allerdings fehlt der Versuch einer zusammenfassenden und ordnenden Darstellung der Entwicklung unterschiedlicher theologischer Inhalte an den evangelischen Fakultäten des Reichs. Folglich wird hier versucht, den derzeitigen Forschungsstand der Universitäts- und Bildungsgeschichte referierend wiederzugeben.

> Die Vielfältigkeit lutherischer Theologie und ihr im Blick auf die Universitäten unzureichender Forschungsstand

Luther bezog gegen Aristoteles Stellung, aber nicht prinzipiell. Er zielte auf dessen Physik, Metaphysik, Ethik sowie die Schrift *de anima*, in der von der Endlichkeit der Seele gesprochen wurde [86: RISSE I, 80]. Die aristotelische Logik, Rhetorik und Poetik sollten getrost weiterhin – wenn auch nicht an Hand der üblichen Kommentare – gelehrt werden. Dafür schuf Melanchthon als *Praeceptor Germaniae* die Grundlagen für die meisten Disziplinen. [115: HARTFELDER; 123: MAURER; 107: BEYER]. Indem er die *artes* eng an die Theologie heranführte, hatte dies eine Konfessionalisierung dieser Wissenschaften zur Folge [281: L. GRANE; 251: BENRATH]. Da er die Theologie als *sapientia* andererseits nachdrücklich auf die humanistisch verstandenen *artes* verwies, band er sie zugleich in ein auch dem Straßburger Universitätsreformer Johannes Sturm geläufiges und selbstverständliches Ideal einer *sapiens et eloquens pietas* zusammen [380 u. 383: SCHINDLING]. Den neugläubigen Universitäten schien damit – wie früher gern argumentiert wurde [39: SCHEEL; 362: PETRY] – eine theologische Bestimmung aufgegeben. Jedoch wird inzwischen darauf verwiesen [u. a. 281: GRANE], dass dank des Festhaltens an Voll-, also an Vier-Fakultäten-Universitäten auch die zwei weiteren „oberen" Fakultäten der Medizin und vor allem der Jurisprudenz im Lehrverbund der Hochschulen verblieben und dadurch für die zukünftige Entwicklung ein nicht unwichtiges laikales Element retteten. Bezeichnenderweise sollte denn auch von den juristischen Fa-

> Melanchthons Reform der *artes*

> Neue Bewertung der Theologisierung

kultäten nach 1648 die Überwindung theologischer Bevormundung der Wissenschaften ausgehen [382: SCHINDLING], was alsbald die katholischen Universitäten erfasste [353: MÜLLER].

8.3.4 Loci communes und Konkordienformel

Melanchthons *loci*-Methode schafft neue Gattung evangelischer Dogmatik

Melanchthons Methode der *loci* wurde früher gern als ein unzureichendes Ausweichen vor der Strenge der Logik beurteilt [180: RITTER]. Allein schon die Benennung als Dialektik [dazu 86: RISSE I, 17; 93: SEIFERT, 113 f.] kennzeichne dies von der klassischen philosophischen Tradition abweichende Verfahren. Inzwischen ist deutlich, dass Melanchthons Methode in den weiten Zusammenhang humanistischer Methodenbemühungen gehört [über diese 60: FRANKLIN; 61: GILBERT]. Auf eine nichttheologische Weise haben die *loci communes* zukunftsweisend eine nichtscholastische Begründung und wissenschaftliche Vorgehensweise ermöglicht, die dann wieder offen für strengere, metaphysisch gebundene Argumentation sein konnte [64: JOACHIMSEN; 48:BAUER, 48 ff.]. Wenn auch einige Arbeiten nicht unzutreffend darauf verweisen, dass manche dieser Probleme bereits im spätscholastischen Unterricht erkannt und diskutiert worden seien [360: OBERMANN; 93: SEIFERT], so hat doch dieser „ciceronianische Rhetorismus" [86: RISSE I, 33] eine durchaus neue, seinerseits Vorläufer wie Agricola oder Caesarius fortführende, langfristig stilbildende Methode gebracht [126: SCHEIBLE, Einleitung; 107: BEYER/WARTENBERG]. Dadurch entstand nicht nur eine neue Gattung evangelischer Dogmatik [90: SCHMIDT-BIGGEMANN], sondern auch die Grundlage für eine Vielzahl weiterer Handbücher wie das Martin Chemnitz' 1553, Balthasar Mentzers 1608 oder Johann Gerhards 1610, die jeweils als Grundbücher der evangelischen Lehre angesehen werden müssen. Gemeinsam mit der Kirchengeschichte hatten die *loci* u. a. auch den Nachweis zu erbringen, dass die protestantische Lehre alt und ehrwürdig sei, auf das Urchristentum, ja auf das Alte Testament zurückgehe [118: KAUFMANN]: „ut iuniores videant" – wie es in den Wittenberger Statuten von 1546 hieß – „doctrinam ecclesiarum nostrarum consensus esse purioris antiquitatis et verae ecclesiae Dei" [162: LEUBE, 258].

Die mangelnde Einheitlichkeit protestantischer Lehre

Dieser Erfolg der neuen wissenschaftlich-rationalen Methode garantierte freilich nicht die von vielen erhoffte Einheitlichkeit der lutherischen Konfession. Die Krise der Neugläubigen nach der Niederlage im Schmalkaldischen Krieg (1547), die gerade ihre bisher führenden Territorien Kursachsen, Hessen, Württemberg erfasste, führte zum Versuch, auch mittels einer neuerlichen Bildungsreform und Bildungsanstrengung die desolate Lage zu überkommen [175: PRESS]. Tatkräftig trat diesmal der württembergische Herzog Christoph (1550–1568) hervor. Er bestimmte seine Landesuniversität Tübingen, gleichsam federführend dafür zu sorgen, eine gemeinverbindliche Lehrmeinung zu sichern. Eine Reform der Theologischen Fakultät 1561 sollte das Vorhaben erleichtern [363: PILL-RADEMACHER, 191 ff.]. Der neu berufene Universitätskanzler und Professor Jacob Andreae [110: BRECHT] hatte sich, unterstützt von weiteren Tübinger Theologen, dieser Aufgabe anzunehmen, und trotz beträchtlicher Schwierigkeiten gelang es ihm, eine territorienübergreifende *formula concordiae* als lutherische Lehrmeinung zu entwickeln [248: BAUR; 122: MAGER]. Als sie 1577 verkündet wurde – 1580 ergänzt durch ein so genanntes Konkordienbuch [163: MAGER] – führte das an den Universitäten, deren Landesherr dieser Übereinkunft beigetreten war, dazu, von den Professoren und Graduierenden einen Eid auf diese Bekenntnisschriften zu verlangen [184: SCHREINER]. In einer Zeit, in der Religion und Politik nichts Getrenntes war, galt das ebenso als selbstverständlich, wie Zensur und Listen verbotener Bücher (auf katholischer Seite der *Index prohibitorum librorum*) – und zwar für alle Konfessionen [274: FRANZ; 149: GILMONT]. Häufig waren dabei die Landesuniversitäten selbst bzw. ihre Theologischen Fakultäten die eigentlich „steuernden Instanzen" [371: RUDERSDORF, 153; 138: BREUER, 23 ff.].

Neue Reformbemühungen nach der Niederlage im Schmalkaldischen Krieg

Die Konkordienformel

8.3.5 Die protestantische Schulmethaphysik

Die sich vehement zuspitzenden Diskussionen zwischen Reformierten und Lutheranern, aber auch der Lutheraner untereinander verlangten nach tragfähigen Argumentationshilfen. Die gerade verworfene Schulmetaphysik als ontologische Letztbegründung bot sich dafür an. Ab ca. 1590 traten denn auch metaphysische Traktate, besser Lehrbücher – denn dies war im Allgemeinen ihre literarische Form – ans Licht. Lange Zeit wurden sie als philosophisch und theologisch wenig belangvolle Texte, als absonderliches Theologengezänk abgewertet. Erst mit TROELTSCH [134] setzten Versuche ein, die seit dem späten 17. Jahrhundert bereits diffamierte Schulmetaphysik als philosophische und/oder theologische Disziplin ernster zu nehmen, wenn sie auch vorab als modifizierte Fortbildung melanchthonischer Positionen – und theologisch insofern unerheblich – angesehen wurde.

Die Notwendigkeit einer tragfähigen Metaphysik

Gut ein Jahrzehnt nach Troeltsch interpretierte sie WEBER [98] als wichtige Übergangserscheinung der philosophischen Diskussion zwischen Mittelalter und Neuzeit, die letztlich in Kant münde. In Fortführung reformatorisch-theologischer Positionen habe sie nichts mit der katholischen Neo-Scholastik zu tun, eine Auffassung, die in analoger

Einflüsse der spanischen Neo-Scholastik des 16. Jahrhunderts?

Weise PETERSEN 1921 [82] unterstützte. Diese aristotelische Philosophie des protestantischen Deutschland habe von den Flachheiten Melanchthons weggeführt und in Leibniz wie später in Kant eine genuine deutsche Form des Denkens erreicht. Es gehöre in die Vorgeschichte des deutschen Idealismus und unterscheide sich charakteristisch – was im Sinne der Weimarer Zeit „positiv" gemeint war – vom französischen und englischen Geist. Allenfalls in der von Petersen zwar gesehenen, aber nicht begrüßten Übernahme spanisch-spätscholastischer Momente offenbare sich ein Fehlweg.

Unterschiedliche
Bewertungen

Hiergegen wandte sich 1935 LEWALTER [71] gegen ESCHWEILERS [58] Deutung des spanischen Einflusses auf die protestantische Schulmetaphysik, indem er zum einen zwar diese Philosophie als wichtige eigene Phase auf dem Weg zu Kant gelten ließ, aber die eigenartige und neue ontologische Begrifflichkeit, die sich von der vorherigen logischen bezeichnend abhebe, als genuine Leistung charakterisierte. Es sei um letztbegründete Texterklärungen, nicht mehr um (humanistisch-rhetorische) Textauslegung gegangen. Die Spanier hätten dabei eine wichtige und anregende Funktion gehabt, wenn sich auch die deutsche Schulmetaphysik nur als Ergänzung zur Offenbarung begriffen habe. Für Lewalter fiel die Geschichte der Philosophie im 17. Jahrhundert mit der Universitätsgeschichte zusammen.

Die führende Position mitteldeutscher Universitäten in der „Schulmetaphysik"

Noch detailierter analysierte WUNDT [102] diese Schulmetaphysik, die in einem strengen Sinne als Schulwissen gelten kann. Sie habe vor allem an den mitteldeutschen Universitäten Helmstedt, Wittenberg, Jena und Gießen wichtige Positionen der lutherischen Theologie abgesichert. Nach Reformation und Humanismus sei sie die erste eigenständige philosophische Bewegung gewesen, die zwar nicht eigentlich als Forschung zu qualifizieren sei, aber wichtige Begriffe und Positionen benannt habe, die z.B. in Westeuropa unbekannt geblieben seien. Wundt charakterisiert sie als Barockphilosophie, die dem Protestantismus lutherischer Prägung eigentümlich gewesen sei. DREITZEL [113] schließt sich diesem Befund an. Er misst dem Umstand, dass der Erfolg der jesuitischen Lehrmethode unübersehbar gewesen sei und dies z.T. deren erneuerter Scholastik zugerechnet wurde, wichtige Anregung und Impulse bei. Gerade dort wo – wie in Helmstedt – das philosophische Interesse stärker als das theologische gewesen sei, sei die Rezeption der Spanier selbstverständlich erschienen [Ebd., 62 ff.].

Neuere Analysen der lutherischen Scholastik

Andere neuere Arbeiten – etwa SPARN [94] – bestätigen und verfeinern den früheren Befund. Die Wertschätzung der Metaphysik sei noch im 16. Jahrhundert in sich ein Novum. Das sei nötig gewesen, um über die melanchthonischen Positionen – vor allem seine Dialektik –

hinauszukommen, ohne freilich seinen Bildungskanon dabei aufgeben zu müssen. So sei eine Neubegründung lutherischer Theologie möglich gewesen. Weniger in der Notwendigkeit interkonfessioneller Abgrenzung und letztbegründender Argumentation als vielmehr aus innerwissenschaftlichen methodologischen Entwicklungen heraus sieht LEINSLE [70] das Aufkommen dieser lutherischen Schulphilosophie. Sie verdanke vor allem Logik und Methodologie ihre Blüte um 1600, also wissenschaftsimmanenten Abläufen. Hierbei hätten sowohl – wie wiederum Sparn betont – der italienische Renaissance-Aristotelismus eines Jacobo Zabarella wie auch die spanische Spätscholastik – vor allem Suarez – wichtige Hilfen und Ideen an die Hand gegeben. Einige Autoren hätten sich ferner auf die im Tridentinum scheinbar wiederbelebte vorreformatorische Scholastik gestützt. Freilich seien sie weniger Thomas von Aquin, auch nicht der vorhumanistischen Scholastik in ihrer engen, an Aristoteleskommentaren geschulten Auslegung von Gottes Wort und Offenbarung gefolgt. Vielmehr orientierten sie sich in Nachahmung Suarez' an einer Methode, die die neuen gereinigten Texte Aristoteles' zur systematischen Ordnung der Wissenschaft des Seins vom Seienden (der Metaphysik) nutzten [71: LEWALTER, 28 f.]. Es handele sich – wie etwa der Helmstedter Cornelius Martini lehrte – um eine ergänzende vernünftige Tätigkeit zum Wort der Bibel [102: WUNDT, 55 f.; 321: MAGER] Im so genannten Hofmannschen Streit über die „doppelte Wahrheit" von Philosophie und Theologie, im Abendmahlstreit, beim viel erörterten Problem einer Ubiquität Christi – umstritten zwischen Reformierten und Lutheranern – verhalfen diese metaphysischen Positionen zu vermeintlich gesicherten Aussagen [86: RISSE I, 184 f.; 122: MAGER].

Die Rolle des „Hofmannschen Streits"

8.4 Katholische Theologische Fakultäten

Für die katholischen Hochschulen war die Bestimmung der theologischen – und artistischen – Lehre und Lehrmeinungen entschieden einfacher als im protestantischen Umfeld. Nicht nur die zentrale Ausrichtung dieser Kirche auf Rom, das faktische Ausbildungsmonopol, das im Reich der Jesuitenorden innehatte, garantierte hier relativ große Einheitlichkeit [354: MÜLLER]. Sind die Ausbildungsziele und -absichten der Jesuiten beschrieben, sind auch die Lehrgegenstände, die Lehrinhalte und die Praxis der Unterweisung weitgehend erfasst. Die ältere Literatur hat dementsprechend den Orden als recht monolithische Größe gezeichnet, die von ihm bestimmten Schulen und Hochschulen als gleiche und vergleichbare Institutionen dargestellt [z.B. 34: PAULSEN;

Die Einheitlichkeit katholischer Hochschulen ist die der Jesuiten

39: SCHEEL]. So einheitlich wie dieses Programm sich entsprechend der *ratio studiorum* ausmachte, so homogen schien der jesuitische Lehrkörper dieser Universitäten. Die *ratio* schrieb schließlich auch die Ausbildungsstufen ihrer Ordensangehörigen verbindlich vor. An den Gymnasien und in der artistischen Fakultät unterrichteten zumeist junge Patres, die so bis zur Theologie aufzusteigen hatten. Originalität war weniger gefragt als zuverlässige Beherrschung des jeweiligen Lehrstoffs.

Ist diese Einheitlichkeit monolithisch, wie die ältere Forschung meint? Der Studiengang des katholischen Studenten

An diesen klaren älteren Urteilen hat sich inzwischen manches geändert. Danach ergibt sich ungefähr folgendes Allgemeinbild: In drei Schritten – in drei Fakultäten gleichsam – hatte der Zögling zunächst das Gymnasium als Propädeutikum bzw. als Sprachenfakultät zu absolvieren. Die drei ersten Klassen waren die Grammatikklassen, die vierte die Poesisklasse in der weitere *Humaniora* vermittelt wurden. In der darauf folgenden Artistenfakultät wurde während dreier Jahrgänge Logik, Physik mit Mathematik und Metaphysik mit Ethik gelehrt [398: SEIFERT]. Man brauchte pro Jahr für das Gymnasium also drei Professoren, was sich eigentlich nicht vom protestantischen Lehrbetrieb unterschied. Bei den Artisten unterrichteten neuerlich angehende Theologen, wobei durchaus die auch bei den Neugläubigen unterschiedlichen Charaktere eine Rolle spielen konnten. Infolge des streng formalisierten Regelkanons wussten sie, was ihre Aufgabe war, und deshalb funktionierte das System anfänglich außerordentlich gut. Lehrbücher und -inhalte waren ebenso wie Latinität und Religiosität vorgegeben. *Docta et eloquens pietas* lautete die Maxime [354: MÜLLER; 398: SEIFERT, 331]. Nach den in Paris gewonnenen Erfahrungen bevorzugten Ignatius und vor allem Lainez das Kollegsystem [298: HENGST]. Ein Studium sollte zudem möglichst in einem eigenen, abgeschlossenen Gebäudekomplex absolviert werden und solcherart einen geregelten Ablauf gewährleisten können [201: HENGST]. Im Allgemeinen litt der Orden nicht unter Nachwuchsproblemen, sodass kein Mangel an Lehrkräften herrschte.

Die Jesuitenuniversität

Die eigentliche Jesuitenuniversität war, wie Hengst zutreffend schreibt, die Semiuniversität mit nur zwei Fakultäten und einem Gymnasium. So verhielt es sich zunächst in Dillingen (1563), dann in Graz (1573), Olmütz (1581), Paderborn (1616), Molsheim (1617), Osnabrück (1632), Bamberg (1648) und Breslau (1659). Dass fast alle schließlich doch auf Erweiterung zur Volluniversität bedacht waren – anders etwa als in Frankreich oder Spanien – liegt an dem Gewicht, der geistig bestimmenden Rolle und dem Ansehen der deutschen Hoch-

Ihre im Reich ungenügende Stellung

schulen. Dies galt freilich nur für die Vier-Fakultäten-Universität. Später, im Zuge der Aufklärung, erlaubte dies vielen katholischen Universitäten, Anschluss an die vorausgeeilten protestantischen Anstalten zu gewinnen. Die Erneuerung und Reform verlief nämlich über die Jurisprudenz, also die juristischen Fakultäten, was bei Beibehaltung der ursprünglichen jesuitischen Hochschulidee nicht möglich gewesen wäre.

8.5 Ratio studiorum und wissenschaftliche Modernität

Die frühen, auf Ignatius und Lainez zurückgehenden Rahmenordnungen für das Jesuitenstudium bewährten sich fast ein halbes Jahrhundert. Freilich wurde zunehmend deutlich, dass das Konzept, um stetig und allenthalben anwendbar sein zu können, schärfer umgrenzt werden musste [201: HENGST, 66 ff.]. Nach längerer Zeit geführten Beratungen trat schließlich am 8. Januar 1599 die auf lange hinaus verbindliche Studienordnung, die *ratio studiorum* in Kraft [publiziert bei 9: PACHTLER; 4: LUKACS]. Nicht mehr drei, nur die zwei traditionellen Fakultäten der *artes* und der Theologie gliederten nunmehr ein Jesuitenstudium. Im vierjährigen Theologiekurs wurden Theologie nach Thomas und den spanischen Spätscholastikern vermittelt, waren Kontroverstheologie, Exegese, Kanonistik und Kasus verpflichtende Lehrgegenstände [201: HENGST, 70]. Jurisprudenz und Medizin als gleichsam weltliche Wissenschaften blieben für die Patres weiterhin außerhalb ihrer Zuständigkeit. Sie kümmerten sich also, wie es in einer *sanctio pragmatica* von 1623 für die Universität Wien hieß, um die Lehre der *Humaniora* und die Vermittlung von Philosophie und Theologie [145: DUHR 2,1, 550]. Immer hatten die Jesuiten also die propädeutische Ausbildung in Händen und so kam ihnen auch in den Volluniversitäten eine Art Übergewicht zu. Selbst Ingolstadt, Prag, Wien, Trier, Mainz, Würzburg, später Heidelberg und Innsbruck galten nunmehr als „Jesuitenuniversitäten" [352: R. A. MÜLLER, 125].

In der älteren Literatur wurde gern geschlossen, katholische Universitäten seien weniger entwickelt, also wissenschaftlich zurückgeblieben und verschult, sie seien fast austauschbar und einheitlich schwach gewesen. Folgerichtig wurde etwa Bayern als das deutsche Spanien bezeichnet, um seine Rückständigkeit zu zeigen [34: PAULSEN II, 116, DERS., I, 435; selbst 36: PRAHL 121]. In einer viel genutzten Geschichtsdarstellung hieß es: „für eine Jesuiten- und Mönchsuniversität gab es (...) nur das Los der Verschollenheit". Das bis in die 1960er Jahre im Vordergrund stehende biografische Interesse hinsichtlich der Beziehung von Humanismus und Reformation/Gegenreformation [etwa 180: RITTER; 404 u. 405: SPITZ] konnte der Rolle und Bedeutung der Organisationsformen von Bildung und Gelehrsamkeit nur bedingt

Die Entwicklung jesuitischer Lehrordnung

Waren katholische Universitäten unterentwickelt?

Die Geringschätzung organisatorischer Qualitäten

gerecht werden [48: BAUER, 43 f.]. So wurde die auf diesem Gebiet geniale Leistung der Jesuiten kaum erkannt und nicht bemerkt, dass das
Kurrikulum des *Collegium Romanum* das (humanistische) *eloquentia*-
Ideal verbindlich einführte und so der Ordensunterricht eine wichtige
humanistische, den Neugläubigen parallele Komponente erhielt [44:
VILLOSLADA]. Folgerichtig bestimmte die *loci*-Methode auch hier die
wissenschaftlichen Studien, wobei begreiflicherweise der einzelne *lo-
cus* je nach Konfession unterschiedlich aktualisiert sein konnte. Im spä-

Zeitgenössisches
Ansehen der
Ordensstudien

ten 16. und frühen 17. Jahrhundert befanden sich also Ordensstudien
und Universitätslehre auf zeitgenössischer Höhe. Es ging den Jesuiten
dabei noch nicht einmal darum, wie früher traditionell unterstellt, als
katholische Kirche die geistig-geistliche Oberhoheit über Wissen und
Ausbildung auszuüben. Das war nicht ausgeschlossen. Aber zunächst
einmal suchten sie – wie gezeigt werden konnte [398: SEIFERT; 268: DI-
CKERHOF] – das notwendige Wissen der Zeit erfolgreich zu vermitteln.
Und da bestand eine einheitliche, hermetisch verbindliche Lehrmeinung nur partiell. Jüngere Arbeiten [392: SCHUBERT; 268: DICKERHOF;

Gleiche Regionalität
wie bei den
Neugläubigen

352: MÜLLER; 385: SCHMIDT] haben überzeugend gezeigt, dass ganz
analog zu den neugläubigen Anstalten auch die jesuitischen sehr stark
von regionalen Traditionen geprägt waren, es also trotz des einheitlichen Kanons erhebliche Unterschiede und Lehrpositionen gab. Insofern sind Monografien der einzelnen katholischen Bildungseinrichtungen trotz gleichlaufender genereller Entwicklungen sinnvoll und nötig,
um zu einem zuverlässigen Urteil zu gelangen. Der Einzelfall bleibt
aussagekräftig und wichtig, wie am Beispiel Kölns außer MEUTHEN
[338] etwa auch SCHILLING [384] zeigen konnte. Solche Unterschiede
interessierten die früheren Darstellungen eigentlich kaum.

Deutungen der Aus-
einandersetzungen
zwischen Jesuiten
und katholischen
Universitäten

   Die an Volluniversitäten häufig üblichen Auseinandersetzungen
zwischen Jesuiten und den vor Ort befindlichen Professoren wurden
meist als der letztlich erfolglose Abwehrkampf weltlicher Gelehrter gegen päpstliche Omnipotenz gewertet. Da stand – um es ein wenig holz-
schnitthaft zu formulieren – Gelehrsamkeit und Geist gegen Ungeist.
Eine Überblicksgeschichte zur deutschen Universität wie die von
HEUBAUM [30] nannte keine einzige dieser Hochschulen.

   Von solchen, aus ihrer Zeit verständlichen Urteilen ist die jüngere
Forschung also abgerückt. Es hat sich auch gezeigt, dass die vielfältigen Auseinandersetzungen zwischen bestehenden Universitäten und
neu ankommenden Jesuiten sich zumeist aus institutionell einschbaren
Gründen ergaben. Die Patres blieben nämlich auch als Professoren gegenüber ihrem Orden, ihrem General weisungsgebunden, die Studierenden sollten klaren Vorgaben folgen. Dieses Ziel widerstritt der so

wichtigen *libertas scholastica*, dem Verständnis universitärer Autonomie. Vor allem deswegen – neben dem Moment einer allgemeinen Konkurrenz – gelang die Berufung der Patres zumeist nur dank massiven Drucks seitens der Landesherren [214 u. 397: SEIFERT; 314: KURRUS; 312: KÖHLER]. Ein weiteres kam hinzu. Die Übernahme von *artes*-Fakultäten durch die *Societas Jesu* beraubte die dort Lehrenden der gern genutzten Möglichkeit, sich an einer der höheren Fakultäten weiterzubilden und zu graduieren. Für Professorenfamilien an den in Ansätzen bereits existierenden Familienuniversitäten – wie z. B. in Freiburg – bedeutete das eine gravierende Verschlechterung ihrer Karriereaussichten [313: KURRUS]. Bei reinen Jesuitenuniversitäten ergaben sich diese Probleme eher indirekt, auf Dauer aber nicht minder brisant. Indem sie nämlich als Institution insgesamt und in allen Fragen ihrem General in Rom unterstellt blieben, entbehrten sie generell der korporativen Freiheiten, die einer Universität eigentümlich sein sollten. Das ging weit über das hinaus, was ein Landesherr seiner Universität vorschreiben konnte. Auch aus diesem Grund erstrebten die meisten dieser Anstalten später die Aufstockung zur Volluniversität [201: HENGST, 76].

Dass die weitgehende Übernahme des voruniversitären Unterrichts innerhalb des katholischen Reichsteils – ebenfalls häufig von den Landesherren gefördert – den bestehenden städtischen und ländlichen Lateinschulen das Wasser abgrub und sie zum Aufgeben zwang, war eine nicht zu vermeidende Folge des jesuitischen Bildungsmonopols [430: HEILER]. Da es aber in der desaströsen Lage nach der Reformation und dem Auftrag des Tridentinums kaum eine Alternative zu deren erfolgreichem Bildungssystem gab, war das faktisch unvermeidbar. Und so wurden die Jesuiten zum Erbauer des wirkungsmächtigen und erfolgreichen katholischen Ausbildungs- und Studiensystems.

Dazu gehörten übrigens – was inzwischen vermehrt in den Blick geraten ist – die dem *eloquentia*-Ideal folgenden Theateraufführungen. Die gab es auch bei den anderen Konfessionen, aber nicht solcherart gezielt [177: RÄDLE]. Zunächst als Selbstdarstellung – gerade auch für die Fürsten – der *ecclesia militans et triumphans* eingerichtet, entwickelten sie sich alsbald als Pracht liebende *ludi Caesarei*, als barockkunstvolle Ereignisse neben weiterhin durchgeführten schulinternen Veranstaltungen fort [48: BAUER; 176: RÄDLE; insges. 191: WIMMER] und vermittelten den katholischen Territorien eine auch literatursprachliche Eigenentwicklung, die von der vorwaltenden obersächsisch-meißnerischen abwich [138: BREUER].

Mit der Einheitlichkeit und klaren Festlegung der Inhalte bei Schulgeldfreiheit und Aufnahme aller Begabten, auch Neugläubiger,

Niedergang der nichtjesuitischen Schulen

Das jesuitische Schultheater

erstrebte der Orden eine „schichtenneutrale Elitebildung" unter katholischem Vorzeichen [352: MÜLLER]. Diese ursprüngliche Stärke juristischer Lehre verkehrte sich nach dem Dreißigjährigen Krieg rasch in

Das Veralten jesuitischer Studien

Schwäche. Neuerungen, wissenschaftlich neue Ergebnisse und Bedürfnisse wurden nämlich nur bedingt übernommen, galt die *ratio studiorum* doch unverändert fort. Allenfalls der im 17. Jahrhundert wachsenden Bedeutung der Astronomie und Mathematik wurde ein gewisses Zugeständnis eingeräumt, indem der Orden an einigen wenigen Kollegien – wie dem *Collegium Romanum* – diese Materien bündelte [398: SEIFERT, 331; 44: VILLOSLADA]. Die entsprechenden Bestimmungen in der *ratio* waren unscharf formuliert und beließen einen dann genutzten Freiraum.

9. Die *artes*-Fakultäten

9.1 Nutzen eines Universitätsbesuchs

Neue Erkenntnisse zu den artes-Fakultäten

Ein knapper Überblick über die Forschungen zur „untersten" Fakultät, der *artes* ist auch deswegen unabdingbar, weil diese Fakulät – wie schon dargelegt – von Anfang an und konstant in der Frühen Neuzeit 70 bis 80 Prozent der Studenten, manchmal gar 90 vereinigte. Die hohe Besucherzahl kam zustande, obwohl die Fakultät, verglichen mit den oberen Fakultäten, kein spezifisches Berufsbild aufwies. Der vorausge-

Noch keine „Professionalisierung"

gangenen, wenn auch erst ansatzweisen „Professionalisierung" der Juristen und Ärzte, vor allem im Umfeld des territorialen Aufbaus, entsprach auf Seiten dieser Fakultät nichts, allenfalls wenig [Zu den ersten Anzeichen von Professionalisierung vgl. die Beiträge in 393: SCHWINGES]. Da wir zudem über den späteren Lebensweg dieser Besucher meist nur unzureichend unterrichtet sind, sind Angaben über Wirkung, Ziel, Anerkennung und Bedeutung dieses Studiums noch immer vorläufig [228: MORAW; 222: DIRLMEIER]. Es gibt denn auch unterschiedliche, wenn sich auch nicht in allem ausschließende, Angaben.

Unterschiedliche Einschätzung des Werts eines artes-Studiums

Einmal ist strittig, ob überhaupt bzw. wie stark ein *artes*-Studium sozialen Aufstieg ermöglichte. 1978 hat SCHUBERT [215] dies dezidiert in Frage gestellt. Ein Studium in dieser Fakultät habe allenfalls eine Empfehlung für sozialen Aufstieg dargestellt, die aber gegenüber geburtsständischen Vorzügen eher zu vernachlässigen sei. In manchem entspricht das dem mehrfach festgestellten Befund, dass sich die ständische Her- bzw. Abkunft nur selten überspringen ließ, der besser Gestellte wie in den oberen Fakultäten die besseren Chancen behielt.

WRIEDT konnte in seinen Studien zum norddeutschen Raum feststellen, dass der von Schwinges herausgearbeitete „Bildungsaufbruch" im 15. Jahrhundert vielerorts fassbar wird. An vielen städtischen Lateinschulen, die damals als Prestigeobjekt der Bürgerschaft entdeckt und eingerichtet wurden, hatten artistisch Vorgebildete, gar Graduierte gute Berufschancen. Auch als städtische Schreiber, solche an Höfen, als allgemein Schriftkundige im weiteren Sinn, fanden sie Aufnahme, ohne dass freilich eine breite Verallgemeinerung dieser immer nur partiellen Befunde zulässig sei [Vgl. die Arbeiten 240; 421; 422]. Die ebenfalls häufig genutzte Möglichkeit sozialen Aufstiegs oder schlicht einer nutzbringenden Tätigkeit auf Grund akademischer Vorbildung, selbst wenn sie in vielen Fällen eher auf einem „Schnupperstudium" beruhte, meinen andere erkennen zu können [434: LOOS-CORSWAREM; 432: KIESSLING]. Immerhin verließen bis zur Reformation ca. 200000 Akademiker die Universitäten – um 1500 waren es jährlich ca. 2500 Abgänger – und akademisierten irgendwie ihre Gesellschaftsschicht [393: SCHWINGES, Einleitung; 395: DERS.]. Einen mit dem im 15. Jahrhundert vergleichbaren Zustrom an die Universitäten gab es übrigens entgegen der allgemeinen Bevölkerungsentwicklung vor dem 19. Jahrhundert nicht wieder. Die Verschriftlichung vieler öffentlicher Vorgänge, die gerade auch von nichtkirchlichen Stellen wie Städten und Höfen erwünschte Modifizierung des *artes*-Studiums – damals meist in Verbindung mit dem neuen Humanismus – lassen die Vorstellung des realen Vorteils selbst eines kurzen Studiums mehr als plausibel erscheinen.

Ein weiteres Argument für diese Meinung könnte sich aus der Beobachtung herleiten, dass die Universitäten im späten 15. Jahrhundert zunehmend inhaltliche Veränderungen umzusetzen suchten. Alle Gründungen nach 1400 hatten sich nach dem Pariser Vorbild ausgerichtet. Danach galt die Klerikerbildung als das eigentliche Ziel jeden Studiums [394: SCHWINGES; 183: SCHREINER]. Und dementsprechend verstand man die Logik als „Ursprung und Quelle aller Wissenschaften" [410: TEWES, 108 ff.]. Sie war für die *artes*-Fakultät zentral. Da sämtliche Universitäten auf Reichsboden diesem Modell folgten, gab es keine Alternativen [319: LORENZ]. Grammatik, gar Rhetorik nahmen im *modus Parisiensis* eine allenfalls untergeordnete Stelle ein und daher wurde im Laufe des 15. Jahrhunderts der Wunsch nach stärkerer Berücksichtigung dieser Disziplinen, weil sie mundanen Bedürfnissen gerecht werden konnten, zunehmend dringender. Nicht zuletzt die Kenntnis und das Beispiel Italiens ließen den Wert anders gewichteter *artes* deutlich werden [238: SOTTILI]. Gerade in Städten – ein sprechen-

Überwiegen einer für sozialen Aufstieg positiven Einschätzung

Die Förderung humanistischer Disziplinen

des Beispiel ist etwa Basel 1460 [410: TEWES, 123; allgemein 258: BONJOUR] – und wiederum an Höfen erschienen Vorlesungen zu Grammatik und Rhetorik neben den weiteren Disziplinen der *studia humanitatis* wie Poetik und Historien wichtiger als die weitgehend beherrschende Logik mit Physik und Metaphysik.

Für das Argument sozialen Bedarfs und damit von sozialen Aufstiegsmöglichkeiten sind solche nachweislichen Forderungen und tatsächlichen Veränderungen im Zeichen auch des Humanismus nicht unwichtig. Die Beurteilung solcher verändernder Wirkung hängt dann

Wie war die Rolle des Humanismus? von der Einschätzung der Rolle des Humanismus an den Universitäten und Schulen selbst ab, eine in der Forschung viel diskutierte Frage, zu der eigens etwas zu sagen ist. Dass all dies in den Statuten, die früher gern als Beleg und Ausweis für die Lehrpraxis und -realität genommen und befragt wurden, kaum oder meist zeitlich erst viel später einen Niederschlag fand, erklärt die in der älteren Literatur häufig andere Einschätzung der damaligen Situation. Zum Teil beruhte sie ferner darauf, die philosophisch gelehrte Qualität des *artes*-Unterrichts mit zu modernen Maßstäben zu gewichten, d. h. sie zu überschätzen, wobei naturgemäß die rhetorischen Fächer und die einer humanistischen *philosophia practica* zu leichtgewichtig erscheinen mussten.

Der neue Zustrom zu den Universitäten hatte mehrere Ursachen. Es gab einfach mehr Lateinschulen in den Städten, selbst auf dem Land hatten sie zugenommen. Dadurch waren die Hochschulen in größere Nähe gerückt, waren leichter erreichbar. Die Schulen ihrerseits konnten mitunter gar *artes*-Fakultäten gleichgestellt werden, [354: MÜLLER; 217: TEWES] und insgesamt förderte die Verschriftlichung vieler Bereiche der Gesellschaft, wie zahlreiche Untersuchungen zeigten, einen

Der Bildungsaufbruch des 15. Jahrhunderts „Bildungsaufbruch" im 15. Jahrhundert [vgl. 400: SMOLINSKY; 341: MOLITOR; 435: OEDIGER]. Dieser Zustrom hatte seinerseits nicht unwichtige verändernde Folgen. Indem mehr Personen eine akademische Ausbildung erfuhren – selbst wenn sie nur kurz und bruchstückhaft war – gelangten doch immer mehr zu einer Graduierung in den *artes*-Fakultäten, also zu einer entsprechenden Vorbildung. Den untersten Grad eines Bakkalars erwarben, solange er erstrebt und verliehen wurde, zwischen 30 und 50 Prozent [440: WRIEDT]. Dass sich darunter viele *pauperes* befanden, wurde schon oben gezeigt. Auch die Anzahl der Magister stieg stark, sodass das ältere Lehrsystem der *magistri regentes* bei den Artisten auch aus diesen Gründen nicht mehr durchgehalten werden konnte. Zu viele, und dementsprechend ohne hinreichendes Einkommen, hätten zur Verfügung gestanden, wenn sie als junge Magister nach wie vor unterrichtet hätten. Folgerichtig bildete sich auch aus diesem Grund bei den Artisten eine feste Anstellung, ein Lehrstuhl-prinzip heraus. Dieser Vorgang führte die weitere deutsche Universi-tätsgeschichte längst vor der Berliner Neugründung 1810 auf eine von der westeuropäischen Universität völlig andere Entwicklung. So tau-chen in den Statuten im Laufe des 16. Jahrhunderts fünf bis zwölf *pro-fessores publici* als artistische Normalausstattung auf, das spätmittelal-terliche Regenzsystem erlosch.

9.2 Kollegien und Bursen

Eine weitere Veränderung, die vorab die deutschen *artes*-Fakultäten be-traf, trat ebenfalls in dieser Zeit ein und stellt eine nochmalige Abkehr vom *modus Parisiensis* dar. Sie wurde freilich vor allem durch die Reformation bewirkt. Bursen und Collegia, die bisher mehrheitlich die *studiosi* aufgenommen und auch weiter belehrt hatten, verfielen weit-gehend der Auflösung. Luther und Melanchthon glaubten auf diese ei-gentlich bewährten Einrichtungen wegen deren klösterlichem Charak-ter verzichten zu sollen [200: HAMMERSTEIN]. Indem nunmehr die Ar-tistenprofessoren heirateten, ergab sich ein weiteres Hindernis für die Fortführung der älteren Praxis. Ein eigener Hausstand der Lehrenden konnte zum anderen gut studierende, aber zahlende Hausgäste aufneh-men, ein solcher Hausstand war aber nur schwer den Bursen einzuglie-dern. Die Studierenden ihrerseits bevorzugten es inzwischen, frei und weniger gebunden in der Universitätsstadt zu wohnen [230: MÜLLER]. Die zuvor bereits vielfach von Juristen und Medizinern gewählte Praxis wurde damals generell üblich. Es gab zwar nach wie vor Stipendienan-stalten und Studentenhäuser, aber sie wurden meist von den Ärmeren genutzt, für die sie mit eingerichtet worden waren. In der Regel wurden sie aus aufgelassenem Kirchengut finanziert. Von dieser Praxis unter-schied sich freilich als traditionalistische Ausnahme Köln [217: TEWES] sowie die Handhabung der Jesuiten. Die hielten an dem Pariser Modell fest und so blieben die Jesuitenkollegien, die einem recht einheitlichen Bauprogramm folgten, die Heimstatt der artistischen und theologischen Studenten [205: MÜLLER].

Rückgang der Bur-sen und Kollegien auf protestantischer Seite

Ausnahmen: Köln und die Jesuiten

9.3 Schulen und Wissenschaften

Während der Zeit des Spätmittelalters, im Zuge humanistischer Neue-rungen und dann auch infolge reformatorischen Umbaus der Bildungs-institutionen stellten sich die artistischen Fakultäten als eine Art inner-universitäres Gymnasium dar, zum Mindesten tendierten sie vorüberge-

Spätmittelalterliche Änderungen der artes-Fakultät

hend dazu. Wie denn überhaupt der Unterschied zwischen berühmten Lateinschulen im späten 15. und frühen 16. Jahrhundert und *artes*-Fakultäten gelegentlich allein darin bestand, dass letztere graduieren konnten [356: MÜLLER]. Das wurde in älteren Darstellungen als Ausweis des Niedergangs dieser Wissenschaften begriffen, ohne zu erkennen, dass auch zuvor diese Studien immer eine propädeutische Aufgabe zu erfüllen hatten. Neu war hingegen, dass die Ausrichtung der Universitäten auf Klerikerausbildung, die *clerici litterati*, aufgegeben wurde. Die allgemeinen sozialen, gesellschaftlichen und politischen Bedingungen der Zeit hatten eine Mundanisierung der Hochschulen begünstigt [394: SCHWINGES]. Trotz nachreformatorischer Konfessionalisierung weiter Bereiche des Lebens erhielt sich diese Seite akademischer Wissensvermittlung weiterhin. Das widerstreitet zwar der These, das späte 16. und das 17. Jahrhundert sei eine Zeit genereller Konfessionalisierung gewesen. Andererseits wurden die Bildungseinrichtungen nicht – wie früher gern argumentiert wurde – in einen erstickenden Abgrund unfruchtbarer und uninteressanter Konfessionspolemik gestürzt. Die Wissenschaften und Universitäten dieser Zeit werden heute von der Forschung entschieden positiver bewertet als zuvor, wie es nicht nur im Blick auf Jurisprudenz und Theologie gezeigt werden konnte [vgl. etwa 249: BAUR], vielmehr gilt diese positive Einschätzung gerade auch für die Artisten.

Kein Niedergang der Studien

Insbesondere die nach 1945 verstärkt einsetzende Erforschung humanistischer Poesie, barocker Rhetorik und Dichtungstheorien – ALEWYN [135], TRUNZ [186], SCHÖNE [388], BARNER [136], KÜHLMANN [161], GARBER [277] – hat wichtige Sachverhalte zu Tage gefördert bzw. sie angemessen zu lesen und sehen gelehrt. Das hat auf die Historie insgesamt, auch die Bildungsgeschichte und die der Künste zurückgewirkt [81: OESTREICH; 190: WARNKE]. Entsprechende internationale Arbeitskreise der Herzog August Bibliothek Wolfenbüttel haben diese Ansätze interdisziplinären Forschens nach der Zerschlagung der Philosophischen Fakultäten Dauer und Stetigkeit gesichert [für die Barockforschung 97: ÜBERLIEFERUNG UND KRITIK]. Sie haben sich immer wieder Themen auch im Umfeld der Wissens- und Bildungsgeschichte, der Konfessionalisierung, des Humanismus und der Renaissance angenommen und dazu beigetragen, ältere Meinungen zu korrigieren und unsere Kenntnisse der Vorgänge des 16. und 17. Jahrhunderts zu verfeinern. Desolate Zustände dank erstarrter Orthodoxie wichen dem Bild einer lebendigen, wachen, keineswegs krisengeschüttelten Zeit von der Mitte des 16. bis zum Ende des 17. Jahrhunderts. Gewiss werden Einbrüche, Veränderungen, ja örtliche und individuelle Katastrophen

Die Leistungen der so genannten Barockforschung

nicht übersehen oder gar geleugnet [285: HAMMERSTEIN]. Der Gesamt-
befund fällt freilich positiv aus. Gerade auch in den mystischen, okkulten, spiritualistischen usf. Momenten werden rational erklärbare Vorgänge und verständliches Erleben und Reagieren der Zeitgenossen
erkannt [49: BAUER; 69: KÜHLMANN; 117: HOTSON; 104: ZIKA; 112:
BUBENHEIMER].

Bestimmte Momente einer mundanen Auffassung wissenschaftli-
chen Tuns hielten sich durch, ob das als philosophischer Humanismus,   Fortbestehen der
humanistische Scholastik, als Förderung bislang wenig berücksichtig-   *respublica litteraria*
ter Disziplinen – wie auch solchen des *quadriviums* – als Mischung aus   über die Konfessio-
docta et pia eloquentia beschrieben wird. Solches Vorgehen garantierte   nalisierung hinaus
einen – wenn auch begrenzten – Dialog über die kirchlich abgesteckten
Grenzen hinweg, ließen die *respublica litteraria* als europäisches
Phänomen weiterbestehen [171: NEUMEISTER/WIEDEMANN]. Es war
klar, was als allgemeines Wissen, welche allgemeinen Kenntnisse, welcher über- bzw. vorkonfessioneller Stoff vermittelt werden mussten.
Die vielen Briefwechsel, die nachweisbare Rezeption und Diskussion
einer breiten Literatur, die im 16. und im 17. Jahrhundert zunehmenden
peregrinationes academiae wären ohne diese Voraussetzung undenkbar [221: DE RIDDER-SYMOENS]. Die kulturhistorische Bedeutung der
bei solchen Reisen angelegten und mitgeführten – z.T. prächtig ausge-
malten – Stammbücher legt FECHNER [272] dar. Auch die Ausbreitung
von Akademien unterschiedlichster Art, die europäische Akademie-
bewegung, gehört in dieses Umfeld einer erwünschten und erstrebten Fortführung der irenischen *respublica litteraria* [278: GARBER/
WISMANN].

Die beabsichtigte Abkehr von einem zu strikten *modus Pari-*
siensis wird während des 15. Jahrhunderts auch daran ablesbar, dass
vermehrt eine stärkere Berücksichtigung auch des *quadriviums* mit   Förderung der
einigen seiner Disziplinen angemahnt wurde. Insbesondere einzelne   Fächer des
Höfe, aber auch Mediziner und Magistrate wünschten bessere Dienst-   *quadriviums*
leistungen, also Unterweisung in Mathematik, Astronomie/Astrologie
[100: WESTMAN; 109: BIAGIOLI; 166: MORAN; 117: HOTSON]. Bislang
hatte das *quadrivium* eher auf dem Papier der Statuten als in der universitären Wirklichkeit existiert. Allenfalls marginal und fast immer zufäl-
lig wurden diese Materien vorgetragen. Repräsentationszwecke und die   Der Einfluss der
Notwendigkeit zu besserer Planung ließen Höfe in der zweiten Hälfte   Höfe
des 15. Jahrhunderts nach entsprechend ausgebildeten Personen verlangen. Selbst politische Entscheidungen wurden nämlich gern von as-
trologischem Rat abhängig gemacht, ebenso wie ärztliche Diagnose. In
dieser Zeit wurde dies durchaus als wissenschaftlich möglich angese-

hen [92: SCHÖNER; 75: MÜLLER-JAHNCKE]. Der bisher übliche Universitätsbetrieb konnte dem nur selten, wie vorübergehend etwa in Leipzig, entsprechen. War einmal ein begabter Mathematiker oder Astronom vorhanden, hatte er seine Kenntnisse selten an universitären Orten erworben. Am Beispiel zweier Vertreter der berühmten Wiener Mathematik, Georg Peuerbach und Johannes Regiomantus, erörtern das SCHÖNER [92] und MÜHLBERGER [348]. Gewiss konnte dann für einige Zeit auch an einer artistischen Fakultät entsprechende Vorlesungen gehalten werden. Aber fast nie wurden sie als verpflichtender Teil der Examina behandelt und fanden insgesamt nur geringes Interesse. Nach 1560 versickerten diese Bemühungen großenteils wieder, die nicht zuletzt auch im Zusammenhang mit humanistischen Bestrebungen zu sehen sind. Wie das bereits JOACHIMSEN als Besonderheit des deutschen Humanismus beschrieben hat, galten einzelne Disziplinen des *quadriviums* – insbesondere eben Mathematik, Astronomie und Astrologie – als wichtiger Teil humanistischen Interesses [100: WESTMAN]. Die Beschäftigung antiker Autoren mit diesen Materien rechtfertigte dies zudem. Zurecht hat WUTTKE [423] mehrfach auf diesen häufig übersehenen Zusammenhang hingewiesen, wenngleich die Begründung, Humanisten seien durchaus auch begierige Neuerer innerhalb des *quadriviums* gewesen, deren Legitimierungsvorstellungen zu sehr überspannt. Indem es sich bei dieser Tätigkeit um genuine Nachahmung antiker Vorbilder handelte, war sie genauso wie im philologisch-literarischen Bereich selbstverständlich, ganz so wie bereits in Italien [91: SCHMITT]. Das Neue galt in dieser Hinsicht immer auch als genuin Altes.

Freilich keine dauerhafte Lehre innerhalb der Universitäten

Dass sich an Universitäten Materien des *quadriviums* nicht dauerhaft durchhielten – das galt teilweise auch für Hebräisch und Griechisch – hing wohl mit den knappen Finanzen, aber auch mit dem geringen Interesse der Mehrheit der Studierenden zusammen. Diese Fächer blieben am Rand, trotz vorübergehender geringfügiger Konjunktur. Nach den 1560er Jahren übernahmen daher zunehmend die Mediziner nebenher den artistischen Unterricht in Mathematik und Astronomie. Dies war – nach WESTMAN – eine Eigentümlichkeit der deutschen protestantischen Universitäten, die zuvor jedoch auch schon in Bologna und Padua beobachtet werden konnte [100: 118]. Da die Mediziner für ihre astrologisch abgeleiteten und gestützten Diagnosen solche Kenntnisse benötigten und zunehmend auch die Anlage und Pflege botanischer Gärten als ihre Aufgabe betrachteten, stellten die Theologen den Unterricht in Hebräisch und häufig auch in Griechisch sicher.

Mediziner lehren gemeinhin quadriviale Fächer

9.4 Rolle und Bedeutung des Humanismus

Indirekt haben also humanistische Vorstellungen dazu beigetragen, die artes-Fakultäten aufzuwerten. Sie behielten zwar ihre propädeutische Rolle als *ancilla scientiae* weitgehend bei, konnten mitunter – und entgegen vielfach früherer Einschätzung, sie seien „im Milieu der Scholastik verwurzelt" geblieben [255: BOEHM], hätten eigentlich nicht das Profil der Wissenschaften verändert [242: BAUCH; 180: RITTER; 146: ENGEL] – eigenständige Positionen und weiterführende Ansätze aufbauen. Ob man den Humanismus zuvörderst als kulturelle, literarische Bewegung begreift [159: KRISTELLER] oder als breit angelegte, erneuernde ästhetisch-ethische Kraft [141: BUCK; 157: JOACHIMSEN; 155: HERDING; 373: RÜEGG; 379: SCHINDLING], immer zielte er auf das Leben, suchte in der Wiederaneignung der als untergegangen verstandenen Antike zeitgenössische Fragen verbindlich und vorbildlich zu lösen. Er ermöglichte die Verbesserung eigener Mängel mittels der Ideale einer vergangenen Zeit [361: OHLY; 81: OESTREICH].

Nicht das bezeichnet den Unterschied zur Zeit davor, dass die Humanisten – wie wiederum Kristeller gern formulierte [160] – ein „wesentlich umfassenderes Interesse" an der Antike besaßen und möglichst alle Quellen zu erschließen trachteten. Das bleibt ein äußerlich quantitatives Argument. Es ist die Art und die Absicht, die darauf zielt, die „konkrete Lebenswelt" [338: MEUTHEN] zu erreichen, also praktisch zu sein und das Leben zu versittlichen. WUTTKE spricht vom „Versuch der Ethisierung aller Lebensbereiche" [423: I, 410]. So konnte humanistische Bildung – in Italien entstanden und alsbald europaweit rezipiert – ab dem 15. Jahrhundert zu einem „Muss der politischen Führungsgruppen" werden [374: RÜEGG, 171]. Schriftlichkeit und die neue Kunst des Buchdrucks ersetzten die Traditionen des mittelalterlichen Lehrbetriebs, eröffnen neue Möglichkeiten der Wissensaneignung und -umsetzung. [369: REINHARD; 195: ZEDELMAIER]. Auf diesem Weg seien die notwendigen sittlichen Werte staatsbürgerlicher (zwischenmenschlicher) Tugenden entwickelt worden und lassen daher den Humanismus als ein Bildungs- und Stilphänomen erscheinen.

Da anders als in Italien den deutschen Humanisten die den Rhetoren, Poeten, publikumbezogenen Intelektuellen so entscheidende Öffentlichkeit fehlte, wandten sie sich Höfen und noch mehr den Universitäten zu. Der Humanismus war auf Reichsboden immer auch eine Sache der Bildung, er nahm eine Wendung ins Pädagogische [115: HARTFELDER; 247: BAUMGART; 337: MEUTHEN; 284: HAMMERSTEIN]. Wie dann seine Wirkung zu beurteilen steht, wird neben dem inzwi-

Aufwertung der *artes*-Fakultäten durch die Humanisten

Einschätzungen des Humanismus

Probleme der deutschen Humanisten

Kein genereller Gegensatz Humanismus-Universitäten

Wichtige Rolle der Höfe

Das Spannungsverhältnis von Humanismus und Reformation

schen akzeptierten Sachverhalt, partiell aber noch unterschiedlich dargestellt. Allgemein anerkannt scheint, dass die früher postulierte Entgegensetzung von Humanismus und universitärer Scholastik sowie einer generellen Abwehrstellung der Universitäten der Sache nicht gerecht wird. Dies entspricht zwar vielfach der Darstellung der Humanisten selbst, entspringt aber deren zeitgenössisch bedingten polemischen und übertreibenden Zuspitzung. Im Allgemeinen ermöglichten es die im Vergleich etwa zu Frankreich weniger scholastischen Positionen der deutschen Universitäten, die neuen Anregungen – und als solche wurden sie empfunden – einzubauen. Nicht zuletzt der vielerorts vom Landesherrn und den Städten ausgeübte Druck, solche Errungenschaften zu übernehmen, ließ die Hochschulen und Schulen flexibel und trotz gelegentlicher Widerstände vergleichsweise offen handeln. Nach mancherorts spontanen oder auch zufälligen Übernahmen humanistischer Vorstellungen ab dem 15. Jahrhundert, stellten die von MEUTHEN als die zweite der insgesamt drei Phasen charakterisierte Einflussnahme der Höfe die wichtigste dar [338: DERS., 204 ff.; ferner 346: MÜHLBERGER]. Auch das ist ein inzwischen erkanntes, früher missverstandenes Phänomen. Es zeigt und bestätigt auf seine Weise die fruchtbaren Folgen der in älteren Abhandlungen verketzerten „Enge", die ganz im Gegenteil in räumlicher Nähe, der „Kleinräumigkeit" von Universität, Stadt, Kirche, Hof [234: SCHWINGES, 6] zu bemerkenswerten Anregungen und Verbesserungen führen konnten. Dass der Erfolg Wittenbergs nach den Reformen 1516/18 beispielgebend und werbend wurde, schließlich auch dank des Wirkens Melanchthons zusätzlich für sich einnahm [127: SCHEIBLE], sicherte dem universitären Humanismus Ansehen und Durchbruch. Die *loci communes* vermittelten als humanistisch-logisches Grundbuch zugleich die so wichtigen ethischen Grundbegriffe [64: JOACHIMSEN; 123: MAURER; 380: SCHINDLING].

Wissenschaften hatten ihre Aufgabe in der Weitergabe von Traditionen, die angeeignet und übernommen werden mussten [123: MAURER; 103: ZEDELMAIER]. Anders als im Erfurter oder manchem anderen frühen Humanistenkreis erhielten sich in der Melanchthonschule dauerhaft wichtige humanistische Überzeugungen. Deshalb konnte der humanistische Fächerkanon bleibendes Gewicht erlangen und behalten. Er wurde durch die Reformation allenfalls modifiziert [294: HAMMERSTEIN]. Diskontinuität oder gar eine Gewichtsverlagerung brachte die Reformation in den theologischen, nicht den artistischen Fakultäten. Ja, einige Autoren messen der Reformation gar verstärkende kontinuitätsstiftende Wirkung für die humanistischen Fächer zu. Die dem Humanismus eigene schulisch-pädagogische Note habe dadurch zusätzliche

Stützung erfahren, die *Humaniora* seien als unverzichtbare Grundwissenschaften gefestigt worden – der Aufbau eines Gymnasialschulwesens belege das auf seine Weise – die notwendige Lehrabsicherung innerhalb der Konfessionen habe einen soliden „Schulhumanismus" verlangt [405 u. 406: SPITZ; 337: MEUTHEN]. Dass „ohne Humanismus keine Reformation" hätte erfolgreich sein können [165: MOELLER], er in deren Vorgeschichte gehört und damit eine anfängliche Verwandtschaft anzeigt, kann auf andere Weise die partielle Gemeinsamkeit der zeitnahen Phänomene belegen [398: SEIFERT; 360: OBERMANN; abgewogen 326: MCLAUGHLIN]. Ob dieser Humanismus in seiner epochalen Wirkung – wie sie vielfach postuliert wird – allein ein sprachlich-ästhetischer gewesen sei [192: WORSTBROCK] oder aber – und wie an Universitäten zu beobachten – ein zeitweise auch quadriviale Disziplinen berührender [389: SCHÖNER; 423: WUTTKE; 348: MÜHLBERGER; 320: MÄHRLE; 305: KESSLER], bleibt unabhängig von dieser seiner unterstellten Fortdauer und Fortwirkung. Auf jeden Fall hat er in den Disziplinen des *triviums* die nachhaltigsten Veränderungen bewirkt. Vielfach haben neue, verbesserte Lehrbücher, eine lebensnahe Methode und Kompendien der Lehrenden am Ort die älteren Lehrmittel ersetzt. Bevorzugung bestimmter Fächer – insbesondere Grammatik, Rhetorik, Dialektik, aber auch Ethik (*philosophia practica*), Geschichte, Poesie – war einem humanistischen Gelehrten eigentümlich, weswegen gern von einer literarisch-philologischen Bewegung gesprochen wird [160: KRISTELLER; 194: WORSTBROCK; 155: HERDING].

Unbestreitbare Veränderungen aristischer Disziplinen

9.5 Historien

Wie sich das in einer Disziplin auswirken konnte – weit über die Zeit des Humanismus und der Reformation hinaus – ist für Geschichte und Kirchengeschichte an deutschen Universitäten minutiös beschrieben worden [88: SCHERER; 57: ENGEL]. Wie ein „Frühlingssturm" (Scherer) habe der Humanismus gewirkt. Er habe die Notwendigkeit historischer Anstrengung zum erstenmal nachhaltig formuliert, was zuvor weder theoretisch noch methodisch denkbar war [76 u. 79: MUHLACK].Wenn damals allenthalben und auch nicht dauerhaft Professuren für Historien eingerichtet wurden, so galt doch Geschichte hinfort als wichtiger, ja integraler Teil menschlichen Wissens und universitärer Gelehrsamkeit [vgl. die Beiträge in 51: BRENDLE]. Ihr Vortrag erfolgte häufig unter anderem Vorzeichen, zunehmend etwa innerhalb der Jurisprudenz [62: HAMMERSTEIN; 105: AHL]. Ähnlich wie Griechisch oder Mathematik galten sie zum Mindesten auf protestantischer Seite als unerlässliches

Das Beispiel des Fachs Geschichte

Vermächtnis humanistischer Studienreform, obwohl Geschichte kein eigentlich philologisches Fach war [339: MEUTHEN]. Die Jesuiten taten sich hingegen mit dieser „relativierenden" Disziplin schwer. Allenfalls im Rahmen antiker Literatur – und jeweils in überprüfter Auswahl – kam sie vor. [266: DICKERHOF]. Dies sollte überhaupt bis weit ins 17. Jahrhundert eine Eigentümlichkeit dieser zurecht als humanistisches Kernfach apostrophierten Disziplin sein: Sie lehrte und vermittelte die Kenntnis der antiken, mitunter auch der als klassisch geltenden mittelalterlichen Historiker. Häufig geschah das als Teil der allgemeinen Klassikerlektüre innerhalb der Grammatik, der Rhetorik und der Poesie. Infolgedessen bedurfte es dafür keiner eigenen Lehrkanzel.

Zurückhaltung der Jesuiten (Randnotiz)

9.6 Die Wirkung des Erasmus von Rotterdam

Wenn auch Erasmus nie als Universitätsprofessor wirkte, so ist in unserem Zusammenhang gleichwohl auf seine kaum zu überschätzende Bedeutung für Universitäten, Schulen und Höfe zu verweisen. Als europäische Institution, die er wurde, orientierten sich die zeitgenössischen Gelehrten an seinen Anschauungen, an seiner Methode und seinem Wissen [106: AUGUSTIJN]. Seine zutiefst humanistische Überzeugung, erst der gebildete – als aus- bzw. vorgebildeter – Mensch sei ein Mensch, verankerte diese Meinung alsbald auch auf Reichsboden, nicht zuletzt beim bestimmenden und stilbildenden Adel.

Erasmus' große Bedeutung für Universitäten und Höfe (Randnotiz)

Dass Könige und Kaiser, Fürsten, Prinzen und Prinzessinnen, der Adel insgesamt – im Grunde alle Verantwortlichen im Gemeinwesen – erzogen zu sein hätten, veranlasste tatsächlich die Ausbildung des ersten Standes [169: MÜLLER; 151: HAMMERSTEIN]. Naturgemäß genügten dafür nicht unbedingt die an Universitäten und Schulen vermittelten Techniken und Wissensinhalte, es bedurfte ergänzender bzw. anders gewichteter Materien. Die humanistischen Vorstellungen gehörten freilich allemal dazu. So hatte es Erasmus in seiner für die Erziehung der nachmaligen Kaiser Karl V. und Ferdinand I. verfassten *Institutio Principis Christiani* beispielhaft und stilbildend formuliert. Diese Schrift wurde denn auch rasch – neben einigen wenigen anderen – ein Handbuch idealer adliger bzw. humanistisch verbindlicher Ausbildung [150: HAMMERSTEIN].

Dies war eine weitere Folge des Humanismus und tangierte bis zu einem gewissen Grad durchaus die Universitäten. Das Vordringen juristischer Kunst, Verschriftlichung und neue Praktiken in der Verwaltung der frühmodernen Gemeinwesen verlangten von sich aus eine Vorbildung der hier Tätigen, traditionell vielfach Adliger. Die Abkunft half

Folgen für den Adel (Randnotiz)

da nur noch bedingt, traditionale Verhaltensnormen gerieten ins Wanken, zumal ritterlicher Dienst infolge moderner Kriegstechnik nicht mehr gefragt war, die ökonomische Subsistenz bei vielen Adelsgeschlechtern aber mehr als bescheiden war und sie auf zusätzlichen Verdienst verwies. Ausbau der Territorien, das Vordringen fürstlicher Familien zum Nachteil kleinerer Adliger und die nach der Reformation weggefallenen kirchlichen Versorgungsmöglichkeiten für die neugläubige Seite brachten ungewohnte Schwierigkeiten, manche sprechen von Krise [174: PRESS]. Andererseits verlangte dieser Ausbau geschulte und vorgebildete Räte, Helfershelfer und Berater, was auch für die immer noch bevorzugten adligen Kandidaten galt. Von ihnen gab es im späten 15. und in der ersten Hälfte des 16. Jahrhunderts jedoch eher wenige, sodass zunehmend nichtadlige, aber ausgebildete Personen Verwendung fanden. [416: WILLOWEIT; 355: MÜLLER; 327: MEIER; 288: HAMMERSTEIN]. Die adlige Vorrangstellung auf wichtigen Gebieten öffentlicher Tätigkeit schien verloren zu gehen.

Zunehmende Erfahrung und die humanistische Belehrung, erst der Gebildete (und damit auch Ausgebildete) sei ein richtiger Mensch, vermochte bei ihrem zugleich elitär-ästhetischen Menschenbild Adlige aller Art zu überzeugen, dass Bildung den Stand nicht mindere, sondern zusätzlich adle. Nach italienischem Vorbild wie dem des *Cortegiano* und dann dem des Erasmus entstand eine breite Literatur, die Adelsausbildung, Adelsstudium empfahl und schmackhaft zu machen suchte [139 u. 140: BRUNNER; 152: HAMMERSTEIN]. Das war durchaus kein Aufgeben der überkommenen Adelskultur, sondern entsprach in anderer Form älterer Tradition, die im Dienst eines nunmehr abstrakteren Allgemeinwohls des Landesfürstentums neue Legitimation zu erwerben strebte. Der Adel musste, wie MÜLLER formulierte, „von der Mitte des 15. bis zur Mitte des 17. Jahrhunderts (...) einen Ausgleich" finden „zwischen Standesethos und Selbstverständnis auf der einen, Wissenschaft und Universitätsbildung auf der anderen Seite" [169: 53].

Adelsstudium

Tatsächlich entschloss sich seitdem eine nicht unerhebliche Anzahl Adliger zum Besuch einer Universität. In den artistischen Fakultäten suchten sie Aus-, besser: Fortbildung ihrer humanistischen Fertigkeiten, für die sie zuvor meist dank privater Präzeptoren zu Hause einen Grund gelegt hatten. Oft besuchten sie aber sogleich die juristische Fakultät, die das eigentliche Studiengebiet des Adels ausmachte [99: WEBER, 80 ff., 195 ff.]. Medizin schied im Allgemeinen aus und auch Theologie, es sei denn, dass eine Laufbahn in der katholischen Reichskirche in Frage kam, wobei aber eher juristische und nur am Rande

Zahlenangaben zum Adelsstudium

theologische Inhalte zählten. Noch fehlt es an breiter angelegten Untersuchungen zum Adelsstudium – das selbstverständlich auf Graduierung verzichtete –, um generelle Aussagen zu ermöglichen. Die Ergebnisse MÜLLERS [350] ergaben für den süddeutschen Raum einen Prozentsatz von 10,1. Die Inskriptionen nahmen ab dem späten 15. Jahrhundert kontinuierlich zu, bevor sie gegen Ende des 17. Jahrhunderts, im Zeichen territorialen Frühabsolutismus und barock-höfischer Abschottung zu stagnieren begannen. Während des Dreißigjährigen Krieges verzeichnete der Universitätsbesuch Adliger den üblichen allgemeinen Rückgang, bevor er dann ab den 1680er Jahren in die genannte rückläufige Phase mündete [vgl. auch 237: dɪ SIMONE, 255–257].

Unter den süddeutschen Hochschulen hatte Ingolstadt vor Dillingen, Altdorf vor Tübingen die höchsten Adelsimmatrikulationen. Heidelberg und Freiburg folgten, den geringsten Anteil wies Würzburg auf. Für Ingolstadt errechnet sich ein Prozentsatz von 17,5 inskribierter Standespersonen, was – selbst für die anderen Universitäten mit durchschnittlich 7 bis 10 Prozent – einen bemerkenswerten Sachverhalt darstellt. Der generelle Bevölkerungsanteil des Adels in dieser Zeit lag schließlich nur bei 1 bis 3 Prozent. Gleichwohl können Tübingen, Freiburg und Würzburg, wie MÜLLER feststellte [350], als „Bürgeruniversitäten" bezeichnet werden. Dass an Universitäten mit hohem Adelsanteil relativ wenige *pauperes* auftauchten, wurde bereits erwähnt und versteht sich in einer Ständegesellschaft leicht.

Besonderheiten eines Adelsstudiums

Begreiflicherweise suchten die eingeschriebenen Adligen nicht eine Fachausbildung im damals üblichen Sinne. Humanistische Disziplinen der artistischen Fakultäten, ergänzt – falls vor Ort möglich bzw. durch die begleitenden Praeceptoren und Hofmeister – von adligen Techniken wie Reiten, Fechten, Tanz, moderne Sprachen neben Latein u. a. mehr, bildeten Kernpunkte. Die juristischen Fakultäten waren die eigentlichen Orte, in denen sich Standespersonen einschrieben, falls sie es überhaupt für notwendig erachteten und nicht nur einige Zeit gleichsam zu Besuch an der Universität verweilten [263: CONRADS]. Beides kam vor, insbesondere dann, wenn Adlige zur Komplettierung ihrer Ausbildung reisten. Kenntnis und Besuch berühmter Plätze, angesehener Männer, gelehrter und künstlerischer Institutionen machten eine solche *peregrinatio* ab dem 16. Jahrhundert nahezu obligatorisch, übrigens auch für bürgerliche *studiosi* – insbesondere Juristen und Mediziner –, die in gehobenere Anstellungen strebten [223: DOTZAUER; 221: DE RIDDER-SYMOENS; 220: CONRADS]. Italien und Frankreich, gelegentlich Spanien und nach dem Dreißigjährigen Krieg zunehmend auch die Niederlande waren die traditionellen Reiseländer. Siena, Padua, Pavia

Die Rolle einer peregrinatio

und nach wie vor Bologna waren in Italien gern aufgesuchte Universitäten, Paris, Orleans, Bourges, Montpellier – für Mediziner – und Toulouse in Frankreich [105: AHL], Leiden in Holland. Auch hier sind weitere Untersuchungen durchaus notwendig. Für diese Reisen entwickelte sich übrigens eine ausgedehnte, viel genutzte und wichtige Literatur, die für die Länder-, Personen- und Verhaltensbeobachtung sensibilisierte. Sie gehört u. a. in die Vorgeschichte der späteren Staatenkunde [185: STAGL].

Nicht nur im Studienverhalten und in seinem sozialen Status unterschied sich der adlige *studiosus* von seinen bürgerlichen Kommilitonen. Er graduierte nicht [235: SCHWINGES, 183 f.] und es ist nicht anzunehmen, dass er die Meinung manches Graduierten teilte, man sei damit dem Adel gleichgestellt [die zeitgenössische Literatur bei 133: TRUNZ, 393 f.; ferner 250: BEETZ, 157 ff.; 224: FRIJHOFF, 297].

Viele Universitäten erschienen inzwischen den Adeligen zu stark konfessionell ausgerichtet. Ihre z. T. anderen Studieninteressen führten um 1600 dazu, eine in Frankreich inaugurierte Institution nachzuahmen. Diese so genannten Ritterakademien setzten auf spezifische Bedürfnisse adliger Jünglinge. Sie boten die an Universitäten eher selteneren ritterlichen Künste zuverlässig an. Sie standen neben den unabdingbaren artistischen und juristischen Kenntnissen, neben Baukunst, Festungsbau, Heraldik, Zeichnen und dergleichen mehr. Das 1594 eröffnete Tübinger *Collegium illustre* war das herausragende dieser hochschulähnlichen Institute. Die anderen residierten meist nicht an Universitätsorten, wie in Kassel das Mauritianum (1618) oder die nach Tübinger Vorbild 1687 errichtete Ritterakademie in Wolfenbüttel [262: CONRADS]. Die frühen Ritterakademien konnten für einige Jahrzehnte bei ausbildungswilligen Adligen vielen Universitäten den Rang ablaufen. Indem sie dann aber im Zuge der Frühaufklärung vergleichbare Einrichtungen übernahmen und weniger theologisch bestimmt schienen – die Gründung Halles 1694 war dafür das markante Beispiel –, gewannen im Reich die Universitäten ihre führende Rolle auch für die adlige Ausbildung zurück [382: SCHINDLING]. All dies, angestoßen vom Humanismus und den Notwendigkeiten des territorialen Ausbaus, erklärt, dass Teile des Adels und viele akademisch Vorgebildete über ein gemeinsames, ein antik-klassisch geprägtes europäisches „Bildungswissen" verfügten [338: MEUTHEN, 203; 139: BRUNNER] und dass nicht zuletzt die Universitäten dafür standen [189: WALTHER].

Die Errichtung von Ritterakademien

Das gemeinsame humanistische Bildungswissen

10. Der Späthumanismus

Der so genannte
Späthumanismus

Diese Grundgegebenheit hielt sich über die gesamte Frühe Neuzeit, trotz der Konfessionalisierung und der später einsetzenden Aufklärung. Die im späten 16. Jahrhundert an einigen Höfen und um 1600 an Universitäten öfters zu beobachtende Revitalisierung humanistischer Vorstellungen und Ideale – in deutlicher Absetzung von einer polemisch agierenden konfessionalisierten Umwelt – hat insbesondere bei so genannten Barockforschern dazu geführt, von einer Zeit des Späthumanismus zu sprechen [186 u. 133: TRUNZ; 128: SCHUBERT; 161: KÜHLMANN; 114, 147 u. 270: EVANS]. Ohne dass bereits eine *communis opinio* darüber besteht, was diesen auf Reichsboden relativ spät auftretenden Humanismus auszeichnete, wird er als eine „den Realien zugewandte Wissenschaftsbewegung" charakterisiert [81: OESTREICH], deren Ziel die Überwindung der im Zuge der Konfessionsstreitigkeiten aufgebrochenen Krise gewesen sei. SCHUBERT [128] urteilte über ihn, er sei „vom Sinngehalt zum Formgehalt" mutiert, habe die antike Überlieferung „vom Lebenssinn zur Bildungsfunktion" umgeformt. Das, was bislang lateinisch gesagt worden sei, hätten die Späthumanisten nunmehr wie TRUNZ im Blick auf Meyfarts Teutsche Rhetorica (1634) in deutscher Sprache ausgedrückt und Opitz meinte, „jetzt auch deutsch sagen" zu wollen [133: 9]. Zugleich habe sich eine „Form intensiver Zusammenarbeit der Gelehrten herausgebildet" [Ebd., 339]. Und hierbei handelt es sich nicht mehr um die Jahrzehnte um 1600, sondern um spätere im Dreißigjährigen Krieg. Es sei ihnen darum gegangen, in einer Zeit der „Verwilderung den Geist rein" zu halten. Skeptisch hinsichtlich des Gebrauchs des Begriffs Späthumanismus sind hingegen MUHLACK [77 u. 78] sowie MACLEAN [73].

Für Universitäten und Schulen, für die Bildungsgeschichte steht außer Frage, dass die seit dem Humanismus überragende Rolle der Antike unvermindert fortbestand. Ob das mehr als eine schulmäßige, eine philologische, eine ethisch-praktische, eine vorkonfessionelle, eine ästhetische Auseinandersetzung und Beschäftigung charakterisiert werden sollte oder eben als späthumanistische, muss derzeit noch offen bleiben [154: HAMMERSTEIN/WALTHER]. Sicher war die Sache selbst ein Elitephänomen, hat aber die bereits während des Humanismus um 1520 erreichten Ansichten, die entsprechende Neuorganisation der Universitäten nicht eigentlich entschieden anders oder auch nur teilweise neu beeinflusst [292: HAMMERSTEIN]. Wichtiger waren die Auswirkungen dieses „Späthumanismus" offensichtlich für den politischpraktischen Bereich, die *philosophia practica*, die Lehren von den arcana *Imperii* [113: DREITZEL; 59: ETTER; 133: TRUNZ, 15 ff.]. Die um 1600 zu beobachtenden Verhältnisse an den Universitäten Tübingen, Heidelberg, Helmstedt, Altdorf und Straßburg gehören in diesen Umkreis.

Späthumanismus und *philosophia practica*

Es wird im Blick auf die breitgestreute Literatur zur *Politica*, zu einer deutschen Politik von einem „politischen Aristotelismus", auch einem „Spätaristotelismus" gesprochen. Freilich ist deren Kenntnis in vielem noch verbesserungsfähig [85: REINHARD]. Zwar haben sich im Zuge der Neueinrichtung von Lehrstühlen der Politischen Wissenschaft an deutschen Universitäten nach 1945 einige wichtige Arbeiten mit diesem Phänomen beschäftigt [74: MAIER; 63: HENNIS], aber das geschah z.T. mehr in der Absicht verlässlicher und ethisch überzeugender Verankerung des eigenen Fachs nach der Katastrophe des Dritten Reichs denn in der historischer Bearbeitung. Es wurde darin eine noch ganzheitliche Lehre der *Politic* vor ihrer Aufspaltung in Einzeldisziplinen wie technologische Handlungsanweisung, *ratio status*-Lehren, empirische Klugheitslehren, etc. gesehen. Ein topischer und teleologischer Praxisbegriff sei fest an die Ethik gebunden, die ihrerseits auf das Gemeinwesen bezogen gewesen sei, um Ordnung und Zufriedenheit zu ermöglichen. Entschieden habe sich diese Lehre – im Begriff der *Policey* etwa – von machiavellistischen Vorstellungen, auch der Souveränitätslehre Bodins oder den Theorien Hobbes' abgehoben und in einem paternalistischen, fürsorglichen Verwaltungsstaat einen eigentümlichen Beitrag zur frühmodernen Staatslehre entwickelt. In ihren unterschiedlichen Ausprägungen wurde sie bestimmten Universitäten zugerechnet, so eine „historisch-empirische" Lehre in Helmstedt mit Arnisäus und Conring, eine „historisch-philologische" in Königsberg und Altdorf, eine „ramistisch-monarchomachische" mit Althusius und Alsted in Herborn, eine „neustoisch-tacitistische" Straßburgische mit Bernegger und Boecler [85: REINHARD]. Freilich bleiben die Abgrenzungen zur Naturrechtslehre, zum *Jus publicum*, zur christlichen Staatslehre, zur *Prudentia gubernatoria* nicht immer ganz klar, wie denn überhaupt die gelehrten und literarischen Verbindungen und Abhängigkeiten weiterer Untersuchungen bedürfen. Auch wird inzwischen diese aristotelische, wenig machiavellistische bzw. monolithische deutsche Politiktheorie, die unabhängig von konfessioneller Zugehörigkeit um 1600 eine Renaissance erlebte, eher mit der territorialen Vielfalt erklärt, als mit genuin ethischen Bestrebungen. Wie in *Theologicis* bot Aristoteles eine feste Orientierung auch in *Politicis* [80: MULSOW].

Der politische Aristotelismus

Die Bedeutung
von Höfen für
die Bildung

Auch an Höfen wurden damals analoge Interessen verfolgt, so in Stuttgart und Heidelberg [164: MERTENS], in München [142: VON BUSCH], in Wien und Prag [147: EVANS; 168: MOUT], in Kassel. Ästhetisch-literarische künstlerische Interessen waren dabei vielfach bestimmend, neben und mit solchen für Wissenschaften. Die wurden gern in okkulter, in hermetischer Weise betrieben und gefördert [49: BAUER; 69: KÜHLMANN], wie denn überhaupt Tradition und Bedeutung von „Geheimwissenschaften" zu ergründen gesucht wurden [104: ZIKA]. Konfessionelle Fragen traten dahinter zurück, was es in den Augen vieler erlaubt, diese früher meist übersehenen Phänomene als Späthumanismus, auf dem Feld der *Politic* als Spätaristotelismus zu charakterisieren. In der Tat gemahnt in Anspruch und Auftreten vieles an humanistische Ideale und Verhaltensmuster. Weitere Arbeiten müssen zeigen, wie sie zu charakterisieren und begrifflich angemessen zu bezeichnen sein werden.

11. Schulen und Gymnasien

Es wurde bereits mehrfach auf Verhältnisse an einzelnen Universitäten, auch an Schulen und Höfen, verwiesen. Eine knappe Übersicht über neuere Literatur vor allem zu Universitäten – denn hier gibt es die meisten Arbeiten –, zeigt Korrekturen, interessante Einsichten, schlicht Neues und Weiterführendes. Es waren häufig nämlich solche Monografien, Abhandlungen und Aufsätze, die frühere Urteile in Frage stellten, eine positivere Bewertung der Bildungsgeschichte des Spätmittelalters und der Frühen Neuzeit erbrachten.

Literatur zu einzel-
nen Hochschulen
und Schulen

Natürlich hat sich nichts Grundsätzliches an den früher bereits bekannten allgemeinen Sachverhalten wie institutionellem Aufbau der Hochschulen, Größenordnung, Zeitbedingtheit von Lehren, numerischen Voraussetzungen verändert. Diese Rahmenbedingungen dürfen als stabil und bekannt gelten, wenngleich sie gelegentlich Modifikationen, vor allem andere Bewertungen als früher erfahren können. Es verweist das aber auch darauf, dass für viele Anstalten nach wie vor ältere Darstellungen herangezogen werden müssen und können.

Neueres zum Gym-
nasialschulwesen

Das gilt übrigens auch für die Geschichte der Schulen, Gymnasien und niederen Schulen. Zwar haben sich die allgemeineren Beobachtungen verfeinert, aber neuere Arbeiten zu einzelnen Schulen bzw. Schulgattungen sind für diese Zeit nicht allzu zahlreich. Unternehmen wie das der Eichstädter Forschergruppe [267: DICKERHOF] sind bisher eher selten. Für viele Regionen fehlen zuverlässige Untersuchungen.

Immerhin kann inzwischen als relativ gesichert gelten, dass der Aufbau eines funktionierenden Gymnasialwesens im späten 15. Jahrhundert und dann im Zuge der Reformation als wichtig angesehen wurde [425: BOEHM; 426: ENDRES; 433: KINTZINGER]. Insbesondere in den Städten, im Süden vorab in den Reichsstädten, war dies der Fall, gelegentlich aber auch auf dem Land. Schulpolitik wurde zu einer nicht unwichtigen obrigkeitlichen Aufgabe und sie kam folgerichtig im Allgemeinen in fürstliche bzw. städtische Regie [430: HEILER; 431: JACOB; 428: GLAUBENSLEHRE]. Deren Bedarf wurde hier dominant, zumal im protestantischen Reich. Städtische Scholarchate bzw. die Konsistorien regelten dann meist die inhaltliche Ausrichtung und führten die Aufsicht, wohingegen in den katholischen Territorien, die erst allmählich den Verlust der zumeist evangelisch gewordenen Schulen aufholen konnten, die Jesuiten schließlich das Heft in die Hand nahmen. Sie konnten das vergleichsweise frei von staatlicher Einflussnahme tun. Im Südwesten, in Schwaben etwa führte die bewusste Schulpolitik der Neugläubigen zu einer fast flächendeckenden Versorgung mit Lateinschulen, der die katholische Seite bis ins späte 17. Jahrhundert nichts Vergleichbares zur Seite zu stellen hatte [432: KIESSLING]. Andererseits führte die straffe gegenreformatorische Politik Bayerns dazu – z. B. unter Maximilian I. –, dass der breite Ausbau jesuitischer Gymnasien in Städten und Marktflecken Gebildete über Bedarf produzierte, einen Mangel an Handwerkern und praktischen Berufen beklagen ließ. Dass das einen vergleichsweise hohen Prozentsatz von zweisprachlich (Latein und Oberdeutsch) Lesefähigen und somit einen Markt für Literatur schuf – bis 40 Prozent Alphabetisierte werden geschätzt – korrigiert ältere Vorurteile und erklärt Eigentümlichkeiten katholischer Literarizität [138: BREUER].

Führende Position der Städte

Das katholische Schulwesen

Der Ausbau eines humanistisch geprägten Gymnasialschulwesens im 15. und frühen 16. Jahrhundert vermehrte nicht nur die Zahl der Gebildeten, sondern vermochte mitunter den Besuch von Universitäten zu beeinträchtigen. Indem diese Gymnasien z. T. auf dem Niveau einer *artes*-Fakultät unterrichteten, garantierten sie eine ebenso gute Ausbildung. Alle, denen nicht an einer Graduierung gelegen war, konnten sich daher mit einem Gymnasialbesuch begnügen [427: FELLMANN]. Wie erste Beispiele belegen [239: TEWES], hängt der Einbruch der Immatrikulationszahlen in den 1520er Jahren nicht nur mit der Reformation zusammen, ist zumindest von solchen Entwicklungen mit beeinflusst.

12. Einzelne Universitäten in jüngeren Darstellungen

Die Kölner Universität

Einige der größten Universitäten des Spätmittelalters haben bemerkenswerte Darstellungen erfahren. Das neben und vor Basel als städtische Gründung eingerichtete Köln stieg rasch zur Ausbildungsstätte für den niederländisch-nordwestdeutschen Großraum auf [234: SCHWINGES]. Die hier nach üblichem Kanon gelehrte Theologie genoss damals europäisches Ansehen. Köln galt als ein Zentrum des Realismus, wenn auch beide Wege hier gelehrt wurden. Entgegen der weit verbreiteten Auffassung, Köln sei daher – wie es die *Epistolae obscurorum virorum* (1515) bereits behaupteten – Hochburg einer überlebten Scholastik und ein finsterer Ort des Antihumanismus gewesen, betonen diese neueren Arbeiten entschieden den modernen, gerade auch humanistischen Charakter der Anstalt seit dem späten 15. Jahrhundert. Nicht zuletzt die institutionelle Besonderheit, dass Bursen und Collegien die Universität fundamental bestimmten [217: Tewes] habe es ermöglicht, den neuen Ideen und Lehren Raum zu geben. Deren Lehrkräfte, beginnend bereits mit Johannes Tinctoris und noch vor Luder hätten jeweils selbstverantwortlich dort neben dem offiziellen Kanon humanistische Ideen verbreiten können.

Trotz Reformversuchen in den 1520er Jahren erlebte Köln wie auch andere Universitäten einen massiven Einbruch. Humanistische Korrekturen hätten zwar moderate Neuerungen gebracht – auf Dauer habe das zu dem auch andernorts zu beobachtenden Kompromiss einer humanistisch aufpolierten Scholastik und einer humanistischen Philologie geführt [337: MEUTHEN, 235] –, aber erst nach 1550 begann die Universität sich allmählich wieder zu erholen. Sie erreichte nie mehr ihren spätmittelalterlichen Rang, da sie für den katholischen Niederrhein nur noch von örtlicher Bedeutung war. Die Beteiligung von Jesuiten machten nach 1577 die Reformbemühungen erfolgreicher, sodass die Anstalt hinfort die rheinisch-katholische Elite des Umlands heranbilden konnte. Eine überörtliche Bedeutung erreichte sie, trotz manch beachtlichem Beitrag, nicht mehr.

Die Studien in Erfurt

Die 1392 aus Ordensstudien mit Hilfe der reichen Stadt eröffnete Universität in Erfurt stieg nach 1431 zur größten im Reich auf. Bis 1471 blieb sie das, bis Leipzig 1471 ihre Nachfolge antrat. Ihr Ansehen war enorm, ihre juristische und ihre theologische Fakultät hatten überörtlichen Rang. Vom Bologna des Nordens wurde damals gesprochen und ihre Theologen – im 15. Jahrhundert zunehmend der *via moderna* folgend – galten neben Köln als wichtigste geistige Instanz. Bei Konzilien und anderen kirchlichen Diskussionen waren Erfurter Professoren gefragt. Bis 1520 wurden hier mehr als 35 000 Studenten immatrikuliert [11: SCHWINGES/WRIEDT]. In der Darstellung von KLEINEIDAM [310] hat die Universität Erfurt eine umfassende Gesamtdarstellung erfahren. Ende des 15. Jahrhunderts verlor ihre Theologie freilich an Kraft, sie wurde epigonenhaft. Dies entsprach der spätmittelalterlichen Entwicklung, die die Theologie infolge des Wegestreites in eine Krise führte, bei gleichzeitigem Anwachsen einer breiten Frömmigkeitsbewegung. Erbauliche und „theologieflüchtige" Traktate füllten denn auch die Bibliotheken [310: KLEINEIDAM II, 93 ff.]. Anregende und gehaltvolle Theologie hatte kaum mehr eine Chance, worunter nicht zuletzt der Erfurter Studiosus Luther litt. Allein mathematisch astronomische Studien, für die die Universität bis in die 1480er Jahre hinein berühmt war, sicherten ihr noch Geltung. Humanistische Bestrebungen, denen sich viele alsbald offen und geneigt zeigten, erhielten der Hierana dann noch bis in die Anfänge des neuen Jahrhunderts eine gewisse Lebendigkeit und Wertschätzung. Der politische und ökonomische Niedergang der Stadt wie auch die nachlassende geistige Kraft gefährdeten zwar die Universität in und nach der Reformation, doch wurde sie nicht aufgelöst. In engem Rahmen konnte sie – wie es Kleineidam minutiös ausbreitet, ganz so wie für die Glanzzeit zuvor – bis zum Ende des Reichs selbst fortwirken, freilich bar jeder überörtlichen Bedeutung.

Eine von Anfang an große Universität lag ebenfalls im mitteldeutschen Raum, in Leipzig. Die Wettinischen Landesherren hatten die aus Prag abwandernden Studenten 1409 bereitwillig aufgenommen und rasch gestaltete sich das Studium und die Anfangszeit prächtig, wie bereits viele ältere Untersuchungen darlegten. Dieser Analyse wie auch der Darstellung der institutionellen Besonderheit der Ordnung nach *nationes* – das Prager Vorbild blieb hier prägend –, der Attraktion einer neuen Universität in weitem Einzugsbereich mit entsprechendem Zuzug und dem gelehrten Erfolg fügten die jüngeren Arbeiten wenig hinzu. Sie wurden zuletzt im Sinne einer moderat marxistischen Gesamtdarstellung bei RATHMANN [366] zusammengefasst.

Auch danach wird freilich nicht ganz deutlich, warum Leipzig, immer eine der größten Universitäten des Reichs, ab dem 16. Jahrhundert eher ein mittleres geistiges Profil aufwies. Reformen im Zuge der Reformation, die hier vergleichsweise spät eintrat, zuvor die zögerliche Annahme humanistischer Vorstellungen und weitere Reformversuche

Die Universität Leipzig

der nachdrücklich bestimmenden Landesherren vermochten es bis in die Mitte des Jahrhunderts nicht, die Anstalt zu modernisieren und lebendiger zu machen. Eine Statutenerneuerung nach Wittenberger Vorbild, das erfolgreiche Wirken von Joachim Camerarius sowie eine großzügige Neufundierung durch Herzog Moritz änderten nichts an dem vorwaltenden Grundzug des betonten Traditionalismus [414: WARTENBERG]. Die cryptocalvinistischen Unruhen brachten zwar viel Unrast und Bedrängnis, aber sie führten nach der kurzen Zwischenspanne von wenigen Jahren zum strikt orthodoxen älteren Status zurück. Konkordienformel, entsprechende Visitationen und auf Seiten der Professoren eidliche Verpflichtungen stärkten den konservativ traditionalistischen Charakter der Anstalt. Die Zahl der Professuren folgte Wittenberger Vorbild. Leipzig gehörte zu den gut ausgestatteten und besuchten, aber wenig innovativen Hochschulen wie es scheint.

Die Universität Wien

Die noch ältere und im Spätmittelalter zeitweise blühende Wiener Universität hat bereits früh wissenschaftliche Aufmerksamkeit auf sich gezogen. Die Darstellung von KINK [307] darf noch immer, trotz ihrer zeitbedingten Mängel, als die wichtigste gelten. Mannigfach ergänzt dürfen neben LHOTHSKYS [316] minutiöser, stark institutionell orientierter Darstellung der *artes*-Fakulät im Spätmittelalter während der Blütezeit Wiens Aufsätze aus jüngerer Zeit als wichtige Forschungsbeiträge genannt werden.

Sie verdeutlichen den im Spätmittelalter stark kirchlich geprägten Charakter der damals zeitweise größten Universität des Reichs. Erst 1494 erhielt sie eine Professur für Römisches Recht, ihren Humanismus verdankte sie den landesherrlichen Vorschriften, wie nicht zuletzt das Beispiel des viel behandelten Celtis zeigt [423: WUTTKE; 193: WORSTBROCK]. MÜHLBERGER [347] spricht denn auch von einem „Kanzleihumanismus" für diese frühe Zeit um 1500. Die bekannte und viel gerühmte Wiener mathematische Schule, die gern in Verbindung mit dem Humanismus gesehen wird [242: BAUCH], beurteilt nicht nur Mühlberger eher als Privatsache der Beteiligten, was erklärt, dass sie ohne weiterwirkende Stetigkeit war [auch 92: SCHÖNER].

Es war auch bisher schon bekannt, dass in Wien der Einbruch der Reformation katastrophale Folgen hatte. Reformversuche Ferdinands I. schlugen fehl, erst mit den Jesuiten trat eine neue, aber nicht mehr überörtlich bedeutsame Phase ein, nicht schon 1551, erst mit der *Sanctio pragmatica* von 1622, was sich bis Maria Theresia hielt. Eine nur bedingt universitäre, aber insgesamt geistige Blüte erfuhr Wien – und dies Phänomen findet erst jetzt stärkere Aufmerksamkeit – im Zuge des Hofhumanismus [346 u. 348: MÜHLBERGER; 147: EVANS], den Maximi-

lian II. und abgewandelt noch Rudolf II. favorisierte. Im Umfeld der
Erörterungen eines Späthumanismus wird häufig auf diesen Sachverhalt verwiesen, der, wie erwähnt, allerdings mehr Wien und Prag denn
der Universität zugute kam. Sie blieb, wie es scheint, auf dem Stand einer tüchtigen Landeshochschule. Erst weitere Untersuchungen können
hier Klarheit bringen.

Eine gewiss mehr als tüchtige Landeshochschule war Ingolstadt.
Sie hat in den letzten Jahrzehnten eine Fülle z.T. bemerkenswerter Untersuchungen erhalten, die das bereits früher gute Bild der Anstalt weiter verfeinert haben [vgl. 256: BOEHM/SPÖRL]. Danach erscheint auch in
diesem Fall Wunsch und Vorstellung der Landesherren und ihrer Berater entscheidend, verstand sich die Universität unter Eck als Antipodin
zu Wittenberg, zählte insbesondere ihre juristische Fakultät – und das
auch während der jesuitischen Zeit – zu den Glanzlichtern [420:
WOLFF]. Dem *mos Italicus*, also praktischen Bedürfnissen verpflichtet,
verfügte sie über angesehene Gelehrte, während die theologischen Disziplinen nur z.Z. Ecks (1510–1543) und in den frühen Jahren der Jesuiten überörtliche Wirkung hatten [93: SEIFERT]. Die Lehrtätigkeit Gregor
von Valencias zwischen 1575 und 1592 war nicht nur außerordentlich
erfolgreich und fruchtbar, sie entwickelte zugleich einen lange verbindlichen Kanon dogmatischer Inhalte. Dem Landesherren genügte es,
dass nur zwei der vier Lehrstühle der Gesellschaft Jesu zufielen [304:
KAUSCH], dafür unterstützte er aber den Orden und seine Seminarpolitik gezielt und großzügig [397: SEIFERT]. Bezeichnenderweise mahnten
die Herzöge mehrfach eine stärkere Berücksichtigung der Ethik im artistischen Unterricht der Jesuiten an, sei sie doch für die weltlichen und
juristischen Dinge unabdingbar. 1642 wurde schließlich dem andauern-
den Drängen der Juristen nach einem eigenen *cursus artistarum* für ihre
studiosi stattgegeben.

Dass das Renommee der Anstalt viele von Adel anzog und selbst
protestantische Adlige hier graduieren konnten [350: MÜLLER], verweist auf die große Bedeutung der Anstalt für Süddeutschland. Wenn es
auch den schwäbischen und den Tiroler Adel eher nach Dillingen zog
[377: SCHAICH], dessen Verdienste für die Katholizität großer Teile
Schwabens und Vorderösterreichs mehrfach herausgestellt wurde [381:
SCHINDLING; 315: LAYER], hatte Ingolstadt doch den größeren Einzugsbereich. Die bei WOLFF [420] und KAUSCH [304] mitgeteilten Listen der
Graduierten zeigen das schön. Andererseits wirkte Dillingen ungemein
segensreich für die süddeutsche Klosterkultur des späten 16. und frühen 17. Jahrhunderts sowie die kleinen und mittleren katholischen Territorien des Südwestens. Nachdem Freiburg keine größere Rolle mehr

Die Universität Ingolstadt

Ingolstadt als Adelsuniversität

Dillingen

für die weiteren Vorlande spielte und in allzu bescheidenem Rahmen verblieb [312: KÖHLER], stand das „schwäbische Rom" als wache, wenn auch streng scholastische Anstalt für die angemessene Ausbildung des klösterlichen wie des Weltklerus [303: IMMENKÖTTER; 306: KIESSLING]. Obwohl Jesuitenuniversität richtete es im 17. Jahrhundert juristische Lehrkanzeln ein, damit der Bedarf kleiner katholischer Territorien an entsprechend Ausgebildeten gedeckt werden konnte.

Dass Ingolstadt neben dem Haus Wittelsbach nicht zuletzt für das Haus Habsburg hohe Bedeutung hatte, entschieden mehr als Wien, zeigt KOHLER [311]. Dem Humanismus war die Hochschule schon früh geneigt und behielt deshalb den höfischen Charakter in bestimmten Studien trotz zunehmender Verprovinzialisierung der Anstalt bei. Vorübergehend verfügte Ingolstadt über begabte Vertreter des *quadriviums*, ihnen waren – auch den Jesuiten – bemerkenswerte Entdeckungen zu verdanken [389: SCHÖNER]. Über die Lehrer der Anstalt gibt ein bio-bibliografisches Handbuch Auskunft [17: BOEHM].

Die Universität Tübingen   Auch über Tübingen sind wir vergleichsweise gut unterrichtet. Eine Geschichte der Universitätsverfassung zeigt, dass das Regenzsystem der Artisten schon vor der Reformation in Frage gestellt war und die Fakultät 1544/45 mit den oberen gleichgestellt wurde [216: TEUFEL]. In den 1550er Jahren richtete sie sich vermehrt nach Straßburger Vorbild aus, band zugleich die Gymnasien des Territoriums enger an die Hochschule [300: HOFMANN]. Die Kirchenordnung von 1559 wandte sich von schweizerischen Einflüssen ab und votierte entschieden für eine lutherische Ausrichtung, was dann Tübingens starke Ausstrahlung auf die neugläubige Lehre mit ermöglichte [248: BAUR; 372: RUDERSDORF]. Kanzlerschaft und Professur Jacob Andreaes legten die Universität auf eine orthodoxe Haltung fest [110: BRECHT; zum Kanzleramt 196: ANGERBAUER]. Tübingen und nicht mehr Wittenberg war vorübergehend die bestimmende lutherische Anstalt im Reich [371: RUDERSDORF]. Bereits damals wandelte sich Tübingen zunehmend zu einer Familienuniversität [376: SCHÄFER; 378: SCHMIDT-

Tübingens Blüte um 1600   GRAVE]. Die 1601 erlassene *nova ordinatio* und die vom Herzog oktroyierte Kanzlerschaft Andreas Osianders ab 1605 eröffneten dem Kreis um den Juristen Christoph Besold, dem Theologen Matthias Hafenreffer, Daniel Mögling, dem Andreae-Enkel Johann Valentin und Tobias Heß – den beiden Inauguratoren der Rosenkreuzer-Bruderschaft – vermehrte Wirkungsmöglichkeiten [121 u. 161: KÜHLMANN]. In den 1614/15 publizierten Rosenkreuz-Manifesten plädierten die Beteiligten für eine Versöhnung von Theologie und Wissenschaften, für eine kritische Haltung gegenüber vermeintlichen Autoritäten sowie eine Abkehr von Gelehrtengezänk, für überörtlichen Austausch [358: NEUMANN]. In ihrer wundersam hermetisch-alchimistisch-späthumanistischen Manier hatten die Rosenkreuzer eine unerhörte Resonanz mit ihrer auf Astronomie, Theologie, Mathematik, Geschichte, Philologie, Astrologie aufbauenden zeittypischen Staats- und Lebensutopie. Sie richtete sich gegen die andernorts verbreitete konfessionelle Unbeweglichkeit [50: BETSCH; 67: KISTERMANN]. Viele dieser Männer pflegten Kontakte weit über Tübingen hinaus, waren Teil einer um 1600 blühenden, reichsweiten *respublica litteraria*.

Damals wirkten außerdem Wilhelm Schickhard als Professor für Hebräisch und Astronomie [120: KÜHLMANN; 112: BUBENHEIMER], der streitsüchtige aber anerkannte Gräzist Martin Crusius [111: BRENDLE] und Michael Mästlin, der Lehrer Keplers. Tübingen war wieder zur führenden Universität des süddeutschen und südosteuropäischen Protestantismus geworden. Auch das 1594 eröffnete *collegium illustre* trug zu seinem Ruf bei, der bis zur Schlacht bei Nördlingen 1634 anhielt, bevor die Schrecken und Verwüstungen des Dreißigjährigen Krieges auch diese Stadt ereilten [375 u. 376: SCHÄFER; 218: THÜMMEL]. Davon sollte sich die Anstalt lange nicht erholen [264: DECKER-HAUFF u.a.].

Insgesamt erweist sich auch in Tübingen der Einfluss des Landesherrn als außerordentlich wichtig. Die Universität wurde bewusst zum Auf- und Ausbau des Landes eingesetzt, ja instrumentalisiert [336: MERTENS; 372: RUDERSDORF; 273: FINKE]. Wie entscheidend das andernorts noch kaum untersuchte Instrument der Visitationen hierbei sein konnte und war, ist ebenfalls gezeigt worden [363: PILL-RADE-MACHER]. Minutiös, gut unterrichtet und mit klaren Vorgaben hat der Stuttgarter Hof darauf gedrungen, die Landeshochschule eine zeitgemäß erfolgreiche, das Territorium stützende Anstalt sein zu lassen.

Die Universität
als Mittel landes-
herrlicher Politik

Die Überlieferung für die beiden kurfürstlich geistlichen Universitäten Mainz und Trier ist schlecht. Dementsprechend schütter ist die Kenntnis der Verhältnisse in einzelnen Zeitabschnitten, nicht zuletzt für die hier zu behandelnden Abschnitte. Die Gesamtdarstellung Triers bleibt für diese Zeit bewusst lückenhaft [424: ZENZ]. Sie fasst zusammen, was bekannt ist. Da die Universität kaum überörtliche Bedeutung besaß, in der Reformationszeit zusätzliche Einbußen hinnehmen musste und auch die 1561 gerufenen Jesuiten keinen grundlegenden Wandel herbeizuführen vermochten, verharrte die Anstalt in eher bescheidenem Rahmen. Für das nähere Umfeld erfüllte sie wohl die erwarteten Ausbildungsaufgaben, was alles freilich neuerlicher Überprüfung bedürfte.

Die Universitäten
Trier und Mainz

In Mainz standen die Dinge kaum anders. Immerhin vermehrte die gelungene Rekonstruktion der frühen Artistenfakultät unsere Kenntnisse nicht unwesentlich [407: STEINER] und belegt einen im allgemeinen Rahmen der Universitätsgründungen und Lehre typischen Verlauf. Die Gesamtübersichten [301: JUST/MATHY; 325: MATHY] zeichnen diese Entwicklung zuverlässig und plausibel nach, können begreiflicherweise aber ihrerseits die bestehenden Lücken in der Überlieferung nicht füllen. Sie sind ein wenig altmodisch und wiederholen sich teilweise. Danach ergibt sich ungefähr folgende Entwicklung: Nach intensiven Auseinandersetzungen im Wegestreit öffnete sich Mainz recht früh dem Humanismus. Vater und Sohn Gresemund hatten durchaus überörtliches Ansehen, fruchtbare Verbindung zu den Elsässer und Wiener wie auch zu den kurmainzisch Erfurter Humanistenzirkeln. Kurze Zeit – wenn auch ohne eigentliche Folgen – lehrte Celtis in Mainz. Die Reformationszeit brachte den üblichen und lang anhaltenden Einbruch. Erst mit den Jesuiten gelang ab 1561 ein bescheidener Wiederaufstieg. Immerhin wirkte hier von 1610–1621 der bedeutende politische Theoretiker und spätere einflussreiche Beichtvater des bayerischen Kurfürsten Maximilian I., Adam Contzen. Das war aber ein Ausnahmefall. Insgesamt verblieb die Universität wohl in bescheidenem regionalen Rahmen. Nach der schwedischen Besetzung 1631 erholte sie sich nur äußerst langsam.

Die Universität Würzburg

Würzburg hat zur letzten Zentenarfeier zwar einen großen Sammelband herausgebracht, aber nur ein Beitrag ist für die hier fragliche Zeit einschlägig [246: BAUMGART], sodass die ältere Darstellung VON WEGELES [415] noch immer wichtig ist. Baumgart sieht in der Wiedererrichtung durch Julius Echter von Mespelbrunn 1582 einen typischen Akt gegenreformatorischer Hochschul- und damit Territorialpolitik, ein – wie er mit MERKLE [332] sagt – *instrumentum dominationis*. Obwohl der junge Fürstbischof von Anfang an die Jesuiten beteiligte, erwies er sich ihnen gegenüber als ebenso selbstherrlich wie gegenüber dem zögerlichen – aber mitspracheberechtigten – Domkapitel. Er behielt die Fäden in der Hand. Bezeichnenderweise beanspruchte er für sich einen eigenen Raum im Jesuitenkolleg! Würzburg wurde letztlich keine Jesuitenuniversität. Größere Bedeutung sollte die Anstalt, ähnlich wie Mainz, erst im 18. Jahrhundert gewinnen.

Die Universität Wittenberg

Ganz anders als diese katholisch bleibenden Universitäten nimmt sich die Geschichte der Leucorea in Wittenberg aus. Auch sie wurde von Friedrich dem Weisen in landesherrlichem Interesse 1502 gegründet und sollte neben den zwei Wegen von Anfang an auch humanistische Studien bieten. Dass sie während der Reformation nicht nur für die Neugläubigen zur stilbildenden Anstalt aufstieg, wurde bereits hinreichend berichtet. Die ältere Darstellung FRIEDENSBURGS [275] ist trotz aller Verdienste sicherlich ergänzungsbedürftig, zumal die Festschrift von 1952 kaum diese Aufgabe erfüllte. Gewiss gibt es eine Reihe wichtiger Aufsätze, aber sie behandeln jeweils nur Teilaspekte. Immer wieder werden auch einzelne Gelehrte vorgestellt – an der Spitze Melanchthon –, aber das ersetzt nicht eine neueren Fragestellungen verpflichtete Gesamtdarstellung. Dennoch sind wir über diese Universität – inbesondere z.Z. der Reformation, unter der sie mindestens so litt wie die anderen – gut unterrichtet, da sich diverse Arbeiten mit der Lehre und Lehrinhalte prägenden Wirkung Melanchthons und seiner Mitstreiter auseinandersetzen [115: HARTFELDER; 127 und 126: SCHEIBLE]. Dass alsbald nach Luthers Tod eine antiphilippistische Hochschulpolitik in Sachsen eingeschlagen wurde, verminderte bis ins frühe 17. Jahrhundert keineswegs die Beliebtheit der Universität. Nicht zuletzt aus dem Osten und Südosten – Ungarn –, auch aus den nordeuropäischen Ländern zog es viele an die nach wie vor größte Universität. Inzwischen war die Leucorea streng orthodox geworden und erinnerte nur noch wenig an die glänzende frühere Zeit.

Helmstedt wiederum nimmt eine Art Sonderrolle unter den norddeutsch-lutherischen Universitäten ein. Freilich gibt es auch hier keine übergreifende Gesamtdarstellung. Aber Aufsätze und speziellere Abhandlungen [321: MAGER; 243 u. 244: BAUMGART; 3: KUNDERT] informieren über wichtige Phasen. Die zeitweilig herausragenden intellektuellen Leistungen Helmstedts sind zudem in vielen anderen Publikationen zum späten 16. und 17. Jahrhundert beschrieben [163: MAGER; 113: DREITZEL; 131: STOLLEIS]. Die wichtigen und in vielem für das zeitgenössische Wissenschaftsverständnis charakteristischen Statuten, die auf den Melanchthon-Schüler David Chyträus zurückgehen, liegen in einer zuverlässigen Edition vor [1: BAUMGART/PITZ].

Wie die meisten der damaligen Gründungen eng an den landesherrlichen Willen gebunden [244 u. 245: BAUMGART], verpflichteten diese begabten und interessierten Fürsten ihre Anstalt auf ein wenig polemisches, auf ein späthumanistisches Wissenschaftsverständnis. Ihre Nähe zum Kaiser und die Nachbarschaft des orthodoxen Sachsen ließen sie einen irenischen Protestantismus bevorzugen, was von den amtierenden Theologen nicht immer unbeanstandet akzeptiert wurde [122: MAGER]. Die Landesherren wussten sich aber durchzusetzen und so fanden hier u. a. Philippisten aus Wittenberg und Leipzig Aufnahme. Die Berufung Johannes Caselius' 1589 stärkte diese Tendenz, führte im Hoffmannschen Streit 1597/1601 zu einer heftigen, überörtlichen Fehde,

Die Universität Helmstedt

Breites wissenschaftliches Spektrum

verschaffte aber der offeneren, sich auf Melanchthon zurückführenden Gruppe Bewegungsfreiheit und Dauer. Dass sich dies im Streit um Aristoteles vollzog, die Philosophie eine Art autonomer Stellung neben der Theologie eroberte, verweist darauf, dass die erneuerte Scholastik keineswegs etwas Rückwärtsgewandtes haben musste [321: MAGER]. Cornelius Martini, der Schüler Caselius' publizierte ungefähr zeitgleich mit Francisco Suarez seine Versuche über Metaphysik [94: SPARN]. Einer seiner Schüler, Hermann Conring (1606–1681), führte als Universalgelehrter die Universität im 17. Jahrhundert auf eine in vielen Disziplinen neue Stufe [131: STOLLEIS]. Henning Arnisäus hielt ab 1605 als erster im Reich Vorlesungen über eine verjüngte aristotelische Ethik und Politik [113: DREITZEL]. Zu weiteren Schülern von Caselius und Martini gehörten Georg Calixt, der später den ja nie ganz unumstrittenen philippistischen Kurs fortführte, sowie Christoph Heidmann und Conrad Hornejus. Sie alle stehen für eine wissenschaftlich umstrittene, aber einflussreiche Theologie, die der Universität damals breite überörtliche Aufmerksamkeit sicherte und sie die drittgrößte im Reich sein ließ.

Auch die Juristen hatten einen guten Ruf und neben den klassischen Sprachen wurden damals Semitologie und Orientalistik gelehrt. Mit Reiner Reineccius und Heinrich Meibom d.Ä. wirkten hier zudem frühe „Historiker" in den auch in Helmstedt wichtigen Jahrzehnten um 1600. 1625 erreichte eine Pestepidemie die Stadt, was zusammen mit Einquartierungen infolge des Krieges – trotz Schutzbriefen beider Konfessionsseiten – zu einem Einbruch der späthumanistischen Blütezeit führte. Anders freilich als sonst vielfach erholte sich die Universität relativ rasch und konnte an ihren vorherigen Stand anknüpfen. Noch während des Krieges übernahm sie mannigfache Anregungen insbesondere aus den Niederlanden und gehörte zu den wichtigen frühen Vermittlern des Neustoizismus, einer auch auf Naturrecht aufbauenden Politik und einer modernen Medizin.

Die Universität Jena   Die 1558 eröffnete Salana in Jena sollte gleichermaßen weithin wirkenden Einfluss haben [413: WALTHER]. Ihre Geschichte ist recht gut, wenn auch mit marxistischem Einschlag, dargelegt worden [408: STEINMETZ; 386: SCHMIDT]. Seit 1557 wirkte Flacius Illyricus hier, um den Wittenberger und Leipziger Philippisten Paroli zu bieten. Jena war damals das geistige Zentrum der Gnesiolutheraner. Um der Universität Ungemach zu ersparen, wurde Flacius freilich bereits 1561 entlassen, da sein schwieriger Charakter einen erträglichen Umgang unmöglich machte.

Neben den ebenfalls seit 1557 lehrenden Juristen Matthäus Wesenbeck trat 1572 vorübergehend – wenn auch zunächst ohne große

Wirkung – Justus Lipsius. Der niederländische Einfluss wurde dadurch jedoch gestärkt, was sich für die um 1600 erblühende Lehre der Politik und des *Jus publicum* höchst fruchtbar auswirken sollte [96: STOLLEIS]. Indem Jena 1573 durch Erbfall an Kursachsen fiel, hatte es zwar den extremen Gnesiolutheranern zu entsagen und konnte die von Juristen, Medizinern und auch einigen Artisten bevorzugten offeneren Wittenberger Positionen übernehmen. Zugleich wurde es jedoch in die 1574 aufbrechenden kursächsischen Auseinandersetzungen zwischen orthodoxen und cryptocalvinistischen Anschauungen verstrickt, die mit der Konkordienformel und dem Konkordienbuch zugunsten der strengen Linie entschieden wurden. Die neuen Statuten von 1591 verurteilten denn auch den Philippismus, was insbesondere Artisten und Theologen tangierte. Sie machten freilich das Beste daraus: Wie Jena bis 1558 der Ort einer frühen Ausgabe der Werke Luthers war, so wurden hier nach 1600 die oben schon geschilderten wichtigen schulmetaphysischen und dogmatischen Lehren lutherischer Theologie entwickelt [108: BAUR].

Juristen und „Historiker" behielten einen nicht unbeträchtlichen Freiraum, der die Universität neben Altdorf, Straßburg, Helmstedt und Gießen zu einem der führenden Orte politischer, reichsrechtlicher Theorien werden ließ. Die Arumäus-Schule mit Johannes Limnäus, Daniel Otto, Georg Brautlacht, Benedict Carpzov – letzterer im *Jus civile* – hatte eine außerordentliche Wirkung [286: HAMMERSTEIN]. Ab den 1630er Jahren litt die Universität nachhaltig unter den Folgen des Krieges, suchte aber die einmal gewonnene Linie fortzuführen. Nach dem Tod Johannes Gerhards 1637 entwickelte sich freilich die Theologie hin zu einer strengen Orthodoxie, was auch für andere Disziplinen Erschwernisse brachte.

(Marginalie: Politisch-reichsrechtliche Studien)

Dass an der 1607 gegründeten hessisch-darmstädtischen Universität Gießen das Reichsrecht eine wichtige Ausprägung erfuhr, hängt mit dem innerhessischen Zwist zusammen. Die Gründung selbst verdankte sich diesem Streit [370: RUDERSDORF]. Die samthessische Universität Marburg sollte unter Moritz dem Gelehrten reformiert werden. Da das dem Darmstädter Vetter als treuem Anhänger des Kaisers nicht zuzumuten war, ermöglichte er seinen lutherischen Professoren eine eigene Universität. Ihre Juristen – u. a. Dietrich Reinkingk und Sinold genannt Schütz – entwickelten damals ein auf Aristoteles' Mischverfassungslehre aufbauendes prokaiserliches und proreichisches *Jus publicum*. Der Kampf gegen die Marburger reformierte Theologie fand in dem Mitinaugurator der Anstalt, Balthasar Mentzer, einen überzeugungsmächtigen Dogmatiker, dessen Compendium weit über Gießen hinaus lutherische Positionen beschrieb und festlegte. Die Univer-

(Marginalie: Die Universität Gießen)

sität war eng verbunden mit dem Hof in Darmstadt [343: MORAW] und übte auf die Landespolitik nicht geringe Wirkung aus. Sie ist als eine typische, durchaus territorialpolitisch erfolgreiche Familienuniversität einzuschätzen. Anders als Marburg kann Gießen als sprechendes Beispiel einer kleinen Universität gelten, die in ihrem Rahmen und nach ihren bescheidenen Möglichkeiten erfolgreich für das Territorium zu wirken vermochte. Das Gleiche kann für das hessennahe Rinteln gesagt werden, dessen Geschichte SCHORMANN [390 u. 391] gründlich erforscht hat. Marburg hingegen verlor nach seinem anfänglich erfolgreichen territorialpolitischen Wirken nach der Abspaltung Gießens viel von seiner Bedeutung. Hin und wieder dank einzelner guter Professoren in bestimmten Disziplinen angesehen, spielte es insgesamt für Hessen-Kassel allenfalls eine bescheidene Rolle. Wenn auch eine Reihe von Aufsätzen die ältere Gesamtdarstellung HERMELINKS [299] ergänzt und fortgeführt hat, fehlt es doch an einer allgemeinen weiterführenden Analyse. Das gilt auch für das von Moritz aus Ungenügen über Marburg in Kassel gegründete Mauritianum, eine Art Ritterakademie [166: MORAN].

Die beiden nordostdeutschen Universitäten Greifswald und Rostock erfüllten vor allem wichtige regionale Aufgaben. Für den Ostsee- und Hanseraum blieben sie bis über die Reformation hinaus, die sich erst in der Mitte des 16. Jahrhunderts durchsetzte, die eigentlichen Landeshochschulen. Über ihre Anfänge mit z. T. bemerkenswerten Besonderheiten von städtischer, kirchlicher und landesherrlicher Beteiligung und Indienstnahme sind wir recht gut unterrichtet [317: LINK; 241: ASCHE – dort die ältere Literatur]. Für Greifswald fehlt freilich eine neuere Darstellung, die insbesondere die schwierige Zeit der Reformation und der vorübergehenden Schließung nach 1527 darlegte.

Humanismus und Reformation gingen die auch andernorts übliche Verbindung ein, wobei insbesondere für Rostock als „Erfolgsrezept" eine „gemäßigt lutherische Theologie" in praktischer Ausrichtung gemeinsam mit „humanistischer Gelehrsamkeit" genannt wird [241: ASCHE, 61]. Die Melanchthonianer – vorweg David Chyträus – prägten sie in der zweiten Hälfte des 16. Jahrhunderts nachhaltig. Dass diese Universität während des Dreißigjährigen Krieges enormen Zulauf erlebte, lag an ihrer Randlage, die faktisch unberührt vom Kriegsgeschehen blieb [285: HAMMERSTEIN].

Heidelberg als eine der ältesten und wichtigsten Gründungen hat schon früh Interesse auf sich gezogen. Inzwischen sind eine Reihe weiterführender Arbeiten erschienen, die das Bild der Anstalt insbesondere im Übergang zur Reformation und dann zur Zweiten Reformation ge-

Margin notes:

Rinteln

Die Universität Marburg

Die Ostsee-Universitäten

Greifswald

Rostock

Die Universität Heidelberg

schärft haben. Die Edition der erhaltenen Protokolle des *Contuberni-ums* erlaubt einen – wenn auch recht partiellen – Einblick in die universitäre Alltagswelt, wie er nicht allzu häufig möglich ist [7: MERKEL]. Über die allgemeine historische Entwicklung, die Institutionen und Finanzen, über Lehre und Besuch unterrichtet auf neuem Stand WOLGAST [417]. Die vielfältigen Reformen im Zuge der Reformation, des Ausbaus des Kurfürstentums, des Übergangs zum reformierten Bekenntnis, die herausragende Phase um 1600 – Heidelberg wurde damals als Drittes Genf apostrophiert – werden knapp geschildert [vgl. auch 164: MERTENS; 167: MORAW; 290: HAMMERSTEIN].

Reformen seit den 1550er Jahren zielten nach internationalem Vorbild auf eine straffere Kirchenzucht und innerweltliche Versittlichung. Eine erfolgreiche Berufungspolitik der an ihrer Universität hoch interessierten Landesherren, die sich gern von Geheimen Räten und ausgewählten Professoren beraten ließen, führten nach 1560 dazu, die reformierte Seite zu stärken. Im Heidelberger Katechismus – nach Schweizer Muster – wurde schließlich 1563 das verbindliche Konfessionsdokument erstellt. Man folgte darin nicht einer intransigenten, kirchlichen Vorrangstellung wie sie die Schweizer Seite vertrat [280: GOETERS], wenngleich darüber vor Ort, u. a. zwischen Erastus und Caspar Olevian, heftig gestritten wurde [290 u. 291: HAMMERSTEIN]. Hof und Fürst hielten an der offeneren oberdeutschen Auffassung fest, die den weltlichen Kräften einen gleich wichtigen Rang zuerkannte. Räte und (spät)humanistische Gelehrte behielten dadurch einen relativ großen Freiraum, wodurch die Universität gerade auch für Studierende aus Ost- und Mitteleuropa rasch hohe Attraktivität gewann. Heidelberg war damals ein Vorort antijesuitischer, antipäpstlicher humanistischer Gelehrsamkeit [417 u. 418: WOLGAST; 294]. Namen wie Hugo Donellus, Hermann Wittekind, L. L. Pithopoeus, Victorinus Strigel, später gefolgt von Daniel Tossanus, David Pareus, Abraham Scultetus, Marquard Freher, Dionysius Gothofredus, Heinrich Smetius, Janus Gruter, Paul Schede Melissus, um nur einige zu nennen, standen für philippistische Theologie, humanistische Jurisprudenz des *mos gallicus*, eine humanistische Medizin und Poesie [95: STINTZING; 161: KÜHLMANN]. Eine *peregrinatio academica* hatte dort – ebenso wie in Basel, Altdorf, Tübingen – vorbeizuführen, und nicht nur für Reformierte und Neugläubige.

Die erste reformierte Universität

Die Glanzzeit um 1600

Das böhmische Abenteuer Friedrich V. führte 1622 zur Besetzung Heidelbergs durch die kaiserlichen Truppen unter Tilly, was diese Glanzzeit abrupt beendete. Damals gelangte die berühmte Bibliothek in den Vatikan. Erst geraume Zeit nach dem Krieg erholte sich die Universität wieder langsam, war hinfort bikonfessionell, es wirkten jetzt auch Jesuiten an ihr.

Die Hohe Schule in Herborn   Noch während dieser Glanzzeit hatte der Bruder Wilhelms von Oranien in seiner Grafschaft Nassau 1584 die Hohe Schule zu Herborn errichtet, die neben Heidelberg ein Zentrum reformierter Theologie und Wissenschaften war, bis sie 1634 vom Krieg erfasst wurde. Schon rasch war sie erfolgreich und genoss großen Zulauf aus vielen calvinistischen Regionen Europas. Als Gründung eines reformierten Grafen konnte sie nicht hoffen, privilegiert zu werden. So wurde sie von Anfang an als Semiuniversität ausgebaut, gehört also zu den Anstalten, die seit der Arbeit SCHINDLINGS zu Straßburg [380] erst so recht in den Blick der Forschung getreten sind. Herborn – Prototyp einer calvinistischen deutschen Anstalt [329: MENK] – folgte in vielem dem Straßburger Modell Sturms. Anfänglich auf den Ramismus festgelegt, verfügte es über eine ganze Reihe einflussreicher Gelehrter und hatte eine weite internationale Wirkung [330: MENK]. „Exegese, praktische Theologie und systematische Theologie" bestimmten die Semiuniversität [252: BENRATH]. Gute didaktische Aufbereitung, Praxisorientiertheit und enzyklopädische Erfassung des Stoffs waren vorgeschrieben. Caspar Olevian – in Heidelberg Erastus unterlegen – baute hier gemeinsam mit Johann Piscator eine dogmatisch an juristischen Kategorien orientierte Foederaltheologie aus [172: OESTREICH; 280: GOETERS]. Sie unterstellte einen gemeinsamen, fest gefügten Bund zwischen Gott und den Menschen, dem ein geistig-reales Vertragsverhältnis zu Grunde liege. Wilhelm Zepper erweiterte sie im Blick auf ein reformiertes Kirchenrecht und entwickelte eine reformierte Predigtlehre. In der dritten Theologengeneration wirkte hier einer der Lehrer von Comenius, Johann Heinrich Alsted [252: BENRATH; 117: HOTSON]. Unter den Juristen ragte Johannes Althusius hervor.

Die Schriften dieser Männer zogen nicht nur viele reformierte *studiosi* in die kleine Stadt, sondern beeinflussten nachhaltig die Niederlande wie auch die französischen Hugenotten. Über Schottland gelangten ihre Lehren in die Neue Welt [330: MENK]. Herborn galt insoweit vor Zerbst, Steinfurt, Bremen, Danzig und Beuthen als die neben Heidelberg führende reformierte Anstalt für das Reich, aber auch für Reformierte aus Ostmittel- und Westeuropa. Nach dem Dreißigjährigen Krieg verloren nicht nur Herborn, sondern auch die weiteren reformierten Gymnasien und Semiuniversitäten rasch an Bedeutung und internationalem Einfluss. Als territoriale Ausbildungsorte behielten sie freilich ihre Funktion ganz so wie manch weitere Hochschule, von der wir mangels neuerer Untersuchungen nur ungenügend unterrichtet sind, wie etwa Königsberg, Frankfurt/Oder, Danzig, Bamberg, Olmütz.

Die ebenfalls als Semiuniversität 1538 eröffnete Straßburger An-   Die Semiuniversität
stalt – obwohl lutherisch – konnte sich 1621 zur Volluniversität fortent-   Straßburg
wickeln. Die Geschichte ihrer institutionellen Besonderheiten, die Entwicklung vom Gymnasium zur Universität, die verschiedenen, vom
Humanismus geprägten Reformen, das Lehrangebot und die Lehrwirk-
lichkeit, die Bedeutung der einzelnen Wissenschaften hat SCHINDLING
[380] als charakteristisch und beispielhaft für eine solche rasch erfolgreiche Einrichtung beschrieben. Danach hing es vom gezielten Zusammenwirken unterschiedlicher Kräfte, von Obrigkeit, Kirche und Professoren, ab, dass eine nicht privilegierte Anstalt gleichwohl überregiona-
len Rang als Hochschule erreichen konnte. In Straßburg war die Berufung Johannes Sturms und seine geniale Studienordnung aus einer Mischung grundlegender humanistischer Methoden und lindem Protestantismus entscheidend für diesen Aufstieg. Die kluge Berufungspolitik tat
das ihrige, das *Gymnasium illustre* zu einer der führenden humanis-
tisch-evangelischen Lehranstalten werden zu lassen. Insbesondere die
juristische und die artistische Fakultät sorgten in ihrer humanistischen
Ausrichtung dafür, dass zeiterwünschte Materien angeboten und entsprechende Praktiken vermittelt wurden. Hubert Giphanius und Georg
Obrecht, François Balduinus als Vertreter des *mos gallicus*, sicherten
anfänglich ihren Ruf. Späterhin war es Matthias Bernegger als Anhänger und Interpret Justus Lipsius, der für die Pflege der neustoischen
Politic, des Reichsrechts und der Geschichte sorgte und bemerkenswerte Schüler wie Johann Heinrich Boecler hatte.

In anderer, in vielem aber vergleichbarer Weise entwickelte sich   Die Hochschule
die zweite lutherische Semiuniversitas, das Nürnberger Altdorf. Hier   in Altdorf
besaß von Anfang an die juristische Fakultät eine starke Position, obwohl ihr erster Rektor, der Straßburger Valentin Chyträus (1575–1576),
ein klassischer Vertreter schulhumanistischer Tendenzen war. Die
Phase ramistischer Wissenschaftsauffassung, in Thomas Freigius zwischen 1576 und 1581 verkörpert, hielt nicht lange. Eine philippistische
Grundhaltung blieb und da Nürnberg gute „Ausländer" berief, erblühten neben der Jurisprudenz Ethik, Politik und Geschichte, die hier 1598
einen ersten Lehrstuhl im Reich eingerichtet erhielten. Der aus Straßburg 1683 abgeworbene Giphanius, Hugo Donellus sodann, Scipio
Gentilis, Peter Wesenbeck und Konrad Rittershusius machten bis in
den Dreißigjährigen Krieg die Anstalt auf dem Gebiet von Jus, Politik,
Reichsrecht und Spätaristotelismus zu einer führenden im Reich, unterstützt durch die Mediziner, die sich in ihren naturwissenschaftlichen

Lehren ihrerseits auf Aristoteles stützten, insbesondere Philipp Scherbius und seine Schule. MÄHRLE [320] hat das detailiert dargelegt. Gemeinsam mit Helmstedt, Jena und Straßburg hat Altdorf in den Jahren
vor dem großen Krieg Wichtiges zum neuen Denken über das Reich,
die Politik generell, die Gemeinwesen insgesamt und über Methoden
der Wissenschaften beigetragen, was freilich hier nicht über den Krieg
hinweg zu wirken vermochte, obwohl Altdorf 1622 – kurz nach Straßburg – universitären Status erhielt.

Die Benediktiner-universität Salzburg   Im gleichen Jahr konnte übrigens die einzige nichtjesuitische katholische Universität des Reichs in Salzburg feierlich eröffnet werden.
Von mehreren süddeutschen Benediktinerklöstern getragen, erblühte
die Hochschule rasch und erhielt starken Zulauf aus dem süddeutschen,
nord-und südalpinen Gebiet, auch aus Italien, wurde sie doch nie vom
Krieg tangiert [381: SCHINDLING]. Stark von italienisch-barocken Vorstellungen geprägt – einige Professoren kamen von dort – vertrat es
einen weniger strengen Thomismus. Hier wurde eine eigene Moral-
theologie entwickelt, anders als bei den Jesuiten früh eine Geschichtsprofessur gestiftet, viel für die Ausbildung einer süddeutschen Klosterkultur geleistet, die ihrerseits vor allem für Schulen auf dem Lande
segensreich war. Insgesamt erscheint Salzburg gelassener katholisch
als die jesuitischen Schwesteranstalten [367: REDLICH]. Noch vor Dillingen sollte Salzburg wichtig für den süddeutschen reichischen Barock
und seine Wissenskultur sein, was aber den hier darzustellenden Zeitraum übersteigt.

13. Epilog

Die Übersicht über die jüngeren Forschungen und den dadurch inzwischen erreichten Stand unserer Kenntnisse zur Universitäts- und Bildungsgeschichte des 15. bis 17. Jahrhunderts dürfte verdeutlicht haben,
dass in den letzten drei bis vier Dezennien bemerkenswerte und wichtige Arbeiten erstellt worden sind. Vieles Neue hat sich dadurch ergeben, insbesondere wird die Entwicklung in der Frühen Neuzeit inzwischen entschieden positiver und fruchtbarer gesehen als das bislang der
Fall gewesen war. Die früher vorwaltende, sich zumeist an den Vorstellungen des späten 19. und frühen 20. Jahrhunderts orientierende Sicht
auf Universitäten, Wissenschaften und Bildung ist einer angemessene-
ren Beurteilung gewichen. Die vermeintlich wenig fruchtbaren, wenig
ergiebigen, unselbstständigen Jahrhunderte haben durchaus Beacht-

liches auf vielen wissenschaftlichen Feldern geleistet. Nicht nur, dass
das selbstverständlich in die Vorgeschichte aller späteren wissenschaftlichen und bildungspolitischen Bemühungen gehört, diese Leistungen,
Diskussionen, Maßnahmen und Ergebnisse zeigen, dass sie auf einer
hohen Qualitätsstufe betrieben und verhandelt wurden. Es ist auch kein
gravierender Unterschied gegenüber der mittelalterlichen Phase der
Universitäts- und Bildungsgeschichte auszumachen. Nach der Reformation hatten konfessionspolemische Momente einen hohen Stellenwert, ganz wie in der zeitgenössischen Politik und Gesellschaft selbst,
doch minderte Niveau und Kraft der Argumentation nur bedingt diese
Einschätzung.

Unbeschadet unterschiedlicher Schwerpunktsetzungen und theoretischer Prämissen in den auseinandertretenden Konfessionen erscheinen wissenschaftliche Diskussion und Ansätze vielfach verwandt, allemal aufeinander bezogen. Da zudem bei allen Konfessionsparteien
humanistische Momente und Überzeugungen fortwirkten, herrschte
auch auf diesem Weg eine Art Gemeinsamkeit. Die katholische Seite
stand bei dieser Entwicklung keineswegs – wie früher gern unterstellt –
entschieden hinter der neugläubigen zurück, sie folgte eben anderen,
modifizierten Vorausgaben und Vorstellungen.

Wenn fernerhin inzwischen deutlich ist, dass die Universitäten und Schulen keine gesellschaftsfreien, gleichsam eigenständigen,
autonomen Gebilde, keine ausschließlich an Erkenntnis und Wahrheit
orientierten, quasidemokratischen Institutionen waren (und sind), so
korrigierte diese Einsicht ebenfalls ältere, fast topische Vorstellungen
der Wissenschafts- und Universitätsgeschichte. Demnach kann etwa
die mittelalterliche Universität keineswegs als heile, gemeineuropäische, universalistisch-wissenschaftliche, ständeübergreifende, auto-
nome Einrichtung verstanden werden, die sich wohltuend von der unfruchtbar verengten frühneuzeitlichen abhob, wofür im deutschen Fall
üblicherweise kleinstaatliche, borniert fürstliche bzw. obrigkeitliche
Reglementiersucht verantwortlich gemacht wurde. Da hat sich unser
Bild doch gründlich verändert, erscheinen die realen Bedingungen und
Voraussetzungen, die tatsächlichen Leistungen entschieden positiver, ja
durchaus bemerkenswert und vorzüglich.

Es entsprach nicht nur fürstlichen Vorgaben, dass viele Anstalten
ihren Existenzgrund vor allem in Vermittlung und Aufrechterhaltung
von Wissen und Wissenschaften erkannten, sondern dem zeitgenössischen Wissenschaftsbegriff selbst, der vom Mittelalter bis fast hin zur
Gründung der Berliner Universität – der Humboldt'schen – von einem
in sich geschlossenen, freilich immer wieder zu erarbeitenden und zu

tradierenden Wissenskosmos ausging. Diese Vorstellung harmonierte begreiflicherweise wenig mit der späteren positiv-hehren Universitätsidee, wie sie sich das ausgehende 19. Jahrhundert als Tradition von Forschung und Gelehrsamkeit erfand.

Schließlich sollte auch nicht mehr generell von einem geistigen Tiefpunkt, einem geistigen Einbruch im Gefolge des Dreißigjährigen Krieges gesprochen werden. Bereits während dieser langen Kriegszeit wurden Theorien und wissenschaftliche Ansätze entwickelt – z.T. in Übernahme westeuropäischer Anregungen –, die zukunftsträchtig und fruchtbar für die Folgezeit zu sein vermochten.

Gewiss, viele Ereignisse, Bedingungen und Verhältnisse der deutschen Bildungslandschaft des Spätmittelalters und der Frühen Neuzeit bedürfen entschieden weiterer und besserer Erhellung. Zu tun bleibt noch recht viel. Sowohl für die Wissenschaften selbst, für einzelne Universitäten, *Gymnasia illustria*, Hohe Schulen, Partikularschulen, für viele Professoren und einzelne Gelehrte sowie deren Arbeiten stehen weitere Untersuchungen aus. Auch kann für viele Universitäts- und Schulorte die soziale Rolle der jeweiligen Institution durchaus noch feiner analysiert werden, wird Weiterführendes zur Interdependenz von Hof und Bildungsinstitutionen geklärt werden können. Die Richtung freilich und die methodischen Fragestellungen scheinen hingegen inzwischen deutlich, vor allem entschieden nüchterner und realitätsnäher als in vielen der früheren, selbst der klassischen und insoweit beständigen Arbeiten auf diesem für unsere moderne Gesellschaften und Staaten so wichtigen Gebiet.

III. Quellen und Literatur

Die Abkürzungen entsprechen, wenn nicht anders angegeben, den Siglen der Historischen Zeitschrift.

A. Quellen

Werkausgaben und Bibliografien einzelner Gelehrter sowie Matrikeleditionen werden im Allgemeinen nicht aufgeführt. Sie sind leicht in der angeführten Literatur zu finden.

1. P. BAUMGART/E. PITZ (Hrsg.), Die Statuten der Universität Helmstedt, Göttingen 1963.
2. H. CONRING, De antiquitatibus academicis dissertationes sex, Helmstedt 1651.
3. W. KUNDERT, Katalog der Helmstedter juristischen Disputationen, Programme und Reden 1574–1810, Wiesbaden 1984.
4. L. LUKACS (Hrsg.), Monumenta Paedagogica Societatis Jesu, 5 Bde., Rom 1965–1986.
5. CH. MEINERS, Über die Verfassung und Verwaltung deutscher Universitäten, 2 Bde. in 1, Göttingen 1801 (Nachdr. Aalen 1970).
6. CH. MEINERS, Geschichte der Entstehung und Entwickelung der hohen Schulen unseres Erdtheils, 4 Bde., Göttingen 1802–1805 (Nachdr. Aalen 1970).
7. G. MERKEL (Bearb.), Protocollum Contubernii. Visitation und Rechnungsprüfung von 1568–1615, Heidelberg 2000.
8. J. D. MICHAELIS, Räsonnement über die protestantischen Universitäten in Deutschland, 4 Bde., Frankfurt/Leipzig 1768 (Nachdr. Aalen 1973).
9. G. M. PACHTLER (Hrsg.), Ratio studiorum et institutiones scholasticae Societatis Jesu per Germaniam olim vigentes, 4 Bde., Berlin 1887/94.
10. A. SEIFERT (Bearb.), Die Universität Ingolstadt im 15. und 16. Jahrhundert. Texte und Regesten, Berlin 1973.

11. R. C. SCHWINGES/K. WRIEDT (Hrsg.), Die Bakkalarenregister der Artesfakultät der Universität Erfurt 1392–1521, Jena 1995.

12. CH. THOMASIUS, D. Melchior von Osse Testament, Halle 1717.

13. R. VORBAUM (Hrsg.), Evangelische Schulordnungen, Bd. 1 (16. Jahrhundert), Gütersloh 1860, Bd. 2 (17. Jahrhundert), Gütersloh 1863.

B. Literatur

1. Handbücher – Bibliografien – Zeitschriften

14. C. ANDRESEN u. a. (Hrsg.), Handbuch der Dogmen- und Theologiegeschichte, I: Die Lehrentwicklung im Rahmen der Katholizität, Göttingen 1982, II: Die Lehrentwicklung im Rahmen der Konfessionalität, Göttingen 1980.

15. T. H. ASTON (ed.), The History of the University of Oxford, III f., Oxford 1984 ff.

16. L. BOEHM/R. A. MÜLLER (Hrsg.), Universitäten und Hochschulen in Deutschland, Österreich und der Schweiz, Düsseldorf 1983.

17. L. BOEHM u. a. (Hrsg.), Biographisches Lexikon der Ludwig-Maximilians-Universität München I., Ingolstadt-Landshut 1472–1826, Berlin 1998.

18. H. BOOKMANN, Wissen und Widerstand. Geschichte der deutschen Universität, Berlin 1999.

19. CH. BROOKE (ed.), A History of the University of Cambridge, Cambridge 1988 ff.

20. H. COING, Wissenschaft, Die juristische Fakultät und ihr Lehrprogramm, in: ders. (Hrsg.), Handbuch der Quellen und Literatur der neueren europäischen Privatrechtsgeschichte, I, München 1977, 3–102.

21. A. DEMANDT (Hrsg.), Stätten des Geistes. Große Universitäten von der Antike bis zur Gegenwart, Köln/Weimar/Wien 1999.

22. TH. ELLWEIN, Die deutsche Universität. Vom Mittelalter bis zur Gegenwart, Königstein 1985.

23. H. ENGELBRECHT, Geschichte des österreichischen Bildungswesens. Erziehung und Unterricht auf dem Boden Österreichs, Bd. 1: Von den Anfängen bis in die Zeit des Humanismus, Wien 1982, Bd. 2: Das 16. und das 17. Jahrhundert, Wien 1983.

24. W. ERMANN/E. HORN (Hrsg.), Bibliographie der deutschen Universitäten. Systematisch geordnetes Verzeichnis der bis Ende 1899 gedruckten Bücher und Aufsätze über das deutsche Universitätswesen, 3 Bde., Leipzig/Berlin 1904 (Nachdr. Hildesheim 1965).

25. F. EULENBURG, Die Frequenz der deutschen Universitäten von ihrer Gründung bis zur Gegenwart, Leipzig 1904 (Nachdr. Berlin 1994).

26. W. FLÄSCHENDRÄGER/C. GRAU/W. KLAUS (Hrsg.), Forschungen zur Wissenschaftsgeschichte, zur Geschichte der Akademien, Universitäten und Hochschulen der DDR, in: Historische Forschungen in der DDR, Berlin 1980.

27. W. FRIJHOFF, Surplus ou déficit? Hypothèses sur le nombre réel des étudiants en Allemagne à l'èpoque moderne (1576–1815), Francia 7 (1979), 173–218.

28. N. HAMMERSTEIN (Hrsg.), Handbuch der deutschen Bildungsgeschichte, I: 15.–17. Jahrhundert, München 1996.

29. H. JEDIN (Hrsg.), Handbuch der Kirchengeschichte, IV: Reformation, Katholische Reform und Gegenreformation, 2. Aufl. Freiburg/Basel/Wien 1979.

30. A. HEUBAUM, Geschichte des deutschen Bildungswesens seit der Mitte des 17. Jahrhunderts, Berlin 1905.

31. G. KAUFMANN, Geschichte der deutschen Universitäten, 2 Bde., Stuttgart 1888 (Nachdr. Graz 1958).

32. H. MUNDT, Bio-Biographisches Verzeichnis von Universitäts- und Hochschuldrucken (Dissertationen) vom Ausgang des 16. bis Ende des 19. Jahrhunderts, 3 Bde., Leipzig 1936 – München 1977.

33. P. NARDI, Die Hochschulträger, in: [37: 83–108].

34. F. PAULSEN, Geschichte des gelehrten Unterrichts auf den deutschen Schulen und Universitäten, 2 Bde., Berlin/Leipzig 1919–1921 (Nachdr. Berlin 1965).

35. TH. PESTER, Geschichte der Universitäten und Hochschulen im deutschsprachigen Raum von den Anfängen bis 1945. Auswahlbibliographie der Literatur der Jahre 1945–1986, Jena 1990.

36. H.-W. PRAHL, Sozialgeschichte des Hochschulwesens, München 1978.

37. W. RÜEGG (Hrsg.), Geschichte der Universität in Europa, Bd. I: Das Mittelalter, München 1993.

38. W. RÜEGG (Hrsg.), Bd. II: Von der Reformation bis zur Französischen Revolution 1500–1800, München 1996.

39. O. SCHEEL, Die deutschen Universitäten von ihren Anfängen bis zur Gegenwart, in: E. Spranger u. a. (Hrsg.), Das akademische Deutschland, I, Die deutschen Hochschulen in ihrer Geschichte, Berlin 1930, 1–66.

40. E. STARK, Bibliographie zur Universitätsgeschichte, Freiburg/ München 1974.

41. G. STEIGER/W. FLÄSCHENDRÄGER (Hrsg.), Magister und Scholaren. Professoren und Studenten. Geschichte deutscher Universitäten und Hochschulen im Überblick, Leipzig 1981.

42. J. VERGER (Hrsg.), Histoire des Universités en France, Toulouse 1986.

43. J. VERGER, Grundlagen, in: [37: 49–82].

44. R. G. VILLOSLADA, Storia di Collegio Romano dal suo inizio (1551) alla soppressione della Compagnia di Gesu (1773), Rom 1954.

45. HISTORY OF UNIVERSITIES, Iff. (1981), Oxford U.P.

46. JAHRBUCH FÜR UNIVERSITÄTSGESCHICHTE, Iff. (1998).

2. Wissenschaftsgeschichte

47. E. ACKERKNECHT (Hrsg.), Geschichte der Medizin, 7., überarb. Aufl. v. A. H. Murken, Stuttgart 1992.

48. B. BAUER, Jesuitische „ars rhetorica" im Zeitalter der Glaubenskämpfe, Frankfurt a. M./Bern/NewYork 1986.

49. B. BAUER, Nicodemus Frischlin und die Astronomie an der Tübinger Universität, in: [116: 323–364].

50. G. BETSCH, Praxis geometrica und Kartographie an der Universität Tübingen im 16. und frühen 17. Jahrhundert, in: [129: 185–226].

51. F. BRENDLE u. a. (Hrsg.), Deutsche Landesgeschichtsschreibung im Zeichen des Humanismus, Stuttgart 2001.

52. L. BROCKLISS, Lehrpläne, in: [37: 451–494].

53. C. BURSIAN, Geschichte der classischen Philologie in Deutschland, München/Leipzig 1883 (Nachdr. Meisenheim 1965).

54. P. DIEPGEN, Geschichte der Medizin. Die historische Entwicklung der Heilkunde und des ärztlichen Lebens I, Berlin 1949.

55. H. DREITZEL, Der Aristotelismus in der politischen Philosophie Deutschlands im 17. Jahrhundert, in: [65: 163–192].

56. W. H. ECKART, Geschichte der Medizin, 2. Aufl. Berlin/Heidelberg/NewYork 1994.

57. J. ENGEL, Die deutschen Universitäten und die Geschichtswissenschaft, in: Hundert Jahre Historische Zeitschrift, München 1959, 223–378.

58. K. ESCHWEILER, Die Philosophie der spanischen Spätscholastik auf den deutschen Universitäten des 17. Jahrhunderts, Münster 1928.

59. E. ETTER, Tacitus in der Geistesgeschichte des 16. und 17. Jahrhunderts, Basel/Stuttgart 1966.

60. J. H. FRANKLIN, J. Bodin and the Sixteenth-Century Revolution of the Methodology of Law and History, New York 1963.

61. N. W. GILBERT, Renaissance Concepts of Method, New York 1960.

62. N. HAMMERSTEIN, Jus und Historie, Göttingen 1972.

63. W. HENNIS, Politik und praktische Philosophie. Eine Studie zur Rekonstruktion der politischen Wissenschaft, Neuwied/Berlin 1963.

64. P. JOACHIMSEN, Loci communes. Eine Untersuchung zur Geistesgeschichte des Humanismus und der Reformation, in: [157: 387–442].

65. E. KESSLER u. a. (Hrsg.), Aristotelismus und Renaissance, Wiesbaden 1988.

66. P. KIBRE, Arts and Medicine in the Universities of the Later Middle Ages, in: [302: 213–227].

67. F. W. KISTERMANN, Die Rechentechnik um 1600 und Wilhelm Schickards Rechenmaschine, in: [129: 241–272].

68. W. KÜHLMANN, Geschichte als Gegenwart: Formen der politischen Reflexion im deutschen „Tacitismus" des 17. Jahrhunderts, in: [171: 325–348].

69. W. KÜHLMANN, Sozietät als Tagtraum – Rosenkreuzerbewegung und zweite Reformation, in: [278: 1124–1151].

70. U. G. LEINSLE, Methodologie und Metaphysik bei den deutschen Lutheranern um 1600, in: [65: 149–162].

71. G. LEWALTER, Spanisch-jesuitische und deutsch-lutherische Metaphysik des 17. Jahrhunderts, Hamburg 1935.

72. CH. LICHTENTHAELER, Geschichte der Medizin, II: Frühneuzeit (1500–1800), 3. Aufl. Köln 1982.

73. I. MACLEAN, Humanismus und Späthumanismus im Spiegel der juristischen und medizinischen Fächer, in: [154: 227–244].

74. H. MAIER, Die ältere deutsche Staats- und Verwaltungslehre, 2. Aufl. München 1980.

75. W. D. MÜLLER-JAHNCKE, Astrologisch-magische Theorie und Praxis in der Heilkunde der frühen Neuzeit, Stuttgart 1985.

76. U. MUHLACK, Geschichtswissenschaft im Humanismus und in der Aufklärung, München 1991.

77. U. MUHLACK, Der Tacitismus – ein späthumanistisches Phäno-men?, in: [154: 46–64].

78. U. MUHLACK, Beatus Rhenanus und der Tacitismus, in: J. Hirstein (Hrsg.), Beatus Rhenanus, Amsterdam 2001, 457–469.

79. U. MUHLACK, Die humanistische Historiographie. Umfang, Be-deutung, Probleme, in: [51: 3–18].

80. M. MULSOW, Die wahre peripathetische Philosophie in Deutsch-land. Melchior Goldast, Philipp Scherb und die akroamatische Tradition der Alten, in: H. Schmidt-Glintzer (Hrsg.), Fördern und Bewahren, Wiesbaden 1996, 49–78.

81. G. OESTREICH, Die antike Literatur als Vorbild der praktischen Wissenschaften, in: ders., Strukturprobleme der frühen Neuzeit, Berlin 1980, 358–366.

82. P. PETERSEN, Geschichte der aristotelischen Philosophie im pro-testantischen Deutschland, Leipzig 1921.

83. R. PORTER, Die wissenschaftliche Revolution und die Universitä-ten, in: [38: 425–445].

84. E. REIBSTEIN, Die Anfänge des Neueren Natur- und Völkerrechts, Bern 1949.

85. W. REINHARD, Vom italienischen Humanismus bis zum Vorabend der Französischen Revolution, in: H. Fenske u. a. (Hrsg.), Ge-schichte der politischen Ideen, Königstein 1981, 201–316.

86. W. RISSE, Die Logik der Neuzeit, I, Stuttgart-Bad Cannstatt 1964.

87. G. RITTER, Via antiqua und Via moderna auf den deutschen Universitäten des XV. Jahrhunderts, Heidelberg 1922 (Nachdr. Darmstadt 1963).

88. E. C. SCHERER, Geschichte und Kirchengeschichte an den deut-schen Universitäten, Freiburg i. Brsg. 1927.

89. H. SCHIPPERGES, Moderne Medizin im Spiegel der Geschichte, Stuttgart 1970.

90. W. SCHMIDT-BIGGEMANN, Die Modelle der Human- und Sozial-wissenschaften in ihrer Entwicklung, in: [38: 391–424].

91. CH. B. SCHMITT, Philosophy and Science in Sixteenth-Century Universities: Some preliminary comments, in: ders., Studies in Renaissance Philosophy and Science, London 1981, 485–530.

92. CH. SCHÖNER, Arithmetik, Geometrie und Astronomie/Astrologie an den Universitäten des Alten Reiches: Propädeutik, Hilfs-wissenschaften der Medizin und praktische Lebenshilfe, in: [396: 83–104].

93. A. SEIFERT, Logik zwischen Scholastik und Humanismus. Das Kommentarwerk Johann Ecks, Berlin 1978.

94. W. SPARN, Wiederkehr der Metaphysik. Die ontologische Frage in der lutherischen Theologie des frühen 17. Jahrhunderts, Stuttgart 1976.

95. R. STINTZING, Geschichte der deutschen Rechtswissenschaft, Abt. 1–2, München/Leipzig 1880.

96. M. STOLLEIS, Geschichte des öffentlichen Rechts in Deutschland, I, Reichspublizistik und Policeywissenschaft 1600–1800, München 1988.

97. ÜBERLIEFERUNG UND KRITIK. Zwanzig Jahre Barockforschung in der Herzog August Bibliothek Wolfenbüttel, Wiesbaden 1993.

98. E. WEBER, Die philosophische Scholastik des deutschen Protestantismus im Zeitalter der Orthodoxie, Leipzig 1907.

99. W. WEBER, Prudentia gubernatoria. Studien zur Herrschaftslehre in der deutschen politischen Wissenschaft des 17. Jahrhunderts, Tübingen 1992.

100. R. S. WESTMAN, The Astronomer's Role in the Sixteenth Century: A Preliminary Study, in: History of Sciences 18 (1980), 105–147.

101. F. WIEACKER, Privatrechtsgeschichte der Neuzeit unter besonderer Berücksichtigung der deutschen Entwicklung, Göttingen 1967.

102. M. WUNDT, Die deutsche Schulmetaphysik des 17. Jahrhunderts, Tübingen 1939.

103. H. ZEDELMAIER, Bibliotheca Universalis und Bibliotheca Selecta. Das Problem der Ordnung des gelehrten Wissens in der frühen Neuzeit, Köln/Weimar/Wien 1992.

104. CH. ZIKA, Reuchlin und die okkulte Tradition der Renaissance, Sigmaringen 1998.

3. Einzelne Gelehrte

105. I. AHL, Jacob Omphalius, Stuttgart 2003.

106. C. AUGUSTIJN, Erasmus von Rotterdam. Leben – Werk – Wirkung, München 1986.

107. M. BEYER/G. WARTENBERG (Hrsg.), Humanismus und Wittenberger Reformation, Leipzig 1996.

108. J. BAUR, Johann Gerhard, in: M. Greschat (Hrsg.), Gestalten der Kirchengeschichte, Bd. 7, Stuttgart 1982, 99–119.

109. M. BIAGIOLI, Galilei der Höfling. Entdeckungen und Etikette: Vom Aufstieg der neuen Wissenschaft, Frankfurt a. M. 1999.

110. M. BRECHT, Johann Valentin Andreae. Weg und Programm eines Reformers zwischen Reformation und Moderne, in: [259: 270–343].

111. F. BRENDLE, Martin Crusius. Humanistische Bildung, schwäbisches Luthertum und Griechenlandbegeisterung, in: [51: 145–166].

112. U. BUBENHEIMER, Wilhelm Schickard im Kontext einer religiösen Subkultur, in: [129: 67–92].

113. H. DREITZEL, Protestantischer Aristotelismus und absoluter Staat. Die „Politica" des Henning Arnisaeus (ca. 1575–1636), Wiesbaden 1970.

114. R. J. W. EVANS, Rantzau und Welser: Aspects of later German Humanism, in: History of European Ideas 5 (1884), 257–272.

115. K. HARTFELDER, Philipp Melanchthon als Praeceptor Germaniae, Berlin 1889 (Nachdr. Nieuwkoop 1972).

116. S. HOLTZ/D. MERTENS (Hrsg.), Nicodemus Frischlin (1547–1590). Poetische und prosaische Praxis unter den Bedingungen des konfessionellen Zeitalters, Stuttgart-Bad Cannstatt 1999.

117. H. HOTSON, Johann Heinrich Alsted 1588–1638. Between Renaissance, Reformation, and Universal Reform, Oxford 2000.

118. TH. KAUFMANN, Martin Chemnitz (1522–1586). Zur Wirkungsgeschichte der theologischen Loci, in: [126: 183–252].

119. R. KELLER, David Chytraeus (1530–1600). Melanchthons Geist im Luthertum, in: [126: 361–372].

120. W. KÜHLMANN, Wilhelm Schickard – Wissenschaft und Reformbegehren in der Zeit des Konfessionalismus, in: [129: 41–66].

121. W. KÜHLMANN, Akademischer Humanismus und revolutionäres Erbe. Zu Nicodemus Frischlins Rede De vita rustica, in: [116: 423–444].

122. I. MAGER, Tilemann Heshusen (1527–1588). Geistliches Amt, Glaubensmündigkeit und Gemeindeautonomie, in: [126: 341–360].

123. W. MAURER, Der junge Melanchthon, 2 Bde., Göttingen 1967/69.

124. J. MOLTMANN, Zur Bedeutung des Petrus Ramus für Philosophie und Theologie im Calvinismus, in: ZKG 68 (1957), 295 ff.

125. J. MOLTMANN, Christoph Pezel und der Calvinismus in Bremen, Bremen 1958.

126. H. SCHEIBLE (Hrsg.), Melanchthon in seinen Schülern, Wiesbaden 1997.

127. H. SCHEIBLE, Melanchthon. Eine Biographie, München 1997.

128. E. SCHUBERT, Conrad Dinner. Ein Beitrag zur geistigen und sozialen Umwelt des Späthumanismus in Würzburg, in: Jhb. f. Fränk. Landesfg. 33 (1973), 213–238.

129. F. SECK (Hrsg.), Zum 400. Geburtstag von Wilhelm Schickard, Sigmaringen 1995.

130. R. SEIDEL, Späthumanismus in Schlesien. Caspar Dornau (1577–1631). Leben und Werk, Tübingen 1994.

131. M. STOLLEIS (Hrsg.), Hermann Conring (1606–1681). Beiträge zu Leben und Werk, Berlin1983.

132. R. TOELLNER, „Renata dissectionis ars". Vesals Stellung zu Galen in ihren wissenschaftsgeschichtlichen Voraussetzungen und Folgen, in: A. Buck (Hrsg.), Die Rezeption der Antike, Hamburg 1981, 85–96.

133. E. TRUNZ, Johann Matthäus Meyfart. Theologe und Schriftsteller in der Zeit des Dreißigjährigen Krieges, München 1987.

134. E. TROELTSCH, Vernunft und Offenbarung bei Johann Gerhard und Melanchthon, Göttingen 1891.

4. Allgemeinere Kultur-, Mentalitäts- und Geistesgeschichte

135. R. ALEWYN (Hrsg.), Deutsche Barockforschung, Köln/Berlin 1965.

136. W. BARNER, Barockrhetorik, Tübingen 1970.

137. D. BREUER, Oberdeutsche Literatur 1565–1650, München 1979.

138. D. BREUER, Besonderheiten der Zweisprachigkeit im katholischen Oberdeutschland während des 17. Jahrhunderts, in: Daphnis XII (1983), 145–166.

139. O. BRUNNER, Adeliges Landleben und Europäischer Geist, Salzburg 1949.

140. O. BRUNNER, Österreichische Adelsbibliotheken des 15. bis 18. Jahrhunderts als geistesgeschichtliche Quelle, in: ders., Neue Wege der Verfassungs- und Sozialgeschichte, Göttingen 1968, 281–293.

141. A. BUCK, Der italienische Humanismus, in: [28: 1–56].

142. R. VON BUSCH, Studien zu deutschen Antikensammlungen im 16. Jahrhundert, Tübingen 1973.

143. R. CHARTIER/G. CAVALLO (Hrsg.), Die Welt des Lesens. Von der Schriftrolle zum Bildschirm, Frankfurt a. M./NewYork/Paris 1999.

144. R. CHARTIER, „Populärer" Lesestoff und „volkstümliche" Leser in Renaissance und Barock, in: [143: 399–418].

145. B. DUHR, Geschichte der Jesuiten in den Ländern deutscher Zunge, 4 Bde., Freiburg i. Brsg. 1907–1928.

146. J. ENGEL, Von der spätmittelalterlichen respublica christiana zum Mächte-Europa der Neuzeit, in: Th. Schieder (Hrsg.), Handbuch der Europäischen Geschichte, III, Stuttgart 1971, hier § 3, 50–100.

147. R. J. W. Evans, Das Werden der Habsburger Monarchie 1550–1700, Wien/Köln/Graz 1986.

148. R. Gawthrop/G. Strauss, Protestantism and Literacy in Early Modern Germany, in: Past & Present 104 (1984), 31–55.

149. J. F. Gilmont, Die protestantische Reformtion und das Lesen, in: [143: 315–349].

150. N. Hammerstein, Prinzenerziehung im Landgräflichen Hessen-Darmstadt, in: Hess. Jhb. f. Landesgeschichte 33 (1983), 193–237.

151. N. Hammerstein, „Großer, fürtrefflicher Leute Kinder". Fürstenerziehung zwischen Humanismus und Reformation, in: A. Buck, (Hrsg.), Renaissance und Reformation. Wiesbaden 1984, 265–286.

152. N. Hammerstein, „Recreationes (…) Principe dignae". Überlegungen zur adligen Musikpraxis an deutschen Höfen und ihren italienischen Vorbildern, in: Claudio Monteverdi, Laaber 1986, 213–236.

153. N. Hammerstein, Res publica litteraria – oder Asinus in Aula. Anmerkungen zur „bürgerlichen Kultur" und zur „Adelswelt", in: [296: 303–326].

154. N. Hammerstein/G. Walther (Hrsg.), Späthumanismus. Studien über das Ende einer kulturhistorischen Epoche, Göttingen 2000.

155. O. Herding, Über einige Richtungen in der Erforschung des deutschen Humanismus seit etwa 1950, in: DFG-Kommission für Humanismusforschungen, II (1975), 59–110.

156. H. Jedin, Geschichte des Konzils von Trient, I, Freiburg, 2. Aufl. 1951.

157. P. Joachimsen, Gesammelte Aufsätze, I, 2. Aufl. Aalen 1983.

158. D. Julia, Die Gegenreformation und das Lesen, in: [143: 353–396].

159. P. O. Kristeller, Die humanistische Bewegung, in: Ders., Humanismus und Renaissance, I, München 1974, 11–30.

160. P. O. Kristeller, Der italienische Humanismus und seine Bedeutung, in: Ebd., II, München 1976, 244–264.

161. W. Kühlmann, Gelehrtenrepublik und Fürstenstaat, Tübingen 1982.

162. H. Leube, Kalvinismus und Luthertum im Zeitalter der Orthodoxie, Leipzig 1928 (Nachdr. Aalen 1966).

163. I. Mager, Die Konkordienformel im Fürstentum Braunschweig-Wolfenbüttel, Göttingen 1993.

164. D. MERTENS, Hofkultur in Heidelberg und Stuttgart um 1600, in: [154: 65–83].

165. B. MOELLER, Die deutschen Humanisten und die Anfänge der Reformation, in: ZKiG 70 (1959), 47–61.

166. B. T. MORAN, The Alchemical World of the German Court: Occult Philosophy and Chemical Medicine in the Circle of Moritz of Hessen (1572–1632), Stuttgart 1991.

167. P. MORAW, Heidelberg: Universität, Hof und Stadt im ausgehenden Mittelalter, in: [340: 524–552].

168. N. MOUT, „Dieser einzige Wiener Hof von Dir hat mehr Gelehrte als ganze Reiche anderer". Späthumanismus am Kaiserhof in der Zeit Maximilian II. und Rudolf II. (1564–1612), in: [154: 46–64].

169. R. A. MÜLLER, Universität und Adel. Eine soziokulturelle Studie zur Geschichte der bayerischen Landesuniversität Ingolstadt 1472–1648, Berlin 1974.

170. R. A. MÜLLER, Der Fürstenhof in der Frühen Neuzeit, München 1995.

171. S. NEUMEISTER/C. WIEDEMANN (Hrsg.), Res Publica Litteraria. Die Institutionen der Gelehrsamkeit in der frühen Neuzeit, 2 Bde., Wiesbaden 1987.

172. G. OESTREICH, Die Idee des religiösen Bundes und die Lehre vom Staatsvertrag, in: ders., Geist und Gestalt des frühmodernen Staates, Berlin 1969, 157–178.

173. G. OESTREICH, Justus Lipsius als Universalgelehrter zwischen Renaissance und Barock, in: ders., Strukturprobleme der frühen Neuzeit, Berlin 1980, 318–357.

174. V. PRESS, Wilhelm von Grumbach und die deutsche Adelskrise der 1560er Jahre, in: BlldtLG 113 (1977), 396–431.

175. V. PRESS, Württemberg, Habsburg und der deutsche Protestantismus unter Herzog Ludwig (1568–1593), in: [116: 17–48].

176. F. RÄDLE, Das Jesuitentheater in der Pflicht der Gegenreformation, in: [187: 167–200].

177. F. RÄDLE, Gegenreformatorischer Humanismus: die Schul- und Theaterkultur der Jesuiten, in: [154: 128–147].

180. G. RITTER, Die geschichtliche Bedeutung des deutschen Humanismus, in: HZ 127 (1923), Neudruck Libelli CVII, Darmstadt 1963.

181. H. SCHILLING (Hrsg.), Die reformierte Konfessionalisierung in Deutschland – Das Problem der „Zweiten Reformation", Gütersloh 1985.

182. H. R. SCHMIDT, Konfessionalisierung im 16. Jahrhundert, München 1992.

183. K. SCHREINER, Laienbildung als Herausforderung für Kirche und Gesellschaft. Religiöse Vorbehalte und soziale Widerstände gegen die Verbreitung von Wissen im späten Mittelalter und in der Reformation, ZHF 11 (1984), 257–354.

184. K. SCHREINER, Iuramentum Religionis. Entstehung, Geschichte und Funktion des Konfessionseides der Staats- und Kirchendiener im Territorialstaat der frühen Neuzeit, in: Der Staat 24 (1985), 211–246.

185. J. STAGL, Die Apodemik oder „Reisekunst" als Methodik der Sozialforschung vom Humanismus bis zur Aufklärung, in: M. Rassem/J. Stagl (Hrsg.), Statistik und Staatsbeschreibung in der Neuzeit vornehmlich im 16.–18. Jahrhundert, Paderborn u. a. 1980, 131–204.

186. E. TRUNZ, Der deutsche Späthumanismus um 1600 als Standeskultur, jetzt in: [135: 147–181].

187. J.-M. VALENTIN (Hrsg.), Gegenreformation und Literatur, Amsterdam 1979.

188. J.-M. VALENTIN, Theatrum Catholicum. Les jésuites et la scène en Allemagne aux XVIe et aux XVIIe siècle, Nancy 1990.

189. G. WALTHER, Adel und Antike. Zur politischen Bedeutung gelehrter Kultur für die Führungselite der Frühen Neuzeit, in: HZ 266 (1998), 359–385.

190. M. WARNKE, Hofkünstler. Zur Vorgeschichte des modernen Künstlers, Köln 1985.

191. R. WIMMER, Neuere Forschungen zum Jesuitentheater des deutschen Sprachbereichs (1945–1982), in: Daphnis XII (1983), 585–692.

192. F. J. WORSTBROCK, Über das geschichtliche Selbstverständnis des deutschen Humanismus, in: W. Müller-Seidel u. a. (Hrsg.), Historizität in Sprach- und Literaturwissenschaft, München 1974, 499–519.

193. F. J. WORSTBROCK, Die „Ars versificandi et carminum" des Konrad Celtis. Ein Lehrbuch eines deutschen Humanisten, in: [340: 462–498].

194. F. J. WORSTBROCK, Hartmann Schedels Index Librorum. Wissenschaftssystem und Humanismus um 1500, in: J. Helmrath/H. Müller (Hrsg.), Studien zum 15. Jahrhundert, II, München 1994, 697–715.

195. H. ZEDELMAIER, Lesetechniken. Die Praktiken der Lektüre in der Neuzeit, in: ders./M. Mulsow (Hrsg.), Die Praktiken der Gelehrsamkeit in der Frühen Neuzeit, Tübingen 2001, 11–30.

5. Universitäten als Institutionen

196. W. ANGERBAUER, Das Kanzleramt an der Universität Tübingen und seine Inhaber 1590–1817, Tübingen 1972.

197. N. HAMMERSTEIN, Die Obrigkeiten und die Universitäten: ihr Verhältnis im Heiligen Römischen Reich Deutscher Nation, in: A. Romano/J. Verger (Hrsg.), I poteri politici e il mondo universitario, Catanzaro 1994, 135–148.

198. N. HAMMERSTEIN, Die Hochschulträger, in: [38: 105–138].

199. N. HAMMERSTEIN, The problem of small Universities in the Holy Roman Empire of the German Nation, in: G. P. Brizzi/J. Verger (Hrsg.), Le Università Minori in Europa, Catanzaro 1998, 189–199.

200. N. HAMMERSTEIN, Protestant Colleges in the Holy Roman Empire, in: [203: 163–172].

201. K. HENGST, Jesuiten an Universitäten und Jesuitenuniversitäten. Zur Geschichte der Universitäten in der Oberdeutschen und Rheinischen Provinz der Gesellschaft Jesu im Zeitalter der konfessionellen Auseinandersetzung, Paderborn u. a. 1981.

202. E. HORN, Die Disputationen und Promotionen an den deutschen Universitäten vornehmlich seit dem 16. Jahrhundert, Leipzig 1893.

203. D. MAFFEI/H. DE RIDDER-SYMOENS (Hrsg.), I Collegi universitari in Europa tra il XIV e il XVIII secolo, Milano 1991.

204. P. MORAW, Improvisation und Ausgleich. Der deutsche Professor tritt ans Licht, in: [393: 309–326].

205. R. A. MÜLLER, The Colleges of the „Societas Jesu" in the German Empire, in: [203: 173–184].

206. R. A. MÜLLER (Hrsg.), Promotionen und Promotionswesen an deutschen Hochschulen der Frühmoderne, Köln 2001.

207. U. RASCHE, Über die deutschen, insbesondere über die Jenaer Universitätsmatrikeln, in: Genealogie 25 (2000/01), 29–46, 84–109.

208. R. SCHMIDT, Die Universitätsgründung von 1527 durch Karl V. 1541, in: ders. (Hrsg.), Fundatio et confirmatio Universitatis. Von den Anfängen deutscher Universitäten, Goldbach 1992, 325–348.

209. R. SCHMIDT, Päpstliche und kaiserliche Universitätsprivilegien im späten Mittelalter, in: B. Dölemeyer/H. Mohnhaupt (Hrsg.), Das Privileg im europäischen Vergleich, Bd. 2, Frankfurt a. M. 1999, 143–154.

210. R. SCHNUR (Hrsg.), Die Rolle der Juristen bei der Entstehung des modernen Staates, Berlin 1986.

211. R. C. Schwinges, Rektorwahlen. Ein Beitrag zur Verfassungs-, Sozial- und Universitätsgeschichte des alten Reiches im 15. Jahrhundert, Sigmaringen 1992.

212. R. C. Schwinges, The Medieval German University: Transformation and Innovation, in: Paedagogica Historica 34 (1998), 375–388.

213. R. C. Schwinges (Hrsg.), Humboldt international, Basel 2002.

214. A. Seifert, Statuten- und Verfassungsgeschichte der Universität Ingolstadt (1472–1586), Berlin 1971.

215. E. Schubert, Motive und Probleme deutscher Universitätsgründungen des 15. Jahrhunderts, in: P. Baumgart/N. Hammerstein (Hrsg.), Beiträge zu Problemen deutscher Universitätsgründungen der frühen Neuzeit, Nendeln 1978, 13–74.

216. W. Teufel, Universitas Studii Tuwingensis. Die Tübinger Universitätsverfassung in vorreformatorischer Zeit (1477–1534), Tübingen 1977.

217. G. R. Tewes, Die Bursen der Kölner Artisten-Fakultät bis zur Mitte des 16. Jahrhunderts, Köln/Weimar/Wien 1993.

218. H. W. Thümmel, Die Tübinger Universitätsverfassung im Zeitalter des Absolutismus, Tübingen 1975.

219. D. Willoweit, Die Universitäten, in: K. G. A. Jeserich u. a. (Hrsg.), Deutsche Verwaltungsgeschichte, I: Vom Spätmittelalter bis zum Ende des Reichs, Stuttgart 1983, 369–382.

6. Studenten/Studium

220. N. Conrads, Politische und staatsrechtliche Probleme der Kavalierstour, in: A. Maczak/H. J. Teutenberg (Hrsg.), Reiseberichte als Quellen europäischer Kulturgeschichte, Wolfenbüttel 1982, 45–64.

221. H. de Ridder-Symoens, Mobilität, in: [38: 335–362].

222. U. Dirlmeier, Merkmale des sozialen Aufstiegs und der Zuordnung zur Führungsschicht in süddeutschen Städten des Spätmittelalters, in: H. P. Becht (Hrsg.), Pforzheim im Mittelalter, Sigmaringen 1983, 77–106.

223. W. Dotzauer, Deutsches Studium und deutsche Studenten an europäischen Hochschulen (Frankreich, Italien) und die nachfolgende Tätigkeit in Stadt, Kirche und Territorium in Deutschland, in: [324: 112–142].

224. W. Frijhoff, Der Lebensweg der Studenten, in: [38: 287–334].

225. R. Häfele, Die Studenten der Städte Nördlingen, Kitzingen, Min-

delheim und Wunsiedel bis 1580. Studium, Berufe und soziale Herkunft, 2 Bde., Trier 1988.

226. G. JARITZ, Kleinstadt und Universitätsstudium. Untersuchungen am Beispiel Krems an der Donau, in: Mitteilungen des Kremser Stadtarchivs, Bd. 17/18 (1977/78), 19 (1979) und 23–25 (1986–1988).

227. M. KINTZINGER, Studens artium, Rector parochiae und Magister scolarum im Reich des 15. Jahrhunderts. Studium und Versorgungschancen der Artisten zwischen Kirche und Gesellschaft, in: ZHF 26 (1999), 1–41.

228. P. MORAW, Der Lebensweg der Studenten, in: [37: 227–254].

229. K. MÜHLBERGER, Wiener Studentenbursen und Kodreien im Wandel vom 15. zum 16. Jahrhundert, in: ders./Th. Maisel (Hrsg.), Aspekte der Bildungs- und Universitätsgeschichte, Wien 1993, 129–190.

230. R. A. MÜLLER, Studentenkultur und akademischer Alltag, in: [38: 263–286].

231. E. SCHUBERT, Studium und Studenten an der Alma Julia im 17. und 18. Jahrhundert, in: 1582–1982. Studentenschaft und Korporationswesen an der Universität Würzburg, Würzburg 1982, 11–47.

232. E. SCHUBERT, Fahrende Schüler im Spätmittelalter, in: [267: 9–34].

233. R. C. SCHWINGES, Pauperes an deutschen Universitäten des 15. Jahrhunderts, in: ZHF 8 (1981), 285–309.

234. R. C. SCHWINGES, Deutsche Universitätsbesucher im 14. und 15. Jahrhundert, Stuttgart 1986.

235. R. C. SCHWINGES, Der Student in der Universität, in: [37: 181–226].

236. R. C. SCHWINGES, Europäische Studenten des späten Mittelalters, in: A. Patschovsky/H. Rabe (Hrsg.), Die Universität in Alteuropa, Konstanz 1994, 129–146.

237. M. DI SIMONE, Die Zulassung zur Universität, in: [38: 235–262].

238. A. SOTTILI, Ehemalige Studenten italienischer Renaissance-Universitäten: ihre Karrieren und ihre soziale Rolle, in: [396: 41–74].

239. G. R. TEWES, Zum Wandel von Bildungsinteressen im Spätmittelalter: Niederländische Studenten und die Kölner Universität, in: D. Geuenich (Hrsg.), Köln und die Niederrheinlande in ihren historischen Raumbeziehungen, Mönchengladbach 2000, 173–189.

240. K. WRIEDT, Schule und Universitätsbesuch in norddeutschen Städten des Spätmittelalters, in: [269: 75–90].

7. Zur Geschichte von Universitäten

241. M. ASCHE, Von der reichen hansischen Bürgeruniversität zur armen mecklenburgischen Landeshochschule. Das regionale und soziale Besucherprofil der Universitäten Rostock und Bützow in der Frühen Neuzeit (1500–1800), Stuttgart 2000.

242. G. BAUCH, Die Rezeption des Humanismus in Wien, Breslau 1903 (Nachdr. Aalen 1986).

243. P. BAUMGART, Die Anfänge der Universität Helmstedt im Spiegel ihrer Matrikel (1576–1600), in: Braunschweigisches Jhb. 50 (1969), 5–32.

244. P. BAUMGART, Universitätsautonomie und landesherrliche Gewalt im späten 16. Jahrhundert. Das Beispiel Helmstedt, in: ZHF 1 (1974), 23–53.

245. P. BAUMGART, Die deutsche Universität des 16. Jahrhunderts. Das Beispiel Marburg, in: Hess. Jhb. f. LG 28 (1978), 50–79.

246. P. BAUMGART, Die Julius-Universität zu Würzburg als Typus einer Hochschulgründung im konfessionellen Zeitalter, in: ders. (Hrsg.), Vierhundert Jahre Universität Würzburg, Neustadt/Aisch 1982, 3–30.

247. P. BAUMGART, Humanistische Bildungsreform an deutschen Universitäten des 16. Jahrhunderts, in: [369: 171–197].

248. J. BAUR, Auf dem Wege zur klassischen Tübinger Christologie. Einführende Überlegungen zum sog. Kenosis-Krypsis-Streit, in: [259: 195–269].

249. J. BAUR, Lutherisches Christentum im konfessionellen Zeitalter – ein Vorschlag zur Orientierung und Verständigung, in: D. Breuer u. a. (Hrsg.), Religion und Religiosität im Zeitalter des Barock, Wiesbaden 1995, 43–62.

250. M. BEETZ, Der anständige Gelehrte, in: [171: 153–174].

251. G. A. BENRATH, Die deutsche evangelische Universität der Reformationszeit, in: H. Rössler/G. Franz (Hrsg.), Universität und Gelehrtenstand 1400–1800, Limburg 1970.

252. G. A. BENRATH, Die Theologische Fakultät der Hohen Schule Herborn im Zeitalter der reformierten Orthodoxie (1584–1634), in: Jhb. d. hess. kirchengeschichtl. Vereinigung 36 (1985), 1–17.

253. G. A. BENRATH, Irenik und Zweite Reformation, in: [181: 349–358].

254. A. BLACK, The Universities and the Council of Basle: Collegium and Concilium, in: [302: 511–523].

255. L. Boehm, Humanistische Bildungsbewegung und mittelalterliche Universitätsverfassung: Aspekte zur frühneuzeitlichen Reformgeschichte der deutschen Universitäten, in: [302: 315–346].

256. L. Boehm/J. Spörl (Hrsg.), Die Ludwig-Maximilians-Universität in ihren Fakultäten, 2 Bde., Berlin 1972/80.

257. L. Boehm, Libertas Scholastica und Negotium Scholare. Entstehung und Sozialprestige des akademischen Standes im Mittelalter, in: [328: 607–646].

258. E. Bonjour, Die Universität Basel von den Anfängen bis zur Gegenwart, Basel 1960.

259. M. Brecht (Hrsg.), Theologen und Theologie an der Universität Tübingen, Tübingen1977.

260. J. Castan, Hochschulwesen und reformierte Konfessionalisierung. Das Gymnasium Illustre des Fürstentums Anhalt in Zerbst 1582–1652, Halle 1999.

261. R. Chartier/J. Revel, Université et societé dans l'Europe moderne: position des problèmes, in: Revue d'Histoire moderne et contemporaine 25 (1978), 353–374.

262. N. Conrads, Ritterakademien der Frühen Neuzeit. Bildung als Standesprivileg im 16. und 17. Jahrhundert, Göttingen 1982.

263. N. Conrads, Tradition und Modernität im adligen Bildungsprogramm der Frühen Neuzeit, in: W. Schulze (Hrsg.), Ständische Gesellschaft und soziale Mobilität, München 1988, 389–403.

264. H-M. Decker-Hauff/G. Fichtner/K. Schreiner/W. Setzler (Hrsg.), Beiträge zur Geschichte der Universität Tübingen 1477–1977, Tübingen 1977.

265. H. de Ridder-Symoens, Organisation und Ausstattung, in: [38: 139–180].

266. H. Dickerhof, Universitätsreform und Wissenschaftsauffassung. Der Plan der Geschichtsprofessur in Ingolstadt 1624, in: HJb 88 (1968), 325–368.

267. H. Dickerhof (Hrsg.), Bildungs- und schulgeschichtliche Studien zu Spätmittelalter, Reformation und konfessionellem Zeitalter, Wiesbaden 1994.

268. H. Dickerhof, Die katholische Gelehrtenschule des konfessionellen Zeitalters im Heiligen Römischen Reich, in: W. Reinhard/H. Schilling (Hrsg.), Die katholische Konfessionalisierung, Gütersloh 1995, 348–370.

269. H. Duchhardt (Hrsg.), Stadt und Universität, Köln/Weimar/ Wien 1993.

270. R. J. W. EVANS, Frischlin und der ostmitteleuropäische Späthumanismus, in: [116: 297–322].

271. J.-U. FECHNER, Der Lehr- und Lektüreplan des Schönaichianums in Beuthen als bildungsgeschichtliche Voraussetzung der Literatur, in: [388: 325–334].

272. J.-U. FECHNER (Hrsg.), Stammbücher als kulturhistorische Quellen, München 1981.

273. K. K. FINKE, Die Tübinger Juristenfakultät 1477–1534, Tübingen 1972.

274. G. FRANZ, Bücherzensur und Irenik. Die theologische Zensur im Herzogtum Württemberg in der Konkurrenz von Universität und Regierung, in: [259: 123–194].

275. W. FRIEDENSBURG, Geschichte der Universität Wittenberg, Halle 1917.

276. W. FRIJHOFF, Grundlagen, in: [38: 53–103].

277. K. GARBER, Gelehrtenadel und feudalabsolutistischer Staat, in: J. HELD (Hrsg.), Kultur zwischen Bürgertum und Volk, Berlin 1983, 31–43.

278. K. GARBER/H. WISMANN (Hrsg.), Europäische Sozietätsbewegung und demokratische Tradition, 2 Bde., Tübingen 1996.

279. K. GARBER, Sozietät und Geistes-Adel: Von Dante zum Jakobiner-Club. Der frühneuzeitliche Diskurs de vera nobilitate und seine institutionelle Ausformung in der gelehrten Akademie, in: [278: 1–42].

280. J. F. G. GOETERS, Genesis, Formen und Hauptthemen des reformierten Bekenntnisses in Deutschland. Eine Übersicht, in: [181: 44–59].

281. L. GRANE, Studia humanitatis und Theologie an den Universitäten Wittenberg und Kopenhagen im 16. Jahrhundert, in: G. Keil u. a. (Hrsg.), Der Humanismus und die oberen Fakultäten, Weinheim 1987, 65–114.

282. H. GRUNDMANN, Vom Ursprung der Universität im Mittelalter, Darmstadt 1960.

283. N. HAMMERSTEIN, Aufklärung und katholisches Reich, Berlin 1977.

284. N. HAMMERSTEIN, Humanismus und Universitäten, in: A. Buck (Hrsg.), Die Rezeption der Antike, Hamburg 1981, 23–39.

285. N. HAMMERSTEIN, Universitäten des Heiligen Römischen Reiches Deutscher Nation als Ort der Philosophie des Barock, in: Studia Leibnitiana 13 (1981), 242–266 (jetzt auch in: [296: 87–110]).

286. N. HAMMERSTEIN, Jus Publicum Romano-Germanicum, in: [296: 111–138.

287. N. HAMMERSTEIN, Jubiläumsschrift und Alltagsarbeit. Tendenzen bildungsgeschichtlicher Literatur, in: HZ 236 (1983), 601–633.

288. N. HAMMERSTEIN, Universitäten – Territorialstaaten – Gelehrte Räte, in: [210: 687–736] (jetzt auch in: [296: 257–302]).

289. N. HAMMERSTEIN, Zur Geschichte und Bedeutung der Universitäten im Heiligen Römischen Reich deutscher Nation, in: HZ 241 (1985), 287–328.

290. N. HAMMERSTEIN, The University of Heidelberg in the early modern period: aspects of its history as a contribution to its Sixcentenary, in: [45: VI (1986), 105–133].

291. N. HAMMERSTEIN, Vom „Dritten Genf" zur Jesuiten-Universität: Heidelberg in der frühen Neuzeit, in: Ruprecht Karls-Universität (Hrsg.), Die Geschichte der Universität Heidelberg, Heidelberg 1986, 34–44.

292. N. HAMMERSTEIN, Universitätsgeschichte im Heiligen Römischen Reich Deutscher Nation am Ende der Renaissance, in: A. Buck/ T. Klaniczay (Hrsg.), Das Ende der Renaissance, Wolfenbüttel 1987, 109–123.

293. N. HAMMERSTEIN, Schule, Hochschule und Res publica litteraria, in: [171: 93–110].

294. N. HAMMERSTEIN, Universitäten und Reformation, in: HZ 258 (1994), 339–357.

295. N. HAMMERSTEIN, Universités et académies, in: Histoire comparée des littératures de langues européenes. L'Époque de la Renaissance, T. IV, Crises et essors nouveaux (1560–1610), Amsterdam 2000, 169–185.

296. N. HAMMERSTEIN, Res publica litteraria. Ausgewählte Aufsätze zur frühneuzeitlichen Bildungs-, Wissenschafts- und Universitätsgeschichte, hrsg. v. U. Muhlack/G. Walther, Berlin 2000.

297. G. HEISS, Von der Autonomie zur staatlichen Kontrolle? Die Wiener und die Grazer Universität im 16. Jahrhundert, in: H. Grössing (Hrsg.), Themen der Wissenschaftsgeschichte, Wien/München 1999, 174–191.

298. K. HENGST, Kritik von Stadt und Ständen an den Universitätsprivilegien für Münster 1626 und 1629, in: [269: 127–141].

299. H. HERMELINK, Die Universität Marburg von 1527–1645, Marburg 1927.

300. N. HOFMANN, Die Artistenfakultät an der Universität Tübingen 1534–1601, Tübingen 1982.

301. L. JUST/H. MATHY (Hrsg.), Die Universität Mainz, Mainz 1965.

302. J. IJSEWIJN/J. PAQUET (Hrsg.), The Universities in the Late Middle Ages, Leuven 1978.

303. H. IMMENKÖTTER, Universität im „schwäbischen Rom" – ein Zentrum katholischer Konfessionalisierung, in: [306: 43–78].

304. W. KAUSCH, Geschichte der Theologischen Fakultät Ingolstadt im 15. und 16. Jahrhundert (1472–1605), Berlin 1977.

305. E. KESSLER, Der Humanismus und die Entstehung der modernen Wissenschaft, in: E. Rudolph (Hrsg.), Die Renaissance und ihr Bild in der Geschichte. Die Renaissance als erste Aufklärung, III, Tübingen 1998, 117–134.

306. R. KIESSLING (Hrsg.), Die Universität Dillingen und ihre Nachfolger. Stationen und Aspekte einer Hochschule in Schwaben, Dillingen 1999.

307. R. KINK, Geschichte der kaiserlichen Universität zu Wien, 2 Bde., Wien 1854.

308. J. M. KITTELSON/P. J. TRANSUE (ed.), Rebirth, Reform and Resilence. Universities in Transition 1300–1700, Columbus 1984.

309. J. M. KITTELSON, Introduction: The Durability of the Universities of Old Europe, in: [308: 1–18].

310. E. KLEINEIDAM, Universitas studii Erfordensis, 4 Bde., Leipzig 1963–1992 (z. T. in 2. Aufl.).

311. A. KOHLER, Die Bedeutung der Universität Ingolstadt für das Haus Habsburg und seine Länder in der zweiten Hälfte des 16. Jahrhunderts, in: [267: 63–74].

312. J. KÖHLER, „Das Schulwesen ist und bleibet allezeit ein Politicum". Neue Aspekte zur Geschichte der Universität Freiburg im Breisgau in der frühen Neuzeit, in: [322: 177–189].

313. TH. KURRUS, Bonae Artes. Über den Einfluß des Tridentinums auf die philosophischen Studien an der Universität Freiburg in Breisgau, in: R. Bäumer (Hrsg.), Von Konstanz nach Trient, München/ Paderborn/Wien 1972, 603–633.

314. TH. KURRUS, Die Jesuiten in Freiburg und in den Vorlanden, in: [322: 189–198].

315. A. LAYER, Universität und Stadt in Dillingen a.d. Donau, in: [322: 84–98].

316. A. LHOTSKY, Die Wiener Artistenfakultät 1365–1497, Graz/Wien/ Köln 1965.

317. A. LINK, Auf dem Weg zur Landesuniversität, Stuttgart 2000.

318. S. LORENZ (Hrsg), Attempto – oder wie stiftet man eine Universität, Stuttgart 1999.

319. S. LORENZ, Libri ordinarie legendi. Eine Skizze zum Lehrplan der mitteleuropäischen Artistenfakultät um die Wende vom 14. zum 15. Jahrhundert, in: W. Hogrebe (Hrsg.), Argumente und Zeugnisse, Frankfurt a. M./Bern/New York 1985, 204–25.

320. W. MÄHRLE, Academia Norica. Wissenschaft und Bildung an der Nürnberger Hohen Schule in Altdorf (1572–1623), Stuttgart 2000.

321. I. MAGER, Lutherische Theologie und aristotelische Philosophie an der Universität Helmstedt im 16. Jahrhundert, in: Jhb. d. Ges. f. Niedersächs. Kirchengeschichte 73 (1975), 83–98.

322. H. MAIER/V. PRESS (Hrsg.), Vorderösterreich in der frühen Neuzeit, Sigmaringen 1989.

323. M. MARKOWSKI, Astronomie an der Krakauer Universität im XV. Jahrhundert, in: [302: 256–27].

324. E. MASCHKE/J. SYDOW (Hrsg.), Stadt und Universität im Mittelalter und in der frühen Neuzeit, Sigmaringen 1977.

325. H. MATHY u. a. (Hrsg.), Die Universität Mainz 1477–1977, Mainz 1977.

326. R. E. MCLAUGHLIN, Universities, Scholasticism, and the Origins of the German Reformation, in: [48: IX (1990), 1–43].

327. U. MEIER, Ad incrementum rectae gubernationis. Zur Rolle der Kanzler und Statdschreiber in der politischen Kultur von Augsburg und Florenz im Spätmittelalter und Früher Neuzeit, in: [393: 477–504].

328. G. MELVILLE/R. A. MÜLLER/W. MÜLLER (Hrsg.), Geschichtsdenken, Bildungsgeschichte, Wissenschaftsorganisation. Ausgewählte Aufsätze von Laetitia Boehm, Berlin 1996.

329. G. MENK, Die Hohe Schule Herborn in ihrer Frühzeit (1584–1660). Ein Beitrag zum Hochschulwesen des deutschen Kalvinismus im Zeitalter der Gegenreformation, Wiesbaden 1981.

330. G. MENK, Die Hohe Schule Herborn, der deutsche Kalvinismus und die westliche Welt, in: Jhb. d. Hess. kirchgeschtl. Vereinigung 35 (1985), 351–369.

331. G. MENK, Die kalvinistischen Hochschulen und ihre Städte im konfesionellen Zeitalter, in: [269: 83–106].

332. S. MERKLE, Das Konzil von Trient und die Universitäten, Würzburg 1905.

333. D. MERTENS, Die Anfänge der Freiburger Humanistenlektur, in: H. Schäfer (Hrsg.), Geschichte in Verantwortung, Frankfurt a. M. 1996, 93–107.

334. D. MERTENS, Die Anfänge der Universität Freiburg, in: ZGO 131 (1983), 289–308.

335. D. MERTENS, Deutscher Renaissance-Humanismus, in: Humanismus in Europa, hrsg. v. der Stiftung „Humanismus heute" des Landes Baden Württemberg, Heidelberg 1998, 187–210.

336. D. MERTENS, Eberhard im Bart als Stifter der Universiät Tübingen, in: [318: 157–173].

337. E. MEUTHEN, Charakter und Tendenzen des deutschen Humanismus, in: H. Angermeier (Hrsg.), Säkulare Aspekte der Reformationszeit, München 1983, 217–276.

338. E. MEUTHEN, Die alte Universität, Köln/Wien 1988.

339. E. MEUTHEN, Humanismus und Geschichtsunterricht, in: A. Buck (Hrsg.), Humanismus und Historiographie, Weinheim 1991, 5–50.

340. B. MOELLER/H. PATZE/K. STACKMANN (Hrsg.), Studien zum städtischen Bildungswesen des späten Mittelalters und der frühen Neuzeit, Göttingen 1983.

341. H. MOLITOR, Politik zwischen den Konfessionen, in: [364: 37–56].

342. P. MORAW/V. PRESS (Hrsg.), Academia Gissensis, Beiträge zur älteren Gießener Universitätsgeschichte, Marburg 1982.

343. P. MORAW, Kleine Geschichte der Universität Gießen 1607–1982, Gießen 1982.

344. P. MORAW, Stiftspfründen als Elemente des Bildungswesens im spätmittelalterlichen Reich, in: I. Crusius (Hrsg.), Studien zum weltlichen Kollegiatstift in Deutschland, Göttingen 1995, 270–297.

345. P. MORAW, Die Prager Universitäten des Mittelalters im europäischen Zusammenhang, in: Schr. d. Sudetendt. Akad. d. Wiss. u. Künste 20, München 1999, 1–33.

346. K. MÜHLBERGER, Bildung und Wissenschaft. Kaiser Maximilian II. und die Universität Wien, in: F. Edelmayer/A. Kohler (Hrsg.), Kaiser Maximilian II., Kultur und Politik im 16. Jahrhundert, Wien/München 1992, 203–230.

347. K. MÜHLBERGER, Zwischen Reform und Tradition. Die Universität Wien in der Zeit des Renaissance-Humanismus und der Reformation, in: Mittlg. d. Österr. Ges. f. Wissenschaftsgeschichte 15 (1995), 13–42.

348. K. MÜHLBERGER, Das Wiener Studium zur Zeit des Königs Matthias Corvinus, in: H. Grössing (Hrsg.), Themen der Wissenschaftsgeschichte, Wien/München 1999, 148–173.

349. R. A. MÜLLER, Universität und Adel, Berlin 1974.

350. R. A. MÜLLER, Aristokratisierung des Studiums? Bemerkungen zur Adelsfrequenz an süddeutschen Universitäten im 17. Jahrhundert, in: H. Berding (Hrsg.), Universität und Gesellschaft. GuG 10 (1984), 31–46.

351. R. A. MÜLLER, Geschichte der Universität. Von der mittelalterlichen Universitas zur deutschen Hochschule, München 1990.

352. R. A. MÜLLER, Jesuitenstudium und Stadt – Fallbeispiele München und Ingolstadt, in: [269: 107–125].

353. R. A. MÜLLER, Hochschulen und Gymnasien, in: W. Brandmüller (Hrsg.), Handbuch der Bayerischen Kirchengeschichte, II, St. Ottilien 1993, 535–556.

354. R. A. MÜLLER, Eichstätts höheres Bildungswesen in Mittelalter und Frühmoderne, in: Veritati et Vitae. Vom Bischöflichen Lyzeum zur Katholischen Universität, Regensburg 1993, 11–34.

355. R. A. MÜLLER, Zur Akademisierung des Hofrates. Beamtenkarrieren im Herzogtum Bayern 1450–1650, in: [393: 291–308].

356. R. A. MÜLLER, Zu Struktur und Wandel der Artisten- bzw. Philosophischen Fakultät am Beginn des 16. Jahrhunderts, in: [396: 143–162].

357. R. A. MÜLLER, Ludwig IX. der Reiche, Herzog von Bayern-Landshut (1450–1479) und die Gründung der Universität Ingolstadt 1472, in: [318: 129–145].

358. U. NEUMANN, „Olim, da die Rosen Creutzerey noch florirt, Theophilus Schweighart genannt": Wilhelm Schickards Freund und Briefpartner Daniel Mögling, in: [129: 93–116].

359. W. H. NEUSER, Die Erforschung der „Zweiten Reformation" – eine wissenschaftliche Fehlentwicklung, in: [181: 379–386].

360. H. A. OBERMAN, University and Society on the Treshold of Modern Times: The German Connection, in: [308: 19–41].

361. F. OHLY, Typologie als Denkform der Geschichtsbetrachtung, Münster 1983.

362. L. PETRY, Die Reformation als Epoche der deutschen Universitätsgeschichte, in: Glaube und Geschichte. Fs. J. Lortz, II, Baden-Baden 1958, 317–353.

363. I. PILL-RADEMACHER, „... zu nutz und gutem der löblichen universitet". Visitationen an der Universität Tübingen. Studien zur Interaktion zwischen Landesherr und Landesuniversität im 16. Jahrhundert, Tübingen 1993.

364. M. POHL (Hrsg.), Der Niederrhein im Zeitalter des Humanismus. Konrad Heresbach und sein Kreis, Bielefeld 1997.

365. V. PRESS, Hof, Stadt und Territorium: Die Universität Heidelberg

in der Kurpfalz 1386–1802, in: Die Geschichte der Universität Heidelberg, Vorträge 1985/86, Heidelberg 1986, 45–67.

366. L. RATHMANN (Hrsg.), Alma Mater Lipsiensis. Geschichte der Karl-Marx-Universität Leipzig, Leipzig 1984.

367. V. REDLICH, Die Salzburger Benedictiner-Universität als Kulturerscheinung, in: Benedictinisches Mönchtum in Österreich, Wien 1949, 79–97.

368. W. REINHARD, Gegenreformation als Modernisierung? Prolegommena zu einer Theorie des konfessionellen Zeitalters, in: ARG 68 (1977), 226–251.

369. W. REINHARD (Hrsg.), Humanismus im Bildungswesen des 15. und 16. Jahrhunderts, Weinheim 1984.

370. M. RUDERSDORF, Der Weg zur Universitätsgründung in Gießen. Das geistige und politische Erbe Landgraf Ludwigs IV. von Hessen-Marburg, in: [342: 45–82].

371. M. RUDERSDORF, Lutherische Erneuerung oder Zweite Reformation? Die Beispiele Württemberg und Hessen, in: [181: 130–153].

372. M. RUDERSDORF, Orthodoxie, Renaissancekultur und Späthumanismus. Zu Hof und Regierung Herzog Ludwigs von Württemberg (1568–1593), in: [116: 49–80].

373. W. RÜEGG, Die humanistische Unterwanderung der Universität, in: A. Dihle u. a. (Hrsg.), Antike und Abendland, Berlin/New York 1992, 107–123.

374. W. RÜEGG, Der Humanismus und seine gesellschaftliche Bedeutung, in: [396: 163–180].

375. V. SCHÄFER, Die Universität Tübingen zur Zeit Schickards, in: [129: 9–26].

376. V. SCHÄFER, Universität und Stadt zur Zeit Frischlins, in: [116: 105–142].

377. M. SCHAICH, Dillingen im Spannungsfeld der Universitäten Ingolstadt und Salzburg, in: [306: 211–242].

378. H. SCHMIDT-GRAVE, Leichenreden und Leichenpredigten Tübinger Professoren (1550–1750), Tübingen 1974.

379. A. SCHINDLING, Die humanistische Bildungsreform in den Reichsstädten Straßburg, Nürnberg und Augsburg, in: [369: 107–120].

380. A. SCHINDLING, Humanistische Hochschule und Freie Reichsstadt. Gymnasium und Akademie in Strassburg 1538–1621, Wiesbaden 1977.

381. A. SCHINDLING, Die katholische Bildungsreform zwischen Humanismus und Barock. Dillingen, Dole, Freiburg, Molsheim und

Salzburg: Die Vorlande und die benachbarten Universitäten, in: [322: 137–176].

382. A. SCHINDLING, Bildung und Wissenschaft in der Frühen Neuzeit 1650–1800, 2. Aufl. München 1999.

383. A. SCHINDLING, Institutionen gelehrter Bildung im Zeitalter des Späthumanismus, in: [116: 81–104].

384. L. SCHILLING, Die Anfänge der Kölner Jesuitenstudien, in: Gesch. in Köln, H. 23 (1988), 119–158.

385. P. SCHMIDT, Das Collegium Germanicum in Rom und die Germaniker. Zur Funktion eines römischen Ausländerseminars (1552–1914), Tübingen 1984.

386. S. SCHMIDT (Hrsg.), Alma Mater Jenensis, Weimar 1983.

387. J. SCHMUTZ, Juristen für das Reich. Die deutschen Rechtsstudenten an der Universität Bologna 1265–1425, 2 Bde., Basel 2000.

388. A. SCHÖNE (Hrsg.), Barock-Symposion 1974. Stadt-Schule – Universität – Buchwesen und die deutsche Literatur im 17. Jahrhundert, München 1976.

389. C. SCHÖNER, Mathematik und Astronomie an der Universität Ingolstadt im 15. und 16. Jahrhundert, Berlin 1994.

390. G. SCHORMANN, Aus der Frühzeit der Rintelner Juristenfakultät, Bückeburg 1977.

391. G. SCHORMANN, Academia Ernestina. Die schaumburgische Universität zu Rinteln an der Weser (1610/12–1810), Marburg 1982.

392. E. SCHUBERT, Zur Typologie gegenreformatorischer Universitätsgründungen: Jesuiten in Fulda, Würzburg, Ingolstadt und Dillingen, in: H. Rössler/G. Franz (Hrsg.), Universität und Gelehrtenstand, Limburg/Lahn 1970, 85–106.

393. R. C. SCHWINGES (Hrsg.), Gelehrte im Reich. Zur Sozial- und Wirkungsgeschichte akademischer Eliten des 14. bis 16. Jahrhunderts, Berlin 1996.

394. R. C. SCHWINGES, Pfaffen und Laien in der deutschen Universität des späten Mittelalters, in: E. Lutz /C. Tremp, Pfaffen und Laien – ein mittelalterlicher Antagonismus?, Freiburg/Schweiz 1999, 235–249.

395. R. C. SCHWINGES, Prestige und gemeiner Nutzen. Universitätsgründungen im deutschen Spätmittelalter, in: Berichte zur Wissenschaftsgeschichte 21 (1998), 5–17.

396. R. C. SCHWINGES (Hrsg.), Artisten und Philosophen. Wissenschafts- und Wirkungsgeschichte einer Fakultät vom 13. bis zum 19. Jahrhundert, Basel 1999.

397. A. SEIFERT, Weltlicher Staat und Kirchenreform. Die Seminarpolitik Bayerns im 16. Jahrhundert, Münster 1978.

398. A. SEIFERT, Das höhere Schulwesen. Universitäten und Gymnasien, in: [28: 197–374].

399. A. SEIFERT, Der Humanismus an den Artistenfakultäten des katholischen Deutschland, in: [369: 135–154].

400. H. SMOLINSKY, Der Humanismus an Theologischen Fakultäten des katholischen Deutschland, in: [369: 21–42].

401. H. SMOLINSKY, Kirchenreform als Bildungsreform im Spätmittelalter und in der frühen Neuzeit, in: [364: 35–52].

402. A. SOTTILI, La natio germanica dell'Università di Pavia nella storia dell'umanesimo, in: [302: 347–364].

403. W. SPARN, Zweite Reformation und Traditionalismus. Die Stabilisierung des Protestantismus im Übergang zum 17. Jahrhundert, in: Pirckheimer Jahrbuch 1991, 117–131.

404. L. W. SPITZ, Humanism and the Reformation, in: R. M. Kingdon (ed.), Transition and Revolution, Minneapolis 1974, 153–188.

405. L. W. SPITZ, The Course of German Humanism, in: H. A. Obermann/Th. A. Brady Jr. (ed.), Itinerarium Italicum. The Profile of the Italian Renaissance in the mirror of its European Transformations, Leiden 1975, 371–435.

406. L. W. SPITZ, The Religious Renaissance of the German Humanists, Cambridge/Mass. 1963.

407. J. STEINER, Die Artistenfakultät der Universität Mainz 1477–1562, Stuttgart 1989.

408. M. STEINMETZ (Hrsg.), Geschichte der Universität Jena 1548/58–1958, 2 Bde., Jena 1958.

409. M. STEINMETZ, Die Universitätsgeschichtsschreibung in der DDR, in: Universität und Wissenschaft. Beiträge zu ihrer Geschichte, Jena 1986.

410. G.-R. TEWES, Dynamische und sozialgeschichtliche Aspekte spätmittelalterlicher Arteslehrpläne, in: [396: 105–128].

411. R. M. TRIEBS, Die Medizinische Fakultät der Universität Helmstedt (1576–1810). Eine Studie zu ihrer Geschichte unter besonderer Berücksichtigung der Promotions- und Übungsdisputationen, Wiesbaden 1995.

412. P. A. VANDERMEERSCH, Die Universitätslehrer, in: [38: 181–212].

413. H. G. WALTHER, Die Gründung der Universität Jena im Rahmen der deutschen Universitätslandschaft des 15. und 16. Jahrhunderts, in: BlldtLG 135 (1999), 101–121.

414. G. Wartenberg, Die kursächsische Landesuniversität bis zur Frühaufklärung 1540–1680, in: [366: 55–74].

415. F. X. von Wegele, Geschichte der Universität Würzburg, 2 Bde., Würzburg 1882 (Nachdr. Aalen 1969).

416. D. Willoweit, Juristen im mittelalterlichen Franken. Ausbreitung und Profil einer neuen Elite, in: [393: 225–268].

417. E. Wolgast, Die Universität Heidelberg 1386–1986, Heidelberg 1986.

418. E. Wolgast, Reformierte Konfession und Politik im 16. Jahrhundert. Studien zur Geschichte der Kurpfalz im Reformationszeitalter, Heidelberg 1998.

419. E. Wolgast, Das Collegium Sapientiae in Heidelberg im 16. Jahrhundert, in: ZGO 147 (1999), 304–318.

420. H. Wolff, Geschichte der Ingolstädter Juristenfakultät 1472–1625, Berlin 1973.

421. K. Wriedt, Gelehrte in Gesellschaft, Kirche und Verwaltung norddeutscher Städte, in: [393: 437–452].

422. K. Wriedt, Studium und Tätigkeitsfelder der Artisten im späten Mittelalter, in: [393: 9–24].

423. D. Wuttke, Dazwischen. Kulturwissenschaft auf Warburgs Spuren, 2 Bde., Baden-Baden 1996.

424. E. Zenz, Die Trierer Universität 1473–1798, Trier 1949.

8. Schulen

425. L. Boehm, Die Erneuerung des Augsburger Schulwesens im 16. Jahrhundert: Christliche Pädagogik in konfessioneller Parität, in: [328: 433–446].

426. R. Endres, Das Schulwesen in Franken im ausgehenden Mittelalter, in: [340: 173–214].

427. D. Fellmann, Das Gymnasium Montanum in Köln 1550–1798, Köln/Weimar/Wien 1999.

428. Glaubenslehre, Bildung, Qualifikation. 450 Jahre Große Schule in Wolfenbüttel. Ein Beitrag zur Geschichte des evangelischen Gymnasiums in Norddeutschland. (Ausstellungskatalog der HAB Nr. 69), Berlin 1993.

429. A. H. von Wallthor, Höhere Schulen in Westfalen vom Ende des 15. bis zur Mitte des 19. Jahrhunderts, in: Westf. Zschrft. 107 (1957), 1–105.

430. F. Heiler, Bildung im Hochstift Eichstätt zwischen Spätmittelalter und katholischer Konfessionalisierung. Die Städte Beiln-

gries, Berching und Greding im Oberamt Hirschberg, Wiesbaden 1998.

431. R. Jakob, Schulen in Franken und in der Kuroberpfalz. Verbreitung – Organisation – Gesellschaftliche Bedeutung, Wiesbaden 1994.

432. R. Kiessling, Gymnasien und Lateinschulen – Bemerkungen zur Bildungslandschaft Ostschwabens im Zeitalter der Konfessionalisierung, in: [306: 243–270].

433. M. Kintzinger, Scholaster und Schulmeister. Funktionsfelder der Wissensvermittlung im späten Mittelalter, in: [393: 349–374].

434. C. von Loos-Coerswarem, Das Monheimische Gymnasium in Düsseldorf und die geplante Universität zu Duisburg im 16. Jahrhundert, in: [364: 167–188].

435. F.-W. Oediger, Die niederrheinischen Schulen vor dem Aufkommen der Gymnasien, jetzt in: ders., Vom Leben am Niederrhein, Düsseldorf 1973, 351–408.

436. F. Rapp, Die Lateinschule von Schlettstadt – eine große Schule für eine Kleinstadt, in: [340: 215–234].

437. A. Schindling, Humanistische Reform und fürstliche Schulpolitik in Hornbach und Lauingen. Die Landesgymnasien des Pfalzgrafen Wolfgang von Zweibrücken und Neuburg, in: Neuburger Kollektaneenblatt, Jb. 133 (1980), 141–186.

438. F. Schmieder, „Wenn Du Kinder hast, erziehe sie", spricht Salomo. Auf der Suche nach ländlicher Elementarschulbildung für Laien im Mittelalter, in: U. Andermann/K. Andermann (Hrsg.), Regionale Aspekte des frühen Schulwesens, Tübingen 2000, 9–28.

439. G. Schormann, Zweite Reformation und Bildungswesen am Beispiel der Elementarschulen, in: [181: 308–316].

440. K. Wriedt, Schulen und bürgerliches Bildungswesen in Norddeutschland im Spätmittelalter, in: [340: 152–172].

Register

Personenregister

ACKERKNECHT, E. 80
Agricola, R. 14, 88
AHL, I. 105, 109
Albrecht V., Herzog zu Bayern 36
Albrecht, Herzog in Preußen 23
Alewyn, R. 100
Alexander von Villa Dei 13
ALSTED, J. H. 111, 126
Althusius, J. 49, 85, 111, 126
ANDREAE, J. 118
ANDRESEN, C. 82
ANGERBAUER, W. 118
Aristoteles 4, 14, 17–18, 39, 43, 87, 122 f., 128
Aristoteliker 13, 90, 91, 111
Arnisäus, H. 49, 11, 122
Arumäus, D. 24, 123
ASCHE, M. 60, 124
ASTON, T. H. 75
AUGUSTIJN, C. 106
Avicenna 8

Balduinus, F. 127
BARNER, W. 100
BAUCH, G. 103, 116
BAUER, B. 88, 94 f., 101, 112
BAUMGART, P. 62, 103, 120 f.
BAUR, J. 69, 89, 100, 123
Beetz, M. 109
BENRATH, G. A. 86 f., 126
BERNEGGER, M. 111, 127
BESOLD, CHR. 49, 118
BETSCH, G. 119
BEYER, M. 87 f.
BIAGIOLI, M. 64, 72, 101
BLACK, A. 70
BODIN, J. 111
Boecler, J. H. 49, 85, 111, 127
BOEHM, L. 62, 76 f., 103, 113, 117 f.
BONJOUR, E. 98
BOOKMANN, H. 64

Brautlacht, G. 24, 123
BRECHT, M. 89, 118
Brendle, F. 105, 119
BRENZ, J. 32
BREUER, D. 89, 95, 113
BROCKLISS, L. 71, 76
BROOKE, CH. 75
BRUNNER, O. 107, 109
BUBENHEIMER, U. 101, 119
Bucer, M. 28
BUCK, A. 103
Bugenhagen, J. 30
BURSIAN, C. 77
BUSCH, R. v. 112
Buschius, (H. von dem Busche) 11

Calixt, G. 122
Calvin, J. 33, 48
Cammerarius, J. 27, 29, 116
Canisius, P. 36
Carpzov, B. 24, 123
Caselius, J. 121 f.
CASTAN, J. 84
Castiglione, B. 15
Celsus, A. C. 81
Celtis, C. 13, 116
Cesarius, J. 14, 88
CHARTIER, R. 62, 86
Chemnitz, M. 48, 88
Christoph, Herzog von Württemberg 89
Chyträus, D. 25, 124
Chyträus, V. 127
Clapmarius, A. 49
COING, H. 71, 78
Comenius, J. A. 126
CONRADS, N. 108 f.
Conring, H. 55, 111, 122
Contzen, A. 120
CRUSIUS, M. 119

DECKER-HAUFF, H. 119
Descartes, R. 45, 50
DICKERHOF, H. 94, 106, 112
DIEPGEN, P. 80
DIRLMEIER, U. 70, 96
Donat, Ä. 13
Donellus, H. 125
DOTZAUER, W. 108
DREITZEL, H. 79., 85, 90, 111, 121 f.
DUHR, B. 83, 93
Duns Scotus 48

Echter von Mespelbrunn, J. 120
Eck, J. 36, 43, 117
Eckart, W. H. 81
ELLWEIN, TH. 62 f.
ENDRES, R. 113
Engel, J. 103, 105
ENGELBRECHT, H. 66 f.
Erasmus 11, 14 f., 17, 29, 106 f.
Erastus, Th. 125
ERMAN, W. 55
Ernst III., Graf (ab 1619 Fürst) von
    Schaumburg 26
ESCHWEILER, K. 90
ETTER, E. 79, 86, 111
Euklid 49
EULENBURG, PH. 60
EVANS, R. J. W. 110, 112, 116

Faber Stapulensis (Lefèvre d'Etaples)
    14
FECHNER, J.-U. 84, 101
Fellmann, D. 113
Ferdinand I., Kaiser 24, 35, 37, 106,
    116
FINKE, K. K. 119
FLÄSCHENDRÄGER, W. 65
FRANKLIN, J. H. 88
FRANZ, G. 89
FREHER, M. 125
Freigius, Th. 127
FRIEDENSBURG, W. 121
Friedrich der Weise, Kurfürst von
    Sachsen 17, 120
Friedrich V., Kurfürst v. d. Pfalz 26,
    125
FRIJHOFF, W. 60, 71–73, 109

Galen 4, 8, 14, 80 f.
GARBER, K. 85 f., 100 f.
GAWTHROP, R. 86
Gentilis, S. 127

Gerhard, J. 24, 48, 123
GILBERT, N. W. 88
GILMONT, J. F. 89
Giphanius, H. 127
GOETERS, J. F. G. 83 f., 125 f.
Gothofredus, D. 125
GRANE, L. 87
Gregor von Valencia 117
Gregor XIII., Papst 40
Gresemund, D. 120
GRUNDMANN, H. 69
Gruter, J. 125
Guazzo, St. 15

HÄFELE, R. 70
Haffenreffer, M. 48, 118
HAMMERSTEIN, N. 56, 61, 63, 71 f., 76,
    79 f., 84, 99, 101, 103–107, 110,
    123 f.
HARTFELDER, K. 87, 103, 121
HARVEY, W. 80 f.
Hegius, A. 11
Heidmann, Chr. 122
HEILER, F. 95, 113
HEISS, G. 76
HENGST, K. 92 f., 95
HENNIS, W. 111
HERDING, O. 103, 105
Hermelink, H. 124
Heß, T. 118
Hessus, E. 29
Heubaum, A. 71, 94
Hippokrates 4, 8, 15, 80
Hispanus, Petrus 14
Hobbes, Th. 111
HOFMANN, N. 118
HORN, E. 73
Hornejus, C. 122
HOTSON, H. 83 f., 101, 126
Humboldt, W. v. 20, 56, 74, 129

Ignatius von Loyola 40, 65, 92 f.
Illyricus, F. 24, 124
IMMENKÖTTER, H. 118

JACOB, R. 113
JARITZ, G. 70
JEDIN, H. 82
JOACHIMSEN, P. 88, 102–104
JULIA, D. 86
Julius, Herzog v. Braunschweig Wolf-
    fenbüttel 25
JUST, L. 120

Kant, I. 89
Karl IV., Kaiser 5
Karl V., Kaiser 24, 36, 106
KAUFMANN, G. 58 f., 71
KAUFMANN, TH. 88
KAUSCH, W. 117
Keckermann, B. 85
Kepler, J. 119
KESSLER, E. 105
KIBRE, P. 68
KIESSLING, R. 97, 113, 118
KINK, R. 116
KINTZINGER, M. 70, 113
KISTERMANN, F. W. 119
KLEINEIDAM, E. 65, 115
KOHLER, A. 118,
KÖHLER, J. 95, 118
Kopernikus, N. 50
KRISTELLER, P. O. 103, 105
KÜHLMANN, W. 85, 100 f., 110, 112,
118 f., 125
KUNDERT, W. 121
KURRUS, TH. 95

Lainez, J. 92 f.
LAYER, A. 117
Leibniz, G. W. 50, 90
LEINSLE, U. G. 91
LEUBE, H. 84, 88
LEWALTER, G. 90 f.
LHOTSKY, A. 116
Lichtenthaeler, Ch. 81
Limnäus, J. 24, 123
LINK, A. 69, 124
Lipsius, J. 123, 127
LOOS-CORSWAREM, C. v. 97
LORENZ, S. 97
Luder, P. 114
Ludwig V. Landgraf v. Hessen-Darm-
stadt 25
LUKACS, L. 93
Luther, M. 17 f., 24, 29, 31, 87, 99,
115, 121, 123

Machiavelli, N. 85, 111
MACLEAN, I. 110
MAGER, I. 89, 91, 121 f.
MÄHRLE, W. 61 f., 105, 128
Maier, H. 111
Marbach, Th. 30
Maria Theresia, Kaiserin 116
Martini, C. 91, 122
Mästlin, M. 119

MATHY, H. 120
MAURER, W. 87, 104
Maximilian I., Kaiser 17, 113, 120
Maximilian II., Kaiser 25, 43, 116
MCLAUGHLIN, R. E. 105
Meibom, H. 122
MEIER, U. 107
MEINERS, CH. 55
Melanchthon, Ph. 13 f., 17 f., 24,
29–31, 39, 43 f., 48 f., 87 f., 90, 99,
104, 121 f.
Mellerststädt, Martin Pollich gen. 17
MELVILLE, G. 77
MENK, G. 83 f., 126
Mentzer, B. 25, 48, 88, 123
MERKEL, G. 125
MERKLE, S. 83, 120
MERTENS, D. 62, 68, 112, 119, 125
MEUTHEN, E. 61 f., 94, 103–106, 109,
114
MICHAELIS, J. D. 55
Mögling, D. 118
MOLITOR, H. 98
MOLTMANN, J. 84, 86
MORAN, B. T. 101, 124
MORAW, P. 62, 68–72, 96, 124 f.
Moritz d. Gelehrte, Landgraf v. Hes-
sen-Kassel 27, 123 f.
Moritz, Herzog und Kurfürst v. Sach-
sen 27, 32, 116
MOUT, N. 112
MUHLACK, U. 86, 105, 110
MÜHLBERGER, K. 60, 102, 104 f.,
116
MÜLLER, R. A. 62, 65 f., 72–74, 88,
92–94, 96, 98–100, 106–108, 117
MÜLLER-JAHNKE, W. D. 102
MULSOW, M. 111
MÜNCH, P. 84
MUNDT, H. 73
Murmellius, J. M. 11
Mutian, C. 11, 13

NARDI, P. 68
NEUMANN, U. 119
NEUMEISTER, S. 101
Newton, I. 50

OBERMANN, H. 76, 88, 105
Obrecht, G. 127
OEDIGER, F.-W. 98
OESTREICH, G. 79, 85, 100, 103, 110,
126

Ohly, F. 103
Olevian, C. 125 f.
Opitz, M. 85
Otto, D. 24, 123

PACHTLER, M. 93
Pareus, D. 125
PAULSEN, F. 57–59, 62, 91, 93
PESTER, TH. 57
PETERSEN, P. 90
Petrus Lombardus 48
PETRY, L. 62, 71, 87
Peuerbach, G. 102
Philipp d. Großmütige, Landgraf von
Hessen 20
PILL-RADEMACHER, I. 89, 119
Piscator, J. 126
Pithopoeus, L. L. 125
PITZ, E. 121
Platon 13
PORTER, R. 82
PRAHL, H.-W. 63, 93
PRESS, V. 83, 88, 107
Priscian 13
Rädle, F. 95
Ramus, P. 34 f., 45, 48, 83 f.

RANKE, L. v. 56
RASCHE, U. 57
RATHMANN, L. 115
RAUMER, K. v. 57
REDLICH, V. 128
Regiomontanus, J. 102
REIBSTEIN, E. 72
Reineccius, R. 122
REINHARD, W. 103, 111
REINKINGK, D. 123
Reuchlin, J. 13
REVEL, J. 62
DE RIDDER-SYMOENS, H. 61, 101, 108
RISSE, W. 87, 88, 91
RITTER, G. 77, 88, 93, 103
Rittershusius, C. 127
Rolfink, W. 24
RUDERSDORF, M. 89, 118 f., 123
Rudolf II., Kaiser 43, 117
RÜEGG, W. 56, 67, 71–73, 77, 103

SCHÄFER, V. 118 f.
SCHAICH, M. 117
Schede Melissus, P. 85, 125
SCHEEL, O. 58 f., 62, 87, 92
SCHEIBLE, H. 88, 104, 121

Scherbius, Ph. 128
SCHILLING, H. 83–85
SCHILLING, L. 94
SCHINDLING, A. 79, 87 f., 103 f., 109,
117, 126–128
SCHIPPERGES, H. 80
SCHMID, K. A. UND J. 57
SCHMIDT, H. R. 84
SCHMIDT, P. 94
SCHMIDT, R. 62
SCHMIDT, S.122
SCHMIDT-BIGGEMANN, W. 88
SCHMIDT-GRAVE, H. 118
SCHMITT, CH. 102
SCHMUTZ, J. 64, 69, 70, 77
SCHNUR, R. 70
SCHÖNE, A. 100
SCHÖNER, C. 72, 105, 118
SCHORMANN, G. 84, 124
SCHREINER, K. 87, 89, 97
SCHUBERT, E. 70, 94, 96, 110
SCHWINGES, R. C. 56, 61 f., 64, 68–70,
73, 96 f., 100, 104, 109, 114 f.
Scultetus, A. 125
SEIFERT, A. 57, 61 f., 64, 74–77, 88,
92, 94–96, 105, 117
DI SIMONE, M. 73, 108
Sinold gen. Schütz, J. 123
Sleidan, 49
Smetius, H. 125
SMOLINSKY, H. 98
SOTTILI, A. 97
SPARN, W. 90, 122
SPITZ, L. 93, 105
STAGL, J. 109
Stahl, D. 24
STARK, E. 57
Steiger, G. 65
STEINER, J. 120
STEINMETZ, M. 65, 122
STINTZING, R. 77, 125
STOLLEIS, M. 78 f., 121–123
STRAUSS, G. 86
Strigel, V. 125
Sturm, J. 28, 30, 34, 40, 87,
126 f.
Suarez, F. 48, 91, 122

TEUFEL, W. 118
TEWES, G. R. 97–99, 113 f.
Theophrast 14
Thomas von Aquin 48, 91, 93
Thomasius, Chr. 47, 55

THÜMMEL, H. W.   119
Tilly, J.   125
Tinctoris, J.   114
TOELLNER, R.   80
Tossanus, D.   125
TRIEBS, R. M.   81
TROELTSCH, E.   89
TRUNZ, E.   100, 110 f.

Valentin, J.   118
Valla, L.   14
VANDERMEERSCH, P. A.   68
VERGER, J.   68, 75
Vesal, A.   15, 80, 81
VILLOSLADA, R. G.   94, 96
VORBAUM, R.   86

Wallenstein, A. Fürst von   47
WALTHER, G.   109 f., 122
WARNKE, M.   100
Wartenberg, G.   88, 116
WEBER, E.   89
WEBER, W. E. J.   107
WEGELE, F. X. v.   120
Wesenbeck, M.   122

Wesenbeck, P.   24, 127
WESTMAN, R. S.   101, 102
Wetterauer Grafen   33
WIEACKER, F.   72, 78, 80
WIEDEMANN, C.   101
Wilhelm von Oranien   126
Wilhelm, Graf Sayn-Wittgenstein
   34 f.
WILLOWEIT, D.   61, 107
WIMMER, R.   95
Wimpfeling, J.   28
Wittekind, H.   125
WOLGAST, E.   83 f., 86, 125
WORSTBROCK F. J.   105, 116
WRIEDT, K.   70, 97 f.
WUNDT, M.   90 f.
WUTTKE, D.   72, 102 f., 105, 116

Ximenez de Cisneros, F.   14

Zabarella, J.   91
ZEDELMAIER, H.   64, 75, 87, 104
ZENZ, E.   119
Zepper, W.   126
ZIKA, CH.   101, 112

Ortsregister

Alcalá   14
Altdorf   29, 45, 47, 61, 108, 111, 123,
   125, 127 f.
Amsterdam   76
Augsburg   29

Bamberg   42, 92, 127
Basel   5, 14, 22, 28, 97, 114, 125
Bayern   36 f., 93, 113
Bebenhausen   32
Bentheim   33
Bern   27
Beuthen   34, 84, 126
Bologna   2, 50, 67 f., 78, 102, 109
Bourges   51, 109
Braunschweig-Wolfenbüttel   25, 31
Bremen   29, 34, 84, 126
Breslau   42, 92
Burgsteinfurt   34, 84

Coburg   29

Danzig   84, 126 f.
Deventer   10 f.
Dillingen   30, 37, 42, 45, 92, 108, 117,
   128

Eichstädt   122
Eidgenossenschaft (s. auch Schweiz)
   59
Elbing   84
Erfurt   5, 11, 35, 61, 69, 104, 114, 120

Ferrara   51
Frankfurt/Oder   5, 21, 34, 84, 127
Frankreich   46, 92, 104, 108
Freiburg im Brsg.   5, 36, 62, 95, 108,
   117

Gandersheim   25
Genf   27, 34
Gießen   25 f., 65, 90, 123 f.
Graz   42, 46, 92

Greifswald 5, 22, 53, 65, 124
Grimma 32

Halle 47, 109
Hamburg 30
Heidelberg 5, 13, 22, 34, 43, 45 f., 80,
	84 f., 93, 108, 111, 112, 124, 126
Helmstedt 25 f., 45, 53, 90, 111, 121–
	123, 128
Herborn 34, 45, 84, 111, 126
Hessen, Landgrafschaft 88
Hessen-Kassel 25, 124
Hirsau 32
Hornbach 29 f.

Ingolstadt 5, 36, 40–42, 45, 61 f., 69,
	93, 108, 117 f.
Innsbruck 93
Italien 46, 51, 80, 82, 97, 102 f., 108,
	128

Jena 24, 45, 53, 90, 122 f., 128

Kassel 46, 109, 111
Klagenfurt 46
Köln 5, 11, 35, 40 f., 61, 69, 94, 99,
	114 f.
Königsberg 23, 26 f., 53, 80, 111, 127
Kurpfalz (Pfalz) 31, 33, 35, 83
Kursachsen 31 f., 88

Lauingen 29 f.
Lausanne 27
Leiden 34, 51, 80, 82, 109
Leipzig 5, 11, 13, 21 f., 25, 27, 32, 45,
	53, 69, 80, 102, 114–116, 121 f.
Linz 46
Lippe 26
Löwen 5, 14

Mainz 5, 35, 93, 119 f.
Marburg 18, 20–22, 25 f., 28, 45, 62,
	84, 123 f.
Maulbronn 32
Mecklenburg 31
Meißen 32
Molsheim 42, 92
Montpelier 2, 51, 82, 109
München 44

Nassau, Grafschaft 126
Nassau-Oranien, Haus 33, 83
Neuburg 30

Niederlande 46, 59, 76, 108, 122, 126
Nürnberg 11, 29, 127

Olmütz 42, 92, 127
Orleans 51, 109
Osnabrück 42, 92
Österreich 66
Oxford 2, 67

Paderborn 42, 92
Padua 51, 73, 80, 102, 108
Paris 2, 67, 92, 109
Pavia 108
Pforta (Schulpforta) 32
Prag 5, 8, 26 f., 68, 93, 112, 115, 117

Rinteln 26, 29, 124
Rom 36, 91, 95
Rostock 5, 22, 53, 60, 69, 124

Salzburg 53, 128
Schleswig 30
Schlettstadt 10
Schottland 126
Schweiz (s. auch Eidgenossenschaft)
	76, 118
Siena 108
Spanien 46, 90, 92, 108
Stadthagen 26, 29
Steinfurt 126
Straßburg 27–30, 34, 43, 45, 111, 118,
	123, 126–128
Stuttgart 32, 111, 119

Toulouse 109
Trient 37
Trier 35, 93, 119
Tübingen 5, 13, 22, 32, 43, 45 f., 62,
	89, 109, 111, 118 f., 125

Ulm 11
Ungarn 121

Vatikan 125
Venedig 51

Wettiner (Haus Wettin) 24
Wien 5, 11, 26, 28, 37, 40, 46, 60,
	69, 93, 112, 116 f., 120
Wittenberg 5, 13, 15, 17 f., 22–25,
	27 f., 45, 53, 88, 90, 104, 116 f.
	120
Wolfenbüttel 46, 109

Württemberg 31, 88
Würzburg 93, 108, 120
Zerbst 34, 84, 126

Zürich 27
Zweibrücken 30
Zwickau 11
Zwolle 10

Sachregister

Adel/Adlige 5,10, 12, 15, 32, 40, 44, 46 f., 51, 73, 95, 106–109, 117
Akademische Freiheit (auch libertas scholastica) 22, 47
Amplonianum 7
Artisten/artistische Fakultät/Facultas artistarum 3, 6 f., 10, 12, 19–21, 38 f., 41, 44, 49, 68, 74, 92, 96, 107
Aufklärung 53, 92, 110
Authentica habita 2
Autonomie 2, 41, 62, 95

Bakkalar / Baccalaureat 3 f., 6, 8–10, 21, 69, 98
Burse/Bursenzwang (s. auch Kolleg) 5, 18, 21, 35, 41, 114

Calvinist/calvinistisch (s. auch Reformierte) 33, 65, 84 f., 126
Collegien, collegia (auch Kolleg) 5, 7, 16, 19, 27, 35, 37 f., 40, 68, 99, 114
Collegium Germanicum 40
Collegium illustre 46, 109, 119
Collegium praedicatorum 28
Collegium Romanum 40, 94, 96
Collegium sapientiae 86
Collegium trilingue 14
Corpus Juris 4

Dekan 2, 5
Dekretalen 4
Deposition 21, 28, 47, 53
Devotio moderna 10
Dionysianum 7
Disputation 3 f., 6, 7, 20 f.

Fakultäten 3
Familienuniversität (auch Verwandtschaftshimmel) 6, 26, 64, 95, 118, 124
Frühaufklärung 44, 47, 52, 76, 109

Gegenreformation/gegenreformatorisch 36, 52, 77, 93, 120
Graduierung/Grade 3, 7, 22, 45, 51 f., 55, 72, 76, 97 f., 100, 108 f., 117
Hof/Höfe 15 f., 43, 72, 76, 79, 83–85, 95, 97 f., 103–106, 110, 112, 124 f., 130
Hofmannsche Streit 91, 121
Hugenotten 34, 126
Humanismus/Humanisten (humanistische Fächer) 10–12, 16, 19, 27, 39, 43 f., 46–48, 50, 52 f., 58, 62, 64 f., 71–74, 77., 81, 85, 90, 93, 97 f., 100, 101–104, 107, 108–110, 115 f., 118, 120, 124 f., 127, 129

ius canonicum 8, 19
ius civile 8, 19, 123

Jesuiten 16, 22, 36–38, 40–42, 48, 91, 93–95, 99, 106, 113 f., 116–120, 126, 128
Jesuitenuniversitäten 40, 42, 92 f., 95, 118, 120
Juristen/Juristische Fakultät 3, 8, 15, 19, 41 f., 44 f., 51 f., 68, 78 f., 107 f., 122, 127

Kirchenordnung 31
Kirchenväter 31
Konfessionalisierung/Konfessionalismus 23, 43, 45, 47, 53, 62–64, 71, 100, 110
Konkordienformel/formula concordiae 23, 27, 89, 116, 123
Kontroverstheologie 44, 93

Landeskirchen 31
Lectio 2, 6, 7, 20, 27
Libertas scholastica (s. auch akademische Freiheit) 5, 21, 95

Licentiat 3
Loci communes 14, 17, 45, 48, 88, 94, 104
Lutheraner 34, 45, 83 f., 87, 89
Lutherisch 88, 123 f., 127

Magister 3 f., 6, 39, 49, 70
Magistri regentes 7, 20, 98
Matrikel 57
Medizin, Medizinische Fakultät 8, 14, 19, 41, 43, 49, 50, 52, 68, 81, 101 f., 107, 127
Methodus Sturmiana 28
Modus Bolognensis 70
Modus Parisiensis 3, 40, 68, 70, 97, 99, 101
Mos Gallicus 15, 125, 127
Mos Italicus 15, 51, 117

Neustoizismus/neustoisch 78, 85, 122, 127

Pauperes 10, 69, 98, 108
Pennalismus 21, 46, 47
Peregrinatio academica 46, 51 f., 67, 73, 78, 101, 108, 125
Priesterseminar (s. auch Seminaridee) 38
Privileg 4, 6, 23 f., 28, 35, 55, 76
Promotion 3, 36
Puritaner 34

Quadrivium 3, 49, 72, 101 f., 118

Ramismus 45, 126
Ratio studiorum 38 f., 41, 92 f., 96
Reformation 17, 20, 23, 30, 32 f., 43, 50, 52 f., 64–66, 71, 73 f., 77 f., 90, 93, 97, 99, 104 f., 107, 113, 115 f., 119, 121, 124 f., 129
Reformierte (s. auch Calvinisten) 33 f., 83, 86, 89, 123, 125
Regenzsystem 20, 118
Reichshofrat 26–28
Reichskirche 40

Rektor 2, 5, 35
Respublica litteraria 16, 33, 43, 51, 56, 59, 76, 101, 119
Ritterakademien 44, 46, 53, 109, 124

Sanctio pragmatica 41, 93, 116
Schulen 1, 9–11, 16, 18, 21, 29–32, 36 f., 40, 46, 48, 53, 56, 84, 91, 95, 98, 100, 104, 106, 112, 128
– Kloster- und Domschulen 1, 38
Scientia 2, 20
Scientific revolution 49, 82
Seminar, Seminaridee, Seminardekret 37 f., 40
Senat 5, 35
Spätaristotelismus 117, 127
Späthumanisten/späthumanistisch/ Späthumanismus 34, 50, 84 f., 110, 112, 117, 121 f.
Stipendien, -anstalten 21, 24, 32, 36 f., 99
Studia 2

Tacitismus 78, 85
Theater/Jesuitentheater 95
Theologie 37–39, 107, 122
Theologische Fakultät/Theologen 3, 9, 14, 19, 68, 82, 87, 91
Tridentinum 91, 95
Trivium 3, 9, 105

Universitas litterarum 56
Universitas magistrorum et scholarium 2, 7
Universitätsverwandte 2
Usus modernus pandectarum 78

Via antiqua 11, 27
Via moderna 11, 114
Visitationen 2, 31, 16, 119

Wegestreit 11, 50, 77, 115, 120

Zensur 89

Enzyklopädie deutscher Geschichte
Themen und Autoren

Mittelalter

Agrarwirtschaft, Agrarverfassung und ländliche Gesellschaft im Mittelalter (**Werner Rösener**) **1992. EdG 13**
Adel, Rittertum und Ministerialität im Mittelalter (Werner Hechberger)
Die Stadt im Mittelalter (Michael Matheus)
Armut im Mittelalter (Otto Gerhard Oexle)
Geschlechtergeschichte des Mittelalters (Hedwig Röckelein)
Die Juden im mittelalterlichen Reich (Michael Toch) 2. Aufl 2003. EdG 44

Gesellschaft

Wirtschaftlicher Wandel und Wirtschaftspolitik im Mittelalter
(Michael Rothmann)

Wirtschaft

Wissen als soziales System im Frühen und Hochmittelalter (Johannes Fried)
Die geistige Kultur im späteren Mittelalter (Johannes Helmrath)
Die ritterlich-höfische Kultur des Mittelalters (Werner Paravicini)
2. Aufl. 1999. EdG 32

Kultur, Alltag, Mentalitäten

Die mittelalterliche Kirche (Michael Borgolte) 1992. EdG 17
Religiöse Bewegungen im Mittelalter (N. N.)
Formen der Frömmigkeit im Mittelalter (Arnold Angenendt)

Religion und Kirche

Die Germanen (Walter Pohl) 2000. EDG 57
Die Slawen in der deutschen Geschichte des Mittelalters (Thomas Wünsch)
Das römische Erbe und das Merowingerreich (Reinhold Kaiser)
2. Aufl. 1997. EdG 26
Das Karolingerreich (Bernd Schneidmüller)
Die Entstehung des Deutschen Reiches (Joachim Ehlers) 2. Aufl. 1998. EdG 31
Königtum und Königsherrschaft im 10. und 11. Jahrhundert (Egon Boshof)
2. Aufl. 1997. EdG 27
Der Investiturstreit (Wilfried Hartmann) 2. Aufl. 1996. EdG 21
König und Fürsten, Kaiser und Papst nach dem Wormser Konkordat
(Bernhard Schimmelpfennig) 1996. EdG 37
Deutschland und seine Nachbarn 1200–1500 (Dieter Berg) 1996. EdG 40
Die kirchliche Krise des Spätmittelalters (Heribert Müller)
König, Reich und Reichsreform im Spätmittelalter (Karl-Friedrich Krieger)
1992. EdG 14
Fürstliche Herrschaft und Territorien im späten Mittelalter (Ernst Schubert)
1996. EdG 35

Politik, Staat, Verfassung

Frühe Neuzeit

Bevölkerungsgeschichte und historische Demographie 1500–1800
(Christian Pfister) 1994. EdG 28
Umweltgeschichte der Frühen Neuzeit (Christian Pfister)

Gesellschaft

Bauern zwischen Bauernkrieg und Dreißigjährigem Krieg (André Holenstein) 1996. EdG 38
Bauern 1648–1806 (Werner Troßbach) 1992. EdG 19
Adel in der Frühen Neuzeit (Rudolf Endres) 1993. EdG 18
Der Fürstenhof in der Frühen Neuzeit (Rainer A. Müller) 1995. EdG 33
Die Stadt in der Frühen Neuzeit (Heinz Schilling) 1993. EdG 24
Armut, Unterschichten, Randgruppen in der Frühen Neuzeit (Wolfgang von Hippel) 1995. EdG 34
Unruhen in der ständischen Gesellschaft 1300–1800 (Peter Blickle) 1988. EdG 1
Frauen- und Geschlechtergeschichte 1500–1800 (Heide Wunder)
Die Juden in Deutschland vom 16. bis zum Ende des 18. Jahrhunderts (J. Friedrich Battenberg) 2001. EdG 60

Wirtschaft **Die deutsche Wirtschaft im 16. Jahrhundert (Franz Mathis) 1992. EdG 11**
Die Entwicklung der Wirtschaft im Zeitalter des Merkantilismus 1620–1800 (Rainer Gömmel) 1998. EdG 46
Landwirtschaft in der Frühen Neuzeit (Walter Achilles) 1991. EdG 10
Gewerbe in der Frühen Neuzeit (Wilfried Reininghaus) 1990. EdG 3
Kommunikation, Handel, Geld und Banken in der Frühen Neuzeit (Michael North) 2000. EdG 59

Kultur, Alltag, Mentalitäten Medien in der Frühen Neuzeit (Stephan Füssel)
Bildung und Wissenschaft vom 15. bis zum 17. Jahrhundert (Notker Hammerstein) 2003. EdG 64
Bildung und Wissenschaft in der Frühen Neuzeit 1650–1800 (Anton Schindling) 2. Aufl. 1999. EdG 30
Die Aufklärung (Winfried Müller) 2002. EdG 61
Lebenswelt und Kultur des Bürgertums in der Frühen Neuzeit (Bernd Roeck) 1991. EdG 9
Lebenswelt und Kultur der unterständischen Schichten in der Frühen Neuzeit (Robert von Friedeburg) 2002. EdG 62

Religion und Kirche Die Reformation. Voraussetzungen und Durchsetzung (Olaf Mörke)
Konfessionalisierung im 16. Jahrhundert (Heinrich Richard Schmidt) 1992. EdG 12
Kirche, Staat und Gesellschaft im 17. und 18. Jahrhundert (Michael Maurer) 1999. EdG 51
Religiöse Bewegungen in der Frühen Neuzeit (Hans-Jürgen Goertz) 1993. EdG 20

Politik, Staat und Verfassung **Das Reich in der Frühen Neuzeit (Helmut Neuhaus) 2. Aufl. 2003. EdG 42**
Landesherrschaft, Territorien und Staat in der Frühen Neuzeit (Joachim Bahlcke)
Die Landständische Verfassung (Kersten Krüger) 2003. EdG 67
Vom aufgeklärten Reformstaat zum bürokratischen Staatsabsolutismus (Walter Demel) 1993. EdG 23
Militärgeschichte des späten Mittelalters und der Frühen Neuzeit (Bernhard Kroener)

Staatensystem, internationale Beziehungen **Das Reich im Kampf um die Hegemonie in Europa 1521–1648 (Alfred Kohler) 1990. EdG 6**
Altes Reich und europäische Staatenwelt 1648–1806 (Heinz Duchhardt) 1990. EdG 4

19. und 20. Jahrhundert

Demographie des 19. und 20. Jahrhunderts (Josef Ehmer)   Gesellschaft
Umweltgeschichte des 19. und 20. Jahrhunderts (N.N.)
Adel im 19. und 20. Jahrhundert (Heinz Reif) 1999. EdG 55
Geschichte der Familie im 19. und 20. Jahrhundert (Andreas Gestrich)
1998. EdG 50
Urbanisierung im 19. und 20. Jahrhundert (Klaus Tenfelde)
Soziale Schichtung, soziale Mobilität und sozialer Protest im 19. und
20. Jahrhundert (N.N.)
Von der ständischen zur bürgerlichen Gesellschaft (Lothar Gall)
1993. EdG 25
Die Angestellten seit dem 19. Jahrhundert (Günter Schulz) 2000. EdG 54
Die Arbeiterschaft im 19. und 20. Jahrhundert (Gerhard Schildt)
1996. EdG 36
Frauen- und Geschlechtergeschichte im 19. und 20. Jahrhundert
(Karen Hagemann)
Die Juden in Deutschland 1780–1918 (Shulamit Volkov) 2. Aufl. 2000. EdG 16
Die Juden in Deutschland 1914–1945 (Moshe Zimmermann) 1997. EdG 43

Die Industrielle Revolution in Deutschland (Hans-Werner Hahn)   Wirtschaft
1998. EdG 49
Die deutsche Wirtschaft im 20. Jahrhundert (Wilfried Feldenkirchen)
1998. EdG 47
Agrarwirtschaft und ländliche Gesellschaft im 19. Jahrhundert (Stefan Brakensiek)
Agrarwirtschaft und ländliche Gesellschaft im 20. Jahrhundert (Ulrich Kluge)
Gewerbe und Industrie im 19. und 20. Jahrhundert (Toni Pierenkemper)
1994. EdG 29
Handel und Verkehr im 19. Jahrhundert (Karl Heinrich Kaufhold)
Handel und Verkehr im 20. Jahrhundert (Christopher Kopper) 2002. EdG 63
Banken und Versicherungen im 19. und 20. Jahrhundert (Eckhard Wandel)
1998. EdG 45
Staat und Wirtschaft im 19. Jahrhundert (bis 1914) (Rudolf Boch)
Staat und Wirtschaft im 20. Jahrhundert (Gerold Ambrosius) 1990. EdG 7

Kultur, Bildung und Wissenschaft im 19. Jahrhundert (Hans-Christof Kraus)   Kultur, Alltag und
Kultur, Bildung und Wissenschaft im 20. Jahrhundert (Frank-Lothar Kroll)   Mentalitäten
2003. EdG 65
Lebenswelt und Kultur des Bürgertums im 19. und 20. Jahrhundert
(Andreas Schulz)
Lebenswelt und Kultur der unterbürgerlichen Schichten im 19. und
20. Jahrhundert (Wolfgang Kaschuba) 1990. EdG 5

Formen der Frömmigkeit in einer sich säkularisierenden Gesellschaft (Karl Egon   Religion und
Lönne)   Kirche
Kirche, Politik und Gesellschaft im 19. Jahrhundert (Gerhard Besier)
1998. EdG 48
Kirche, Politik und Gesellschaft im 20. Jahrhundert (Gerhard Besier)
2000. EdG 56

Der Deutsche Bund und das politische System der Restauration 1815–1866   Politik, Staat,
(Jürgen Müller)   Verfassung
Verfassungsstaat und Nationsbildung 1815–1871 (Elisabeth Fehrenbach)
1992. EdG 22

Politik im deutschen Kaiserreich (Hans-Peter Ullmann) 1999. EdG 52
Die Weimarer Republik. Politik und Gesellschaft (Andreas Wirsching)
2000. EdG 58
Nationalsozialistische Herrschaft (Ulrich von Hehl) 2. Auflage 2001. EdG 39
Die Bundesrepublik Deutschland. Verfassung, Parlament und Parteien
(Adolf M. Birke) 1996. EdG 41
Militärgeschichte des 19. und 20. Jahrhunderts (Ralf Pröve)
Die Sozialgeschichte der Bundesrepublik Deutschland (Axel Schildt)
Die Sozialgeschichte der Deutschen Demokratischen Republik (Arnd Bauer-
kämper)
Die Innenpolitik der DDR (Günther Heydemann) 2003. EdG 66

Staatensystem,   Die deutsche Frage und das europäische Staatensystem 1815–1871
internationale   (Anselm Doering-Manteuffel) 2. Aufl. 2001. EdG 15
Beziehungen   Deutsche Außenpolitik 1871–1918 (Klaus Hildebrand) 2. Aufl. 1994. EdG 2
Die Außenpolitik der Weimarer Republik (Gottfried Niedhart) 1999. EdG 53
Die Außenpolitik des Dritten Reiches (Marie-Luise Recker) 1990. EdG 8
Die Außenpolitik der Bundesrepublik Deutschland (Hermann Graml)
Die Außenpolitik der Deutschen Demokratischen Republik (Joachim Scholtyseck)

Hervorgehobene Titel sind bereits erschienen.

Stand: (Februar 2003)